# 网上经营与 ASP. NET 技术

王运成　编著

同济大学 出版社
TONGJI UNIVERSITY PRESS

## 内 容 提 要

随着互联网的快速发展,网购已成为人们购物的重要方式。网络营销已成为各大企业进行销售的重要方式之一。本书在研究市场营销、电子商务、网络营销、企业信息化系统的基础上,讲述了网络经营平台的组成与构建,企业网络系统的开发,网上电子支付的安全及在网上经营时应注意的问题;采用 ASP.NET 为开发环境,详细介绍了基本界面,窗体控件,数据库操作,Web 窗体数据查询等,最后讲述了注册模块、登录模块、新闻模块等几个常见模块设计的过程。

本书行文语言流畅,内容讲解深入浅出,代码编写和视图设计使得初学者易于掌握,可作为信息管理与电子商务系统专业的教材及相关专业专科生或本科生的参考书,也可作为实际工作中的企业管理人员、商务人员、技术人员等学习参考。

**图书在版编目(CIP)数据**

网上经营与 ASP.NET 技术 / 王运成编著.
--上海:同济大学出版社,2014.5
ISBN 978-7-5608-5476-2

Ⅰ.①网… Ⅱ.①王… Ⅲ.①网页制作工具—程序设计 Ⅳ.①TP393.092

中国版本图书馆 CIP 数据核字(2014)第 073981 号

---

## 网上经营与 ASP.NET 技术

王运成 编著

| 责任编辑 | 陈佳蔚 | **责任校对** | 徐春莲 | **封面设计** | 潘向蓁 |

| | | |
|---|---|---|
| 出版发行 | 同济大学出版社 | www.tongjipress.com.cn |
| | (地址:上海市四平路 1239 号 邮编:200092 电话:021-65985622) | |
| 经 销 | 全国各地新华书店 | |
| 印 刷 | 同济大学印刷厂 | |
| 开 本 | 787 mm×1 092mm 1/16 | |
| 印 张 | 19.5 | |
| 印 数 | 1—1 500 | |
| 字 数 | 486 000 | |
| 版 次 | 2014 年 5 月第 1 版 2014 年 5 月第 1 次印刷 | |
| 书 号 | ISBN 978-7-5608-5476-2 | |

定 价 48.00 元

# 前　言

　　网上营销是由信息技术推动而兴起的一种崭新的商品销售方式,它能够提供准确、快速、高效的虚拟服务环境,能使人们更高效、更省力、更省钱地从事社会和生产活动,代表了当今世界模式发展的主流方向。目前,全世界很多国家和地区都在大规模地发展网络经营,以求能为传统商务活动开创新的发展机遇,并为人们提供反应迅速、成本低廉的交易模式。

　　近几年,网络营销已经引起世界各国的普遍关注及研究热情,对此我国也不例外。本书就是在这种形势下,结合笔者近年来研究网上经营的实践,并参考国内外一些研究素材而著述的。由于网上营销的环境与现实中的传统商品销售环境有很大区别,所以企业开展网络销售活动时必须考虑和采取适用于网络特征的经营方法及营销策略,因此企业需要研究网上经营问题。

　　随着计算机技术的发展,越来越高的要求和越来越多的需求让开发人员不断地进行新技术的学习,这里包括云计算和云存储等新概念。.NET 平台同样为最新的概念和软件开发做出准备,使用.NET 技术进行软件开发能够无缝地将软件部署在操作系统中,在进行软件的升级和维护中,基于.NET 平台的软件也能够快速升级。.NET 平台还在为多核化、虚拟化、云计算做准备。随着时间的推移,.NET 平台已经逐渐完善,学习.NET 平台以及.NET技术对开发人员而言能够在未来的计算机应用中起到促进作用。

　　本书在研究网上经营概念、特征的基础上,深入分析网上经营的技术基础和发展渊源,并讲解网上经营平台的构建方法,全面剖析企业进行网上经营的发展思路,总结开创网上业务的一般方式及经营策略,网络环境的建设与构建,并详细讲述了 ASP.NET 开发环境和相关开发技术。此外,本书还对安全电子交易涉及的方法进行了深入研究,并一同讨论了网络经营的社会与法律环境,以及企业网上经营中的经营策略、发展战略问题。

　　本书不仅面向高等院校的广大师生,而且充分考虑到社会上广大的企业与商业经理人员、政府专业人员等的学习特点,力求做到讲解深入浅出,语言浅显易懂。全书共分两篇,内容简介如下:

　　第一篇　电子商务及相关技术

　　第 1 章　引言,通过案例介绍了网络营销的发展和现状,并给出了写作本书的目的及本书的主要内容,使读者对网络营销的意义以及全书有个最基本的了解。

　　第 2 章　网络营销基础知识,主要剖析网络营销的基础知识,了解市场营销、电子商务、网络营销、企业信息化系统的发展及企业信息系统的概念和基本特征。

　　第 3 章　网络营销平台的组成,主要讲述了网络经营平台的组成与构建的有关问题,简

述了网络营销的硬件平台和软件平台的基本要求,构建网络经营开发平台的安装实例。

第4章 网络营销系统的设计,讲解了企业网络销售系统的开发,使用 SQL Server 为后台数据库,着重讲述了系统的需求分析,数据库的设计,系统设计与实现。

第5章 电子支付与安全,着重讲述了网上支付的方式,安全性和支付流程。

第6章 网络营销经营应注意的问题,主要讲述了在网上营销时应注意的几个主要问题。

第二篇 ASP.NET 开发技术

第7章 ASP.NET 基础知识,主要介绍了 ASP.NET 的开发环境,认识基本界面,详细设计了几个组件的安装过程,使读者对后面章节的操作有了初步的了解。

第8章 Web 窗体的基本控件,简单控件常用的控件,简单控件包括标签控件(Label)、超链接控件(HyperLink)、图像控件(Image)等,还对其他常用的控件进行了讲解。

第9章 ASP.NET 数据库操作,使用 ADO.NET 能够极大地方便开发人员对数据库进行操作而无需关心数据库底层之间的运行,这些方法都可以用来执行开发人员指定的 SQL 语句。

第10章 Web 窗体的数据控件,开发人员能够智能地配置与数据库的连接,而不需要手动编写数据库连接,ASP.NET 不仅提供了数据源控件,还提供了能够显示数据的控件,简化了数据显示的开发。

第11章 数据操作,对多种数据源和对象进行查询,如数据库、数据集、XML 文档、数组等,使用 LINQ 可以仿真 SQL 语句的形式进行查询,极大地降低了难度。

第12章 模块设计,主要讲述了几个常用的模块设计的过程,着重讲述了注册模块、登录模块、广告模块、新闻模块、聊天模块的界面设计、代码实现等相关内容。

电子商务的研究涉及的是复杂的跨专业、多科学的问题。涉及了计算机技术、网络技术、通信技术、软件技术、安全保密技术,相应地,网上经营对其从事人员的知识结构要求也比较高,他们既需要掌握最新的信息技术,还需要具备商务、经济和法律知识及网站开发的相关技术。本书基本涵盖了这些内容,能够满足电子商务和网上经营相关人员的知识结构要求。从信息到经济,从技术到商务,期间的专业跨度和知识跨度都很大,而且涉及的内容又很新,笔者不揣冒昧编著本书,书中内容可能会有一些疏漏或差错,敬请广大读者和专家、学者的批评指正!

写作本书时,笔者参考了大量的文献和资料,在此谨向书中注释的和参考文献中列出的各位专家、学者及版权所有者致以最衷心的感谢!没有他们的努力和他们的研究成果的支持,本书就不会成稿。

本书写作过程中还得到许多专家、学者的帮助,他们为本书初稿提出了许多有益的建议,谨此一并表示由衷的感谢!

王运成

2014 年 5 月

# 目　录

# 第二篇　ASP.NET 开发技术

# 第一篇
# 电子商务及相关技术

# 第 1 章 ▶ 引　言

## 1.1 "剁手"的网购

2009 年前,11 月 11 日不过是一个普普通通的日子,而到 2012 年,它却成了一个标志性节点,一个销售传奇,一个网络卖家、平台供应商、物流企业的必争之日。围绕这个日子,线上天猫、京东、易迅、当当、国美网上商城、苏宁、易购等电商提前热身,线下家电连锁卖场、商场也打得不可开交。2012 年"双十一"服务于这次狂欢节的商家、快递业、支付行业、第三方服务业以及电商平台等相关行业的从业者达到百万人。2009 年,天猫商城"双十一"销售额为 0.5 亿元;2010 年,提高到 9.36 亿元;2011 年,天猫"双十一"的销售额已跃升到 33.6亿元;2012 年,"双十一"当日支付宝交易额实现飞速增长,达到 191 亿元,其中包括天猫商城 132 亿元,淘宝 59 亿元;订单数达到 1.058 亿笔。2013 年,最新数据显示,淘宝"双十一"交易额突破 1 亿元只用了 55 秒;达到 10 亿元用了 6 分 7 秒;50 亿元用了 38 分钟;凌晨 5 点49 分,阿里巴巴当日交易额突破 100 亿元;在 13 点 39 分达 200 亿元;在 17 点 31 分突破250 亿元;11 月 11 日总交易额 350.19 亿元。

网上经营的神奇力量和深远影响是前所未有的,它所引发的震荡绝不是一家或几家新公司的诞生,而是值得几乎所有企业、公司深思的经营与管理的变革。我们熟悉的传统购物方式,广阔的空间、豪华的设施、斑斓眩目的广告宣传、琳琅满目的商品货架、热情周到的服务小姐,竟被一家虚拟空间里的网上新秀打得落花流水!

从 20 世纪的最后十年开始,随着信息技术日新月异的发展,人类已经进入以网络为主的信息时代,基于互联网开展的电子商务已逐渐成为人们进行商务活动的新模式。电子商务作为一个全球性的、具有战略意义的商务运作模式,为企业提供了无限商机。它不仅引发了传统商务发展模式的变革,而且对整个社会的生产管理及人类的生活产生了巨大而深刻的影响。

经过十几年的发展,我国的网络人口快速增长,截至目前,我国互联网用户数已经超过5.64 亿元,2012 年底我国网络购物用户规模达到了 2.42 亿人,网络作为一个虚拟的交易市场其规模不断扩大。从网络人口看,我国的网民人数已经超过美国,远远超过世界上其他国家,这为发展电子商务提供了坚实的基础。这表明,我国电子商务市场已经初具规模,并且日益壮大。我国政府和立法机构非常重视电子商务的发展,先后出台了一系列与互联网及电子商务相关的法律、法规,其中 2005 年开始实施的《中华人民共和国电子签名法》是我国第一部真正意义上的电子商务法,业界称之为中国电子商务发展的里程碑。这些法律、

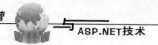

法规为电子商务的健康发展提供了有力的保障。随着互联网和电子商务的高速发展,网上营销已成为实体企业重要的销售方式。

## 1.2 网络营销的影响与意义

根据前瞻网《2013—2017年中国电子商务行业市场前瞻与投资战略规划分析报告》数据显示,"十二五"时期,我国电子商务行业发展迅猛,产业规模迅速扩大,电子商务信息、交易和技术等服务企业不断涌现。2010年中国电子商务市场交易额已达4.5万亿元,同比增长22%。2011年我国电子商务交易总额再创新高,达到5.88万亿元,其中中小企业电子商务交易额达到3.21万亿元。

2012年第一季度,中国电子商务市场整体交易规模1.76万亿元,同比增长25.8%,环比下降4.2%。2012年第二季度,我国电子商务市场整体交易规模1.88万亿元,同比增长25.0%,环比增长7.3%。

由此可见,随着我国网络技术普及率的日益提高,通过网络进行购物、交易、支付等的电子商务模式发展迅速。电子商务凭借其低成本、高效率的优势,不但受到普通消费者的青睐,还有效促进中小企业寻找商机、赢得市场,已成为我国转变发展方式、优化产业结构的重要动力。

网络营销是当代信息社会中数据处理技术、电子技术及网络技术综合应用于商贸领域中的产物,或者说它是当代高新信息手段与商贸实务和营销策略相互融合的结果。电子信息和网络化环境彻底震撼和改变了传统商贸业务及实务操作赖以生存的基础,引发了信息社会中商贸实务和营销策略研究领域中一场深刻而激动人心的革命。网络营销是借助于联机网络、电脑通信和数字交互式媒体来实现营销目标的一种市场营销方式,有效地促成个人和组织交易活动的实现。网络营销的目的除了商贸活动,还在于能够加强与客户的关系,形成良好的口碑,拥有稳固的顾客资源。网络营销是企业整体营销战略的一个组成部分,无论传统企业还是互联网企业都需要网络营销。

网络营销对我们的影响还有更为深刻的一面,那就是创造了崭新的商业生态系统。我们熟知的传统形式的竞争正在逐渐减弱,但这并不是说竞争不存在了,实际上竞争变得比以往任何时候都更加激烈,我们需要重新认识竞争。从传统角度讲,通常从产品和市场这两点出发看待竞争,如果企业的产品或服务优于竞争对手,那么企业就胜利了。在网络参与的时代,这一点对企业仍然是十分重要的,但这种观察角度却常常忽略了企业的生存环境,即新型的商业生态系统。在这种环境中,企业需要与其他企业共同发展,其间既有竞争,又有合作。企业之间需要对未来发展达成共识,还要组织企业同盟并处理彼此之间复杂的企业关系。

那么应当如何理解这种新型的商业生态系统呢?我们不妨从生物学的隐喻切入这个问题。在隔绝状态下发展起来的真正的生态系统,例如,夏威夷岛上的动物和植物,通常极易受到环境灾难的影响,甚至可能会造成大面积的消亡。而传统产业恰恰与此极其相似:在关税、法规及利益集团的保护下,企业一般活得似乎还不错,一旦没有保护就会面临灭顶之灾。与此相反,那些被一拨拨的迁徙者侵袭的生态系统,比如,哥斯达黎加的动植物,却发展出一种比较灵活的特性,能够抵抗灾难。反映在企业竞争中,跨产业的商业生态系统如美国微软公司,常常表现出与此类似的特性。

如果企业能够看到并理解整个竞争环境的画面,能够懂得其实共同发展远比互相争斗更好,那么各个企业也许都会变得更强壮。互联网络的作用便在于此,它能够拉近企业间的距离,让各种企业看清现在的和即将开始的竞争形势;同时,它还能够让企业越过原有的壁垒,摒弃原有的保护,在崭新的商业生态系统中变得更强大,更能抵御竞争灾难。因为互联网络,任何企业,尤其是那些中小企业都不必在竞争市场摇尾求生。企业经营的基本原则就是紧跟时代步伐,根据时代潮流因势利导,把握机遇,迎接挑战,谋求企业最大利益。可以相信,那些及时并有效地利用国际互联网络开展电子商务,进行网上经营的企业,定会成为经济发展和竞争中的强者。本书旨在研究企业电子商务及网上经营的理论与实践,并给出电子商务平台型和开发环境,建立简单的营销平台,掌握电子支付和安全及在网上营销时应注意的几个问题。

# 1.3 本书内容

网络经营是新的经济时代的热点问题,笔者收集了国内有关电子商务方面的 1 000 多篇文章,虽然这些文章不同程度、不同层次、不同角度地研究网上经营问题,结合当前较为流行的开发技术,详细介绍了 ASP. NET 的开发环境和相关技术。本书将在总结和汲取前人研究成果的基础上,以企业或独立经济人为核心,结合笔者通过广泛的社会、企业及网上调研得到的大量结论与数据,采用定性为主,定量为辅,两者相结合的研究方法,综合运用企业管理与经营,研究企业开展电子商务和进行网上经营的基础、思路、方法、实现和注意事项等问题。

# 第 2 章 ▶网络营销基础知识

## 2.1 市场营销

最初,企业管理的重心主要是生产管理,也就是管理者要管理好企业的生产,保证产品的质量、产量等;但是,随着经济的发展、技术的进步和竞争的激烈,企业管理重心逐渐从生产管理转向市场管理,市场营销工作成为企业的重要工作。这是因为企业必须根据市场的具体需求来决定自己的产品和生产工艺、管理模式,进而决定自己的营销策略,等等。比如,企业开展电子商务,也是为了迎合市场需求,利用最新的科学技术来增强自己的竞争实力,并寻求发展的一种营销选择。那么,为了网络营销,企业面对市场,应当在市场营销方面做哪些工作呢?

### 2.1.1 市场营销

市场营销(Marketing)又称为市场学、市场行销或行销学,是指个人或集体通过交易其创造的产品或价值,以获得所需之物,实现双赢或多赢的过程。它包含两种含义,一种是动词理解,指企业的具体活动或行为,这时称之为市场营销或市场经营;另一种是名词理解,指研究企业的市场营销活动或行为的学科,称之为市场营销学、营销学或市场学等。说得更通俗一些,市场营销就是个人或机构根据顾客消费者或用户的需求,通过预测、刺激、提供帮助等形式,协调生产与消费,并通过完成市场交易程序来满足顾客和社会公众对产品、服务及其他供应的需求的整体经济活动。

市场营销活动的范围并不仅仅局限于从制成品到最后消费者之间的商业经营过程,而是更为广泛地涉及原材料购买、产品设计、包装设计和产品生产、价格制定等,涉及产品的售后服务、消费者意见反馈和产品的市场声誉、知名度,等等。一言以述之,就是市场营销活动的范围除流通领域活动外,还包括生产领域的产前活动和消费领域的售后活动。整个活动过程包括市场调研,出售者寻找购买者,识别购买者的具体需求,并根据这些需求,甚至包括潜在的需求来设计适当的产品,进行产品开发、定价、分销、促销、服务及信息沟通,并在售后进行消费者意见的收集等活动。

市场营销的目的就是满足消费者现实的和潜在的、物质的和精神的、生理的和心理的、现在的和未来的种种需求。市场营销的核心就是通过市场交换实现买卖双方的交易,实现产品的价值和使用价值。市场营销的手段就是从产前至产品售后的一系列经营活动。图2-1给出了生产型企业的市场营销活动示意图。

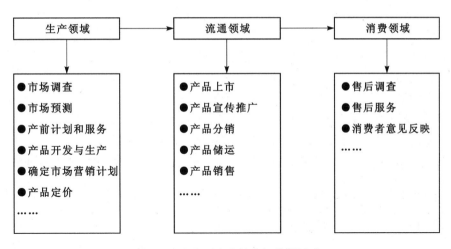

图 2-1　生产型企业的市场营销活动

## 2.1.2　市场营销因素组合

所谓市场营销因素组合,就是指企业的综合营销方案,也就是企业对可控制的各种营销因素进行优化组合和综合运用,使其协调一致,扬长避短,发挥综合优势,以便更好地实现营销目标,产生预期效果。市场营销因素通常分为可控因素和不可控因素。顾名思义,可控因素就是指企业可以控制的各种营销因素,诸如产品质量、包装、价格、宣传广告、销售渠道、售后服务等;而不可控因素则是指企业不可以或比较难以控制的因素,主要是外部因素,即企业的市场营销环境,诸如政治法律环境、经济环境、自然地理环境、社会文化环境、合作者和竞争者条件,等等。

除非特别指明,一般情况下,市场营销因素都是指其可控因素。鲍顿教授在其发表的《市场营销手段组合的概念》一文中,曾将企业市场营销因素的组成部分总结为 12 项:①产品计划;②产品定价;③企业品牌;④分配路线;⑤销售;⑥广告;⑦促销;⑧产品包装;⑨产品陈列;⑩产品服务;⑪实体分配;⑫市场调查与分析。

除此之外,人们还建立了其他分类方法。为了简化分类和突出重点,美国的市场学家麦卡锡把这些因素归纳为四大类,即产品(Product)、价格(Price)、地点(Place)和促销(Promotion)。由于这四个英文名词的字头都是 P,所以简称为 4P's 或 4PS。这一分类方法逐渐为学术界和企业界所接受,目前已经成为统一的分类法。下面我们就简要叙述一下这四大因素。

(1) 产品(Product)。产品是市场营销因素组合中的第一个因素,企业在制定综合营销方案时,该因素是其他三个营销因素的基础。这是因为市场营销中的首要问题,是企业为满足市场需求而提供的产品和服务。正因如此,企业通常会把大量经费和精力投入到产品研究和开发上,包括研究确定产品结构、品牌、商标和包装等。

(2) 价格(Price)。价格是产品参与市场竞争的一项重要因素,也是企业十分重视的问题之一。价格因素通常包括价格政策、定价原则、定价目标、定价策略和定价方法等。

(3) 地点(Place)。这里的地点是指产品的分销地点,同时包括企业把产品送达目标市场所采取的策略与方法,比如选择分销渠道,设置分销网点,选择中间商,等等。

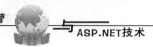

(4) 促销(Promotion)。即指促进销售,包括将企业的产品或服务的特点解释、广告给消费者,并希望消费者购买。促销的方法手段主要有人员推销、宣传、行业推广、广告、直销等。

市场营销因素组合是一个复合结构,如图 2-2 所示。四个因素中的每个因素又各自包含若干小的因素,形成各个因素的组合。另一方面,市场营销因素组合又是一个动态组合,每个因素都是不断变化的变量。任何一个变量的变动,都会引起整个市场营销因素组合的变化,进而形成一个新的组合。

图 2-2 市场营销因素组合

### 2.1.3 市场营销的主要内容

市场营销主要有市场营销环境、市场调查、产品的包装和价格、营销渠道、市场沟通几个方面。

**1. 市场营销环境**

市场营销环境是指影响企业营销活动的内部因素,外部因素和条件的总称,是企业进行市场营销策划和市场调研的一项重要内容。人们按照所含因素的影响范围大小,将企业市场营销环境分为微观环境和宏观环境两个部分。微观环境是指直接影响企业市场营销能力与企业紧密相连的各种因素,主要包括企业的供应商、中间商、顾客、竞争对手、社会公众以及企业内部影响营销管理决策的各个部门;宏观环境则是指影响企业微观环境的巨大外部社会力量,主要包括政治法律,经济,社会文化和自然地理环境等。分析和研究企业的市场营销环境,就是对其相应的因素进行分析,这些因素对企业营销活动的成败可能会产生直接或间接的影响。比如,国家,政府和政策方针是属于政治法律环境中的一种因素,它对企业的营销活动会产生很大的影响。当某些政策改变时,如国家要扶持或限制某种产品的增长,或加大某种产业的优惠措施,都会给企业的业务活动带来影响。为了有效地研究和分析市场营销环境的各种因素,企业必须把握市场环境的规律性,了解其特点。

**2. 市场调查**

市场调查就是指企业运用科学的调查方法和手段,投入一定的人力,物力和财力,系统收集,整理,分析有关市场营销的各种资料,为企业进市场营销预测和决策提供科学依据的活动。随着商品经济的发展,市场的扩大和社会分工的强化,市场上产品的数量、品种、花色、规格越来越多并越来越复杂;由于消费者的参与,市场需求的多变性与差异性的特点也日益明显,市场竞争变的越来越激烈。在这种市场形势下,一家企业如果不能及时掌握市场信息,了解市场动态和预测发展趋势,并作出相应的反应,企业可能在竞争中遭到损失,甚至被淘汰出局。为了使市场调查的结论建立在科学的基础上,企业在市场调查时必须遵循一些基本的原则,主要包括:

(1) 针对性。收集市场信息资料时,必须从本次市场调查的主要目的出发,有针对性地进行,以使所取得的资料集中而具体,避免劳民伤财,事倍而功半。

(2) 系统性。市场调查所收集的第一手资料往往是松散零碎、杂乱无章的、调查这个必须对这些资料和数据进行分类,以保证资料的系统的完整。

(3) 准确性。即是在市场调查中收集到的资料必须准确、真实可靠。要实事求是、客观反映市场的情况,决不能以偏概全、主观武断。

(4) 预见性。市场调查的目的是作出预测,因此,市场调查时就应当密切关注有关这一方面的变化,为进一步的经营决策和把握市场变化发展的趋势打下基础。

虽说企业进行市场调查的内容纷繁复杂,但系统地归纳起来,大体可以分为市场环境的调查和市场专题的调查两大类。市场环境调查主要包括政治环境调查、经济环境调查、社会环境调查和自然环境调查等。市场专题调查主要对市场营销的微观环境进行调查,是企业根据市场经济活动的需要,对某些专题性的问题即"调查问题"所进行的调查,主要包括如下几个方面的调查问题:产品调查、产品市场价格调查、分销渠道调查、消费需求调查、竞争对手情况调查以及促销手段调查等。

企业在进行了市场调查以后,还需要进行产品的市场定位,以吸引目标市场内更多的消费者,获取更好的利润和营销业绩。所谓市场定位,就是有计划地在目标市场上确立企业以及产品的整体形象或说在目标顾客心目中的位置的过程。特别是当许多竞争对手同时存在于同一目标市场时,运用市场定位策略可以把本企业及其产品竞争对手区别开来,在目标顾客心目中树立良好的整体形象,并让顾客了解和赏识本企业所宣称的与对手的不同的特点。市场定位的主要目的在于吸引该细分市场中的大多数消费者。因为普通消费者大都被过量的产品和服务信息所困惑,他们每次做购买决策时都不可能对产品作重新评价,所以为了简化购买决策,消费者往往会将产品加以归类,也就是将产品、服务和企业在他们心目中"定个位置"。这种产品位置便是消费者将某种产品与竞争产品相比较而得出的一种复杂的感觉、印象或感想。消费者对产品的定位可以受到市场营销者的影响,也可以不受市场营销者的影响。

**3. 产品的包装和价格**

产品是企业市场营销组合中的一个重要因素。产品因素直接影响和决定着其他市场营销组合因素,对企业市场营销成败关系十分重大。所谓产品,是指能提供给市场,用于满足人们某种欲望和需要的任何事物,包括实物、服务、产所、组织、思想、主意等。可见,产品概念已远远超越了传统的有形事物的范围,思想、策划、主意等作为产品的重要形式也能销售。产品的策略中有两个及其重要的重要的内容就是产品的品牌和包装。品牌是指一个名称、标志、符号、设计或上述合并使用的总称。品牌决策主要包括品牌化并建立独特的品牌效益。所谓品牌化,就是指企业为其产品规定品牌名称、品牌标志,并向政府有关主管部门注册登记的一切业务活动。企业使用品牌的原因在于品牌本身可以传达多种产品信息,诸如属性好坏、产品利益、使用价值与人格特征等。这些品牌信息就形成了特殊的品牌效益。正面品牌效益有助于产品的销售及提供营销上诸多的优点。品牌效益的产品,在消费者心中往往会产生较高的品牌忠诚度及偏好,成为公司现在及未来销售上的资产。好的品牌效益是有市场价值的。产品包装有两层含义:一是指产品的容器和外部包扎,即包装器材;二是指包装产品的操作过程,即包装方法。在实际工作中,两者往往统称为产品包装。在现代市场营销中,包装的重要意义已远远超越了作为容器保护商品的作用,而是成了树立产品形象,促进和扩大商品销售的重要因素之一。尤其是消费品包装,它能体现广告所宣传塑造的产品形象,起到有效的促销作用。在自动售货机、自动选购的超级市场上,包装甚至代替了售货员的促销作用;包装还能起到美化商品、提高商品销售的作用。特别是一些高档的、出口的消费品和工艺品,精美的包装更有意义。

价格是市场营销组合中最为重要的,也是最为敏感的组成因素。价格对整个市场组合能起到加强和削弱的作用,对产品的销路、企业的收入及利润都有直接的影响。价格是竞争的重要手段,也是吸引顾客的有效因素。价格是指顾客为得到一单位产品或服务而必须支付的货币数量单位。顾客为了获得一定数量的产品或服务所必须支付的货币额,即企业实际为其产品或服务所制定的价格,是基于对产品或服务的感知价值或说理解价值,也就是顾客愿意支付的价格,与基于企业本身的生产经营成本及竞争者状况,即企业希望索取的价格,这样两个价格综合作用的结果。消费者基于自身的支付能力、自身需求的紧迫程度及其受企业营销组合等影响而形成的对产品或服务的价值的判断,而是某种产品或服务的供给者整体与需求者整体及特定的价格供给者和特定的需求者进行讨价还价的结果。

**4. 营销渠道**

在现代商品经济条件下,大部分生产者都不是将自己的产品直接销售给最终顾客,而是由位于生产者和最终顾客之间的众多执行不同功能、具有不同名称的营销中介将产品转移到消费者手中,这些营销中介形成了一条条分销渠道。作为一个生产企业,除了重视产品策略、定价策略,合理地制定分销策略外,选择配置中间商和有效地进行渠道管理及评估调整,也是企业市场营销的重要工作,而且将直接影响企业整体战略的实施和经济效益的提高。

**5. 市场沟通**

市场沟通是指通过传递信息来促进产品或服务销售的活动,是市场营销组合的四个因素之一。企业如果想获得比较好的销售业绩和经营效益,除了做到产品质量高、价格合适和购买方便外,还必须想办法让顾客了解企业和产品的这些情况。因为一般来说,消费者不太会购买他们不知道或不了解的商品或服务,尤其当市场上同类商品越来越多时就越是这样。企业如想使市场沟通获得理想的效果,就不仅要了解有关的工作方法、操作手段,而且还要做出一系列的决策和选择。市场沟通的主要方式有以下几个方面:

(1)广告与公共宣传。广告是通过大众传媒,将信息传达目标市场的非人员促销方式。它所使用的媒介包括报纸、杂志、广播、电视、广告牌和互联网等。由于广告能够在同一时间内与许多顾客取得联系,所以能够获得规模效益。从这种意义上讲,广告也称为大范围销售。不过,广告只能进行信息的单向传递,缺乏与消费者的双向沟通,所以采用广告方式是很难说服消费者进行及时的购买活动。另外,不同媒介的广告成本不同,如电视广告的成本比较高,而报纸的广告的成本比较低。

(2)公共关系。是指企业通过一系列社会活动来沟通与公众的关系,在社会公众中树立企业良好形象的管理活动。企业公共关系的好坏,直接影响企业在社会公众心目中的形象,影响着企业市场营销的实现。

(3)销售推广。也称为销售促销,属于特种推销,是指在短期内企业采取一些刺激性的手段,如赠券、折扣券、抽奖、展示会等来鼓励消费者购买的一种营销活动。销售推广可以使消费者产生强烈的、及时的反应,从而达到提高产品销售的目的。

(4)个人推销。它是通过销售人员同顾客面对面的信息传递来建立买卖关系,实现交易,进而满足双方需要的一种营销活动。

(5)直销。是指通过电话、邮递、电子媒介或个人访问等直接与目标顾客沟通的一种促销方式。直接渠道是商品简单形式、没有中间商,生产者能够直接与最终用户见面,并进行产品交易。具体来说,直销就是企业或生产者根据供货合同直接将产品提供给用户,或者企业直接向用户或消费者销售,如订货会、展销会等进行直接销售。

# 2.2　电子商务

商务活动通常是经济个体通过货币媒介进行的交易活动。这些经济个体,如贸易公司、企业,或普通消费者等,在买或卖时扮演着不同的角色,或提供交易物品或服务,或提供资金或交易条件,其最终目的是使得交易能够达成。交易的达成需要一定的费用,也就是交易成本。交易成本的高低影响着交易的成功率,为降低交易成本,如减少运输成本、谈判费用、差旅费用等,人们不断地改进交易条件和手段,如通过电话或传真商谈交易情况,以减少部分差旅费用等。当计算机技术和现代通信技术及网络技术应用于商务活动时,结果便产生了电子商务。

## 2.2.1　电子商务的概念

通俗地讲,电子商务是指在网络上通过计算机进行业务通信和交易处理,实现商品和服务的买卖以及资金的转账,同时还包括企业公司之间及其内部借助计算机及网络通信技术能够实现的一切商务活动,如文件传送、传真、电视会议、电子信函、电子数据交换(EDI,Electronic Data Interchange,即通常所指的"无纸贸易")、工作流或与远程计算机围绕市场营销、制造销售、金融及商务谈判等所进行的交互功能,等等。其实,从最初的电话、电报到今天的电子函件以及20多年前开始的EDI,都可以说是电子商务的某种形式。不过发展到今天,人们认识到包括通过网络所能实现的从原材料的查询、采购,产品的展示、订购到出品、储运以及电子支付等在内的一系列贸易活动与商务,均属于电子商务。现在电子商务发展极为迅速,通过互联网实现或帮助交易已成为时代潮流。

一般将电子商务划分为广义和狭义两种。广义的电子商务定义为,使用各种电子工具从事商务活动;狭义电子商务定义为,主要利用互联网从事商务或活动。无论是广义的还是狭义的概念,电子商务都涵盖了两个方面:一是离不开互联网这个平台,没有了网络,就称不上为电子商务;二是通过互联网完成的是一种商务活动。狭义上讲,电子商务(Electronic Commerce,简称EC)是指,通过使用互联网等电子工具(这些工具包括电报、电话、广播、电视、传真、计算机、计算机网络、移动通信等)在全球范围内进行的商务贸易活动。这就是说,是以计算机网络为基础所进行的各种商务活动,包括商品和服务的提供者、广告商、消费者、中介商等有关各方行为的总和。人们一般理解的电子商务是指狭义上的电子商务。广义上讲,电子商务一词源自于"Electronic Business",是通过电子手段进行的商业事务活动。通过使用互联网等电子工具,使公司内部、供应商、客户和合作伙伴之间,利用电子业务共享信息,实现企业间业务流程的电子化,配合企业内部的电子化生产管理系统,提高企业的生产、库存、流通和资金等各个环节的效率。

联合国国际贸易程序简化工作组对电子商务的定义是:采用电子形式开展商务活动,它包括在供应商、客户、政府及其他参与方之间通过任何电子工具,如EDI、Web技术、电子邮件等共享非结构化商务信息,并管理和完成在商务活动、管理活动和消费活动中的各种交易。由此看来,电子商务是利用计算机技术、网络技术和远程通信技术,实现电子化、数字化和网络化、商务化的整个商务过程。电子商务是以商务活动为主体,以计算机网络为基础,以电子化方式为手段,在法律许可范围内所进行的商务活动交易过程。电子商务是运用数字信息技术,对企业的各项活动进行持续优化的过程。

我们可以说得更形象、更具体一些。比如,有一家企业,最初主要使用纸张通过手工记录企业管理与经营信息;后来该企业购入了计算机,便通过计算机文件的形式使用磁盘来记录信息,并在内部不同单位之间的计算机上传递信息;而后,企业内部组建了一个网络,内部员工之间能够以电子函件的形式传递信息,这样就不必跑来跑去了;再后来,通过电话线或其他更大的网络,企业可以与其他企业或普通用户消费者使用电子函件进行沟通,传递信息,买卖商品并达成交易,这时他们之间的活动便是电子商务了。也就是说,电子商务其实就是利用网络进行的一种商品或服务的买卖、交易,是一种电子化的商务活动。活动要素包括产品、产品信息和资金,以及活动赖以进行的网络硬件和软件。

## 2.2.2　电子商务的特点

以网络为基础的新型信息技术降低了交易活动中信息处理的成本,这使得企业和消费者能以更低的成本在更广的范围内甚至全球范围内达成交易。与传统商业相对照,电子商务大幅度地降低了交易成本,使得交易成功的可能性增大,整个社会的交易需求增加。相应地,管理费用下降,社会生产的固定成本降低,甚至信息传输成本更为低廉。与此同时,产品的竞争力也进一步增强,商品价格进一步降低。特别是由于互联网的全球性,通过互联网在网上做生意可以在全球范围内获得更多的用户,更大的市场和更多的经营机会。这也正是众多企业、公司,甚至普通消费者热衷于电子商务的原因。

传统方式下,客户与商家之间的商务往来通常都是以面对面的方式进行的,往往会受到地域和时间限制,而电子商务则突破了这些限制,提高了整个社会的经济效益。概括地讲,电子商务的特点主要表现在以下几个方面:

(1) 采用了电子技术。电子商务实现时一般都借助于电子工具,并通常利用计算机技术、网络技术及现代通信设备。

(2) 降低了商务成本。电子商务跨越了传统商务与营销方式下的某些中间环节,将部分有形价值链无形化,从而降低了交易成本,客户及消费者能以较低的价格获得优质的产品及服务。

(3) 消除了时空限制。传统方式下,人们必须在商场营业时间内才能去商场进行购物,有较强的时间和地点限制。然而,电子商务的全球市场由计算机网络连接而成,网络工作的不间断特性使之成为一个与地域及时间无关的一体化市场,世界各地的任何人只要拥有一个网络入口点,就可以随时、随地、随意地通过计算机和互联网进行商务活动。这样的商务交易因人、因事而宜,从而更具人性化。

(4) 提供了多种展示手段。与传统的商品货架及超市相比,电子商务借助互联网不但可以传递文字,同时也可以传递图像、动画、声音等多种媒体,能够丰富多彩地向顾客展示商品的面貌、性能、价格等信息,顾客可以非常直观地在网上浏览和选择商品。

(5) 提供了个性化服务。如今,商品越来越趋于共性化,而消费者却越来越个性化,传统的商业与生产模式,已不能及时地满足这些要求和适应这种形势。不过电子商务借助网络技术和计算机技术的支撑,可以充分实现以顾客为中心的生产与经营模式,汲取顾客意见,根据顾客喜好生产产品,能在最大程度上满足顾客的个性化需求。

(6) 扩大了市场范围。前已述及,电子商务是基于互联网的,而互联网又网布全球,成千上万的用户群遍布世界各地,因此对商家来说,电子商务扩大了潜在的买方市场。

　　(7) 具备双向、互动的交流条件。通过电子商务系统,商家可以在网上展示商品,提供有关商品信息的咨询与检索服务,可以与顾客进行互动的双向沟通,收集市场信息,进行产品测试和技术革新,等等。

### 2.2.3　电子商务的主要内容

　　就其本质而言,电子商务就是信息技术和计算机网络技术在商务领域中的运用,是整个贸易活动的电子化、网络化和数字化。通过网络,电子商务首先表现为信息流,如交易意见的交换及商洽等,其后买卖做成而产生物流,物的交换必然随之带来支付活动,从而产生资金流,由此形成网上信息流、物流和资金流的统一。为了较全面地了解电子商务的内容,我们可以从不同的角度进行考察。

　　(1) 从网络基础的角度看,电子商务包括管理信息系统(MIS)、电子订货系统(EOS)、电子数据交换(EDI)、商业增值网(VAN)。

　　(2) 从交易主体的差异来看,可以将电子商务分为两部分交易:其一是商业企业和消费者之间的交易,主要以零售业和服务业为主体,如网上购物;其二是商业企业之间的交易,主要以商业企业自身为主体。

　　(3) 从交易的区域和范围来看,电子商务包括三方面的商务:本地电子商务、远程电子商务和全球电子商务。这三方面是逐级递进的,通常企业只有在实现了较低一级的商务之后,才开始发展和实现更高一级的商务活动。电子商务发展的最低要求是实现本地电子商务,其最高境界是全球电子商务。

　　(4) 从电子商务的技术实现上来看,它包括内容管理(Content Management)、协同及信息(Collaboration and Messaging)和电子商贸(Electronic Commerce)三个方面。①内容管理主要表现在通信和服务方面,即通过更好地利用信息及服务以增加产品的品牌价值,提高商品的市场信誉等。内容管理又涉及信息的安全渠道和分布以及客户信息服务。②协同及信息主要指商业流程的自动化处理与实现,这样可以降低商业事务成本,缩短开发与生产周期。这涉及数据、函件及商务信息的传递与共享、公文处理、人事管理、内部工作管理及流程、销售自动化等。③电子商贸主要指从网络这种新市场和电子渠道达成交易,获取利润。它又涉及市场宣传、售前服务、销售与支付、售后客户服务、电子购物和电子交易等方面的内容。

　　(5) 从其实现的行政区划分上来看,电子商务包括三部分内容:一是政府级的电子商务,主要指政府贸易管理的电子化,在政府管理部门采用计算机及网络技术实现数据和资料的处理、传递与存储,取代传统的纸介质及公文运转流程;二是企业级的电子商务,即指企业内部和企业之间利用计算机和网络技术实现企业内部以及与供货商、用户等的商务活动;三是个人级的电子商务,即普通个人用户或独立的企业经济体,借助网络获取自己需要的商品、服务或进行有关商业行为。

### 2.2.4　电子商务的一般过程

　　电子商务与传统商贸活动一样,其商务过程都可以从时间上分为三个阶段,即交易前阶段、交易中阶段和交易后阶段。

　　(1) 交易前阶段。这是电子商务进行的准备阶段。对于卖方来说,就是要千方百计地利用电子技术、电子工具和计算机网络技术的特性,在尽可能大的范围内宣传自己的产品或服务,树立品牌形象,扩大市场知名度,争取客户。而对于买方来说,则是为了寻找和选购自己需要的商品,借助计算机网络等电子工具,搜集商品信息,并通过对比和选择。而后定下自己确实要购买的商品。

传统模式下,卖方的工作主要就是通过电视、报刊等宣传自己的产品,然后坐等顾客上门选购;而顾客购买时并不一定能注意到卖方的广告,他们光临的诸如商店、超市、代理商等购物场所也并不一定能提供完全适合自己的商品;但由于市场信息的不对称性,买卖双方往往会在推销与选购的寻找中失之交臂,买方买不到自己真正喜爱的商品,拥有这一商品的卖主却又卖不出去。

不过在网络环境下,借助电子商务的网络基础和电子工具,卖方可以积极地在网上创建自己的产品主页,推出和宣传自己的企业形象、企业文化、产品信息等。由于互联网的广域性,宣传信息可以布达世界各地。另一方面,买方则可以在自己的计算机前,与互联网接驳,随时随地通过访问卖方网址,浏览对方主页信息,或通过电子函件、BBS等其他电子工具,查询所需的商品信息,确定购买方案,同时增进对卖方企业、公司的了解。

(2)交易中阶段。这是电子商务交易谈判和达成的阶段。买方首先需要选定商品,然后通过网络从认证中心得到卖方的认证信息,即确认卖方是一家有信用的商家,这样付款后能从卖方得到商品,不至于发生对方耍赖的事情,随后即可将求购信息发向卖方。卖方在收到买方的求购信息后,首先要通过网络从认证中心确认买主身份和信用,以保证求购信息的真实性和不可否认性。然后,买卖双方就可以就交易的具体细节进行磋商,以达成交易。与交易前阶段相比,这一阶段有第三方机构即认证中心加入到交易过程中来,充当担保人的角色,以使交易进行下去。

传统交易模式下,这一商务过程从求购、报价、磋商、洽定等都是通过传递贸易单证来完成的,其间可能使用电话、邮递、传真等工具传递商务信息,甚至派遣专门业务人员洽谈具体细节,等等,交易进展速度慢、效率低且保密性差。而在网络化环境下,借助各种电子工具,可以将交易中的商务单证借助网络以标准的报文形式进行传递,速度快、效率高,而且网上的专用数据交换协议还可以保证传递信息的安全和准确。

(3)交易后阶段。这一阶段是电子商务交易过程中极为关键和重要的一环,其主要任务是完成商品交换以及交易款的支付与纳入,这是买卖双方实现交易活动的最终目的。在交易后阶段,除认证中心需要加入交易过程外,金融业也需要介入到电子商务过程中来,以实现以电子方式或借助电子方式完成交易款的划割。由于商品需要送达顾客手中,因此如非无形化商品如服务、数字化商品、软件等,一切有形商品还需要运输业的介入,完成商品的运送。基于数字的无形化商品通常可以通过网络直接送达顾客手中。

与传统资金交割方式不同,电子商务环境下,传统的现金和支票等支付手段已经不再适应网上交易或电子交易的需求,必须通过电子货币或电子银行机构来完成,当然,资金交割时还需要认证中心从中保证各参与方的真实性和交易信誉。

## 2.3　网上经营

顾名思义,网上经营就是企业或个人等独立的经济体借助网络开展商品营销业务,获取经济效益和社会效益的活动。网上经营需要运用现代信息技术和网络技术,借助计算机网络系统,实现产品与企业形象宣传、业务信息发布、商务洽谈以及交易款项支付结算等。

### 2.3.1　网上经营与电子商务的异同

分析网上经营和前面所述电子商务的概念,我们可以发现,网上经营与狭义上的电子商务是一致的,大多数情况下它们两者是同一个概念。这是因为网上经营和狭义的电子商务都不涉及技术支持与解决方案,它们只是利用现成的网络基础与软、硬件环境,在互联网上发布自己的网页,宣传产品信息,接受客户咨询,与客户洽谈商务并达成交易,完成资金划割,等等,尽管某些工作可能需要借助诸如电话、传真等传统电子工具,但绝大部分工作还都是借助网络进行的。而广义的电子商务则不仅需要进行上述商务活动,而且需要解决网络及信息传递的技术问题,给出技术方案和实施办法;但从事广义电子商务的毕竟是少数企业、公司,因此大多数企业、公司及个人从事的还都是狭义的电子商务,即网上经营。正因如此,网上经营的特点和内容也与我们前面讨论的电子商务的特点及内容相差不大。

### 2.3.2　网上经营的主要特点

开展网上经营的目的无疑也是为了降低交易成本,改进交易条件和手段,增加经营利润等。其特点主要表现在如下几个方面:

(1) 依靠网络基础,借助网络特性。网上经营依靠的网络主要是互联网,这是因为互联网是遍布全球的网络系统,具有覆盖市场范围广、消费群体大、信息传输速度高、安全可靠、易于交互处理等特性。当然,因企业而异,有的还采用局域网(LAN)、企业内部网(Intranet)、企业外部网(Extranet)等与互联网连接,目的还是为了在网上经营自己的业务。

(2) 低成本经营。借助网络,买卖双方可以跨越彼此之间的地理空间直接洽谈商务,由此可以越过传统模式下的某些中间环节,如代理商、批发商等,从而缩减了生产与经营的价值链,降低了日常管理与交易成本,实现低成本经营。同时,买方也可以节省差旅费。调研费及咨询费等,从而能以更低的价格购买所需的商品或服务。

(3) 永不停业。由于计算机及网络设备可以每天24小时运行,因此网上经营时,不会因为员工上下班或节假日而间断营业。这样经营者可以最大限度地延长营业时间,增加经营机会,提高经济效益。

(4) 产品或商品的展示手段较多。和电子商务一样,与传统的商品货架及超市相比,网上经营时借助网络系统可以通过多种手段,如文字、图像、声音、动画等,全方位地展示产品或商品,向顾客提供有关产品及商品的详尽信息,如规格、型号、性能、操作方法、使用技巧等。

(5) 经营者能更有效地吸纳消费者的意见和建议。与传统经营模式相比,网上经营通过主页、电子函件等网络工具,能更有效地吸收和采纳消费者的意见与建议,根据消费者的需求,及时调整生产与经营策略,革新和改进产品,甚至依照顾客要求生产指定型号、性能的产品。这无疑提高了经营者的市场竞争水平和市场声誉,树立了产品、企业

形象。

（6）网上经营扩大了企业产品的市场范围，并促进了企业与消费者的双向沟通。

另外，需要说明的是，从事网上经营的企业或个人完全可能同时从事传统形式的经营业务，大多数情况下，网上经营业务是在传统经营业务基础上发展而来的。

### 2.3.3 网上经营的主要内容

网上经营除具有传统经营方式下的计划、生产、管理、销售等内容外，因其网络特性，还具有一些特殊的内容，如技术基础、价值链转变、网上市场评测、网上交易、安全防范、经营策略、发展战略等。下面就简要介绍网上经营的一些主要内容。

（1）网上经营基础。这包括网络技术基础、计算机基础、企业商贸业务的信息化、企业价值链的部分无形化等内容。

（2）网上经营的目标市场评测及互联网站点评估。到网上去经营什么？网上能开发出什么样的市场？这个网络市场能有多么大？通过哪些互联网站点上网发布信息？等等，这是开创网上经营业务的企业或个人都非常关注的问题。为解决这些问题，我们必须给出一套方法、模型、计算步骤，对网上经营的目标市场进行评测和择优，确定网上经营的产品和市场范围，而且还需要对互联网站点进行评估和计算，以便让经营者选择那些访问人数多、运行速度快、潜在市场大的网络站点上网，发布主页，提高产品与经营信息的影响面。

（3）网上经营的开创与发展。这旨在提出一系列的方法，帮助企业或个人开创和发展网上经营业务。主要包括网络主页创建、数据库建立及链接、网络防火墙组建、网络页面全球化、网上销售与交易等内容。

（4）网上经营策略与发展战略。主要通过探讨网上经营的影响因素，分析网上经营的特殊要求，总结出网上经营的有效方式、经营策略及发展战略。

（5）技术问题及解决。网上经营中实现网上的安全电子交易是非常复杂的，涉及众多艰涩的技术问题，主要包括网上安全电子交易及软、硬件系统构建两个方面的问题。前者又涉及安全电子交易的标准、实现方法、数字凭证、企业认证及防范机制等问题，后者涉及软件系统和硬件系统构成、组建及开发技术等问题。

（6）就其交易主体的差异、交易区域和范围、行政区划等方面来看，网上经营包括的内容与电子商务完全相同，具体可参见前面的论述。

### 2.3.4 网上经营的一般过程

网上经营与电子商务一样，其商务过程都可以从时间上分为三个阶段，即交易前阶段、交易中阶段和交易后阶段。只是网上经营的三个阶段中可以利用的工具主要是网络工具，如网络页面、电子函件、电子公告牌等。

## 2.4 企业从传统经营到信息化系统的发展

从传统经营到信息化系统发展的企业是我们现今社会中数量最多、发展最活跃的一种组织形式，企业的经营管理活动是企业运作与发展模式的核心。如何将企业的各项经营与管理业务转化为信息处理系统是信息系统开发的主要工作,也是企业开展电子商务和实现网上经营的基础。

## 2.4.1　企业内部的主要活动形式

任何一个实际的企业,其组织形式都是极其复杂的,组织内部的主要活动也往往多种多样;但是,不论怎样,企业活动归根结底是围绕企业组织目标而展开的一系列经营和管理活动。企业组织内部的主要活动有:

(1) 物流(Material Flow)。是指组织内部物资即实物的加工处理和流动过程。例如,一家纺织企业内从羊毛、化纤原料的购进,到粗加工成毛条,精纺成纱锭,以及织成布匹、染色和后期处理,最后到出厂销售的实物流动过程,就是一种物流。再如,一家机械加工企业从原材料购进到粗加工成毛坯,精加工成半成品,然后进行表面处理和包装;最后到出厂销售的实物流动过程,也是一种物流。

(2) 资金流(Fund Flow)。是指组织内部各类资金,诸如固定资金、流动资金等,伴随物流的发生而产生的收款、付款、记账、转账、借贷等的资金流动过程。

(3) 事务流(Transaction Flow)。是指企业组织为处理自己内部或外部活动而产生的各种经营管理活动的工作过程。一般来说,该过程都是由票据或单证的传递过程来表示的。举例来说,工业企业从原材料进厂到成品销售过程中的各种收款、付款、验收、登记、开票、审核程序和管理方法等都属于事务流。再如,企业生产工艺过程和生产管理技术与方法,企业经营发展战略规划的制定过程与方法等也属于事务流。又如,对于行政事务处理型的机关单位,从其接到下级的请示报告或上级下达的命令,到其调查研究、分析讨论、反复协商并最终作出决策等也属于事务流。

(4) 信息流(Information Flow)。就本质而言,信息流就是物流、资金流和事务流除去其具体方法和物理内容后的信息流动方式和过程。它伴随着其他实体流而产生,并反映其他实体流的发展变化情况;反之,它又可以对其他实体流进行控制和调节,同时还可以影响。制约和规定其他实体流的运行方式及过程。信息流是任何一种现代管理方法及信息系统必须面对和需要处理的主要对象。如果说信息是现代社会各类组织中流动的血液,那么信息流和信息系统就可以说是现代社会各类组织中的血液循环系统。

## 2.4.2　企业从事务流到信息流的发展过程

在企业与企业之间以及企业内部职能部门、单位之间的经营和贸易业务过程中,每一次业务的发生和操作过程都表现为组织与组织之间或组织内部职能部门、单位之间的一个事务流动的过程。该过程一般都反映了企业经贸业务实物物流的活动状况,但它与物流有严格的区别,实质上代表了一种管理过程,是一种事务流和信息流的过程。

例如,企业需要购买一批原材料,通常的做法是首先派出一定数量的人力(往往是采购员)通过各种媒体在市场上寻找合适的原料资源,然后派采购员对购买原料的价格、品种、质量、数量、供货方式等贸易细节进行磋商。随后将磋商结果以书面形式肯定下来,也就是签订购货合同。接下来,供货方开始组织发货,购货方开始准备付款。最后办理到货的验货、卸货、登记、检验、入库等处理工作。

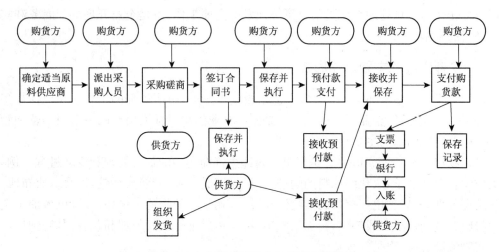

图 2-3　企业原料采购业务的事务流过程

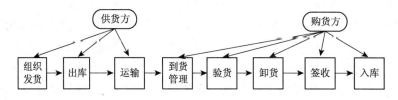

图 2-4　企业原料采购业务的物流过程

图 2-3 反映的是买卖双方的业务处理过程,图 2-4 反映的是物流在这一经营业务中的实物流动过程。不过对于一个企业的经营管理者来说,他们所需了解和管理的并不是上述两个具体过程,而是反映和记载上述两个过程的信息流程,如图 2-5 所示。

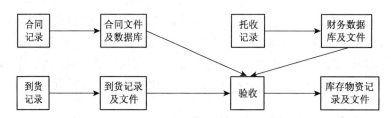

图 2-5　事务流过程和物流过程的信息流程

在图 2-5 中,双方对这一业务过程的管理工作,通常都是从合同管理开始。以购货方为例,签订的合同书、到货单、验收单等在信息流和信息处理过程中都变成了一个个的合同记录、到货记录和验收记录等;相应地,原来合同和各类单据凭证的管理过程,也变成了将各种记录写入到数据库中,以及对数据库中的文件进行管理的过程。

### 2.4.3　从传统单证、台账到计算机的数据记录、文件

根据以上的分析,我们知道,从图 2-3 到图 2-5 完成了一个实际经贸业务从实际操作过程到信息流的过程转换。这一转换过程中,不仅流程、载体和传媒的方式发生了改变,而且原有的单证、台账也被计算机数据的一个个记录和文件所取代。这一转换过程可以说是

建立经营、管理和信息系统最基础的一环和最关键的一环。这个转换过程的主要工作如图2-6所示。

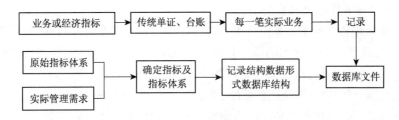

图 2-6  从传统单证、台账到计算机的数据记录、文件

（1）将所有单证、台账中的栏目，也就是各业务或经济指标一一列出，形成原始指标体系；

（2）按照企业的实际管理需求修改这一指标体系中的具体指标；

（3）按照修改后的指标体系确定记录和数据库的结构；

（4）将每一笔业务发生的情况以记录方式记载下来，输入到计算机数据库中，形成数据库中的信息资源。

这样，此后一份份商贸单证或台账等的商贸实务往来的传递过程，也就演变和发展成了各种记录或文件在信息网络上的相互传递过程。

# 2.5  企业信息系统

研究和开发计算机的初衷是为了解决繁杂而数量庞大的数据计算，当时仅限于军事和战争的计算需要。随后，计算机的应用有所拓广，不过仍然限于军事计算、工程计算、数值计算、简单的工业控制和信号处理等。20世纪50年代计算机在数据处理技术上有了突破，使得计算机的应用从数值运算扩大到数据处理，这为以后计算机在管理领域中的应用奠定了基础。

很快，由于小型计算机系统的出现和计算机向社会生活各个方面的应用，各式各样的数据处理系统，如数据统计系统、数据查询系统、数据检索系统等纷纷涌现，计算机有力地提高了传统数据处理的工作效率，同时向人们展示了计算机的强大处理功能和处理能力。所以，许多公司纷纷购买自己的计算机设备，并建立相应的数据处理系统，以求提高企业效率和增加丰厚的利润。20世纪50年代末出现了第一个比较全面的电子数据处理系统EDPs(Electronic Data Processing system)，并获得了广泛的应用。这是最初形成的旨在提高企业信息管理水平的信息系统。此后，信息系统在实践中不断创新和发展，产生了许多信息、系统的分支和应用，如管理信息系统、决策支持系统、办公自动化系统、EDI系统，以及今天新兴的电子商务系统等。

## 2.5.1  电子数据处理系统

电子数据处理系统EDPs是信息系统发展过程中最早出现的一个企业信息系统，在整个信息系统中具有相当重要的基础地位，以后发展出来的信息系统虽然是根据不同的管理

活动和管理需求建立的,实现的具体方式也不尽相同,但它们都是建立在 EDPs 的基础之上的。尤其是信息系统中的基础数据处理功能,都是采用了 EDPs 的实现技术。

**1. EDPs 的基本概念及其任务**

EDPs 是指采用各类电子计算机技术、数据处理技术、数据库技术和网络通信技术来处理企业经营和商务管理中各类数据的信息系统。实现 EDPs 需要相应的硬件基础和软件基础。计算机、打印机、网络、扫描仪、存储设备等构成 EDPs 的硬件基础;各类编程语言、软件系统、数据库系统、数据处理技术、网络通信系统、系统管理技术、系统开发方法等构成 EDPs 的软件基础。EDPs 就是通过这些软件和硬件实现的软硬件技术及管理系统,来取代过去由人工完成的管理领域中的信息处理任务,以提高人们从事生产、经营和管理的工作效率。

**2. EDPs 的任务与数据**

EDPs 需要解决的主要任务包括以下几方面:

(1) 建立计算机网络和数据通信网络系统;

(2) 提供一套有效办法将实际数据处理业务转换为电子数据处理系统;

(3) 建立与(2)相应的电子数据处理的软件系统。EDPs 处理的数据主要是企业管理中的各种数据。例如,可以是生产管理中的生产情况记录、生产指标统计等;也可以是财务管理中的资金使用记录或各类资金账目统计等;或者是营销管理中的销售情况记录、销售统计等;其或是物资管理中的库存情况记录、库存物资统计等;也可以是企业事务管理中的诸如计划、方案、审批文件、客户记录、往来文件等信息记录,或者是员工构成、企业产值等方面的企业经济统计数据,等等。

**3. EDPs 开发中的关键与核心问题的开发和设计**

EDPs 系统中的关键问题是应用软件的质量问题。在早期,由于硬件技术和软件开发思想比较落后,不同企业 EDPs 应用软件的兼容性很差,标准也不统一。不过目前由于硬件平台和系统软件技术越来越注重兼容性、标准化和规范化,不同 EDPs 系统之间的差别越来越小。由于 EDPs 是为企业的管理业务服务的,其主要目的是解决经营和管理中的数据处理问题,所以,如何将现实的企业经营和管理问题过渡到 EDPs 系统能够处理的问题,并建立一个实用的软件系统,就成为 EDPs 开发、设计工作的核心问题。通常的做法都是根据实际业务和管理的需求,实现从传统单证、台账到计算机的数据记录、文件转换的方法来逐步实现。这样,EDPs 系统投入使用后,企业经营和管理中对业务的记账、统计和处理过程,也就相应地转变为 EDPs 数据建库、录入和数据处理的过程。

**4. FDPs 的主要处理功能**

随着技术进步和社会生产力的发展,以及企业管理的不断改革创新,EDPs 也得到了日新月异的发展,其技术处理功能几乎涵盖了当今数据处理领域的各种成果。不过就企业而言,EDPs 功能中用得最频繁的主要是数据库建立、数据输入、查询、统计、管理和输出等。数据库建立功能主要是按照图 2-5 所示的过程将原业务过程的单证、票据和账务等转化为数据库文件的形式;数据输入功能主要解决数据输入屏幕的设计、数据范围检查、数据校对和实际数据录入等;数据查询功能主要解决按照业务管理要求来生成满足复杂逻辑组合条件的数据查询结果;数据输出功能主要包括各类报表的定义和输出、各类图表的输出以及网络间的数据传递等问题。

### 2.5.2　管理信息系统

管理信息系统 MIS(Management Information System)是信息系统发展的另一重要分支系统。计算机在数据处理领域已经获得了比较重要的应用,很多人开始试着通过以计算机为基础的信息系统来实现管理功能,并协助开展信息处理业务,于是就产生了 MIS 的概念。经过发展,MIS 已逐步形成了自身的概念、理论、体系、结构和开发方法,成为一门覆盖计算机科学、信息科学、管理科学和系统科学等领域的新学科。而且至今还在进一步丰富和发展之中。

**1. MIS 的概念及理解**

管理信息系统 MIS 是服务于经营管理领域的信息系统,建立在 EDPs 基础之上,通过引进大量管理方法和系统化的开发方法,对信息进行收集、转换、加工,并利用信息进行预测、控制和辅助企业管理的系统。MIS 是一个高度集成化的人机结合的系统,是目前信息系统中体系结构较为确定,应用也最为成功的一种。MIS 是一个利用计算机软件和硬件系统、手工作业、分析计划、控制和决策模型以及数据库技术的人-机系统,能够提供信息,以及支持企业或组织运行、管理与决策。

理解好 MIS 概念,应当把握好以下几点:

(1) MIS 系统高度集成化。所谓集成化是指统一规划系统内部的各种资源、设备,以实现资源的最大利用率。系统各部分协调一致的运行,通常可以保证高效、低成本地完成企业组织的日常信息处理业务。比如,企业具备集中统一规划的数据库系统时,就可以使得系统内部的信息集中成为系统各部分和系统内各用户所共同拥有的资源,从而可以提高系统各组成单位的效率,进而提高整个系统的效率。

(2) MIS 系统是一种人-机系统。它是指一个开放的系统,其主体是人,可以在该系统中真正起到执行管理命令的作用,能够对组织中的人、财、物、资源以及物流、资金流等进行有效的管理和控制。这个过程中,计算机只是一种辅助管理的工具,但也是至关重要和举足轻重的工具,能够为人的管理活动辅助制定方案或指明工作方向。

(3) MIS 系统注重分析、预测、计划和控制功能。与 EDPs 相比,MIS 更注重管理方法的强大作用,注重对信息进行进一步的加工,也就是通过信息来分析企业组织的生产经营状况,通过相应的模型对企业组织生产经营活动的各个细节、方面进行分析和预测,并控制可能影响企业组织顺利实现目标的各种因素。MIS 系统还注重以科学的方法,来最优化地分配企业中诸如原料、设备、人员、任务、资金等的各种资源,并合理地组织企业生产,完成企业生产计划、调度、产品监督等任务。

**2. 企业组织的 MIS 结构**

企业组织的 MIS 结构取决于企业组织的信息系统结构。一般而言,企业组织的信息系统具有金字塔式的结构,如图 2-7 所示。其最基层主要是事务信息及处理方面的信息资源,具有任务巨大且处理操作繁杂的特点。往上一层主要是企业日常运行和控制的信息资源,再往上一层主要是制定基层生产作业计划、战略计划、企业政策和决策等的信息资源。显然,最高层的工作较之最基层的事务处理来说是极小的一部分,基层的信息处理过程和方法一般都是较明确的结构化问题,而顶层的信息处理则主要是比较特殊和非结构化的工作与决策。基层主要涉及基层管理人员、文书人员及操作人员等,顶层主要涉及企业的高

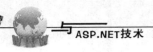

层管理人员、决策者等。

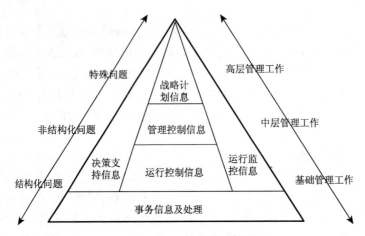

图 2-7　企业组织的信息系统

根据企业组织的信息系统结构和各组成层次的功能,我们可以用图 2-8 来表述企业组织中经营管理的信息流程和相互关系。可以看出,企业组织的 MIS 结构大致分为三个基本部分:

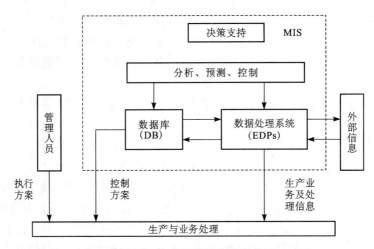

图 2-8　企业组织的 MIS 结构

(1) EDPs 部分。主要任务是完成数据的收集、录入,数据库管理以及数据查询、运算、统计、汇总、报表输出等。

(2) 分析、预测、控制部分。主要是在 EDPs 的基础上,对数据进行深加工,比如采用相应的管理模型、程序化方法、运筹学方法、量化分析方法、最优化方法等对企业组织的生产经营和管理情况进行分析、预测与控制。

(3) 决策部分。主要是在上述两部分的基础上,运用各种决策模型来解决结构化的经营与管理决策问题,并为高层管理者和决策者提供一个最佳决策方案。

### 3. MIS 的子系统

根据企业组织管理功能的不同,通常可以把 MIS 按照不同的功能划分成若干个相应的子系统。各子系统则按照实际经营管理业务的要求,完成信息处理、组织管理分析与控制、支持决策等功能。

一般地,MIS子系统可以分为组织功能类子系统和管理活动类子系统两大类。组织功能类子系统是将组织功能分解为若干个不同管理要求的子功能,并以此开发相应功能的MIS子系统。每个子系统都拥有自己独立的结构、独立的模型和相应的程序模块,同时,它们之间又由于有着许多相互依存的调用关系而使用共享的数据处理支持系统。共享数据库是连接多个子系统的主要手段。管理活动类子系统是根据企业组织内部各项经营管理业务的不同而划分不同的功能模块,并以此开发相应功能的MIS子系统。有些业务活动子系统可能适用于多个机构的功能子系统,而另外一些业务活动子系统则只可能适用于某一机构的功能子系统。

### 2.5.3　决策支持系统

决策支持系统DSS(Dectrion Support System)是在MIS的理论基础上发展起来的一门广泛适用于不同领域的信息系统,其概念和采用的技术都十分新颖,在当前的各种信息系统中属于发展最快的一个分支。起始MIS使得人们对信息系统有效提高管理领域的工作效率抱有巨大的热情和殷切的希望;但是,随着应用的深入和普及,人们发现MIS并不像预期想像的那样能给企业带来巨大的经济效益和管理效率。经过研究发现,导致传统MIS失败的主要原因就是忽视了人在管理领域和系统处理中的重要作用,以及忽视了信息系统与管理、决策和控制的有机联系。而且,随着信息系统在管理领域实践的发展,人们逐步认识到,MIS和EDPs所完成的例行日常信息处理任务只不过是信息系统在管理领域中应用的初级阶段,而要想进一步提高它们的作用并使之对管理工作做出实质性的贡献,那么就要充分考虑不断变化的环境需求,研究更高级的信息系统,让它直接支持企业的决策。基于这种知识,加之计算机应用技术从数据处理到知识、智能处理的深入发展,以及人们对决策系统和决策支持系统的认识规律进一步深化,DSS就此诞生并蓬勃发展起来了。

**1. DSS的概念与任务决策支持系统**

DSS是以管理科学、行为科学、控制论、运筹学为基础,以计算机技术、信息技术和模拟技术为手段,面向半结构化的决策问题,支持决策活动并具有智能作用的人-机计算机系统。DSS能够根据决策者提供的必要的数据资料和背景信息,通过人-机对话系统进行分析、比较和判断,为决策者提供有关决策数据、信息和背景材料;并能帮助决策者明确决策目标和进行特定问题的识别,建立或更改决策模型,生成各种备选方案,同时还可以对各种方案进行评价和择优筛选,以便为决策提供有效的帮助。

DSS的主要任务包括如下几点:

(1) 分析和识别的问题;

(2) 描述和表达决策问题以及决策知识;

(3) 生成候选决策方案,主要涉及方案目标、方法、规则和实现途径等;

(4) 构造决策问题的求解模型,如数学模型、程序模型、运筹学模型、模糊模型、经验模型等;

(5) 建立评价决策问题的相应准则,诸如科学准则、价值准则、效益准则等;

(6) 对多目标、多准则、多方案的情况进行分析、比较和优化;

（7）各种综合分析,包括将决策结果或方案分配到特定环境的"情景分析(Scenario Anaopis)",决策结果或方案对实际问题可能产生的作用和影响的分析以及各种环境因素、环境变量对决策方案或结果的影响程度的分析,等等。

**2. DSS 的结构**

DSS 的结构是根据 DSS 的目的、性质和任务等基础因素确定的。DSS 结构是开发 DSS 的理论构架、开发依据和工程方法。因此研究 DSS 的结构,了解系统的组成、功能、运行机制,以及系统目标和系统内部各部分之间的相互联系,对我们开发、设计实用的 DSS 是十分重要的。

一般来说,DSS 的结构由用户界面、生成系统和模拟系统三大部分组成。如图 2-9 所示,就是一个比较典型的 DSS 系统结构。其各部分基本功能介绍如下:

（1）用户界面。这是一种智能化用户界面系统,比较容易被用户理解和使用,并具有自我学习和纠正错误的功能,能够提供自然语言及人类思维方式到机器之间转换的界面体系。用户界面一般采用菜单(Menu)驱动的会话方式引导用户,并使用符号及图形功能等来辅助用户的操作。

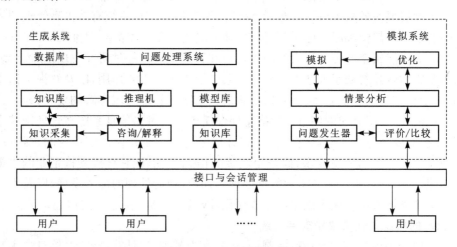

图 2-9　DSS 系统结构举例

（2）生成系统。生成系统主要由知识库、数据库、模型库、推理机、咨询解释系统和问题处理系统六部分组成。各部分作用与功能如下:

① 知识库。包括知识采集系统在内的知识库系统可以采集和存储专家的知识和问题领域的知识,以及推理机系统需要的规则等。

② 数据库。用于存储生成系统中所有的数据和结果,具有定义数据结构,修改并建立数据字典,检索、访问、增加、删除、修改数据,以及优化数据等功能。

③ 模型库。用于存储生成系统中的所有模型以及模型与数据的匹配关系。具有定义模型结构,修改并建立模型字典,检索、访问、增加、删除、修改模型,以及优化模型等功能。

④ 推理机。能运用知识库中的推理规则,决定和控制系统的运行过程并对系统产生的结果进行解释。

⑤ 咨询解释系统。该系统能够运用知识库中的推理规则和推理系统的双向推理过程,咨询或解释生成系统产生的结果和界面部分的运行。

⑥ 问题处理系统。用于构造具体问题的求解模型。

（3）模拟系统。模拟系统主要由问题发生器、情景分析、模拟、优化和评价比较五个部分组成。各部分作用与功能如下：

① 问题发生器。用于产生和识别问题，相当于模拟系统与用户界面之间的接口，可以使问题与求解方案相衔接。

② 情景分析。能将已经产生和识别的问题、求解方案放到特定的环境下进行分析。这里的"环境"主要是指数据、信息环境。

③ 模拟。即模拟运行信息系统提供的各式各样的信息。

④ 优化。即优化决策方案或决策模型，提出可行解或非劣解。

⑤ 评价比较。主要是采用交互式的方式对可行的方案进行综合的分析比较，并向用户提供相应的建议。

**3. DSS 的技术构成**

从图 2-9 所示的 DSS 系统结构可以看出，DSS 有一个十分明显的特点，就是由各种技术性很强的部件构成，这些部件是 DSS 结构的技术基础。在实际问题的开发中，用户可以根据不同的问题，采用不同的部件进行组合并形成相应的结构，构造出面向某一特定领域的 DSS。正因如此，DSS 开发研究的主要对象就是它的技术部件。DSS 的技术部件主要包括界面、知识、数据库、模型、推理、分析比较、问题处理、控制、咨询解释和模拟几个方面，下面我们就对它们进行简单的讨论。

（1）界面部件。由于系统界面的友好、好坏往往直接关系到 DSS 的质量和工作效率，所以界面部件是 DSS 一个十分重要的构成部件。实际情况中，DSS 面临的问题具有很强的不确定性，而且需要直接面对决策者。因此 DSS 系统研制时必须开发出一个可以供用户表达和描述决策问题的窗口，也就是界面，通过它，用户应当能够比较方便地表达自己的主观意志和具体的思想方法，能够影响和干涉问题的求解过程，能够分析、评价系统和方案、结果。这个界面还要便于人-机之间进行双向推理，等等。

（2）知识管理部件。该部件主要是集中管理有关决策问题方面的知识，比如问题性质、求解方法、现实状态、限制条件、有关这类问题的法律规定、法规条件，以及暂行或试行办法，等等，其目的是为用户界面、推理机、动态构模、咨询解释系统以及综合分析等部件提供必要的知识支持。DSS 知识管理部件的主要功能包括以下几个方面：

① 知识的获取。即利用方法和程序来解决知识的获取问题，并解决将知识较方便地输入到计算机系统中的问题。

② 知识的表达。主要解决计算机中形式化地表达有关问题领域的知识的具体方法或方式。

③ 知识的管理。即实现对系统内部知识的查询、增加、删除、修改、更新、调用等管理操作。

④ 知识管理与其他部件的衔接。主要解决知识管理部分与 DSS 系统的界面、推理机、咨询解释系统、构模系统、综合分析等部件的连接问题。

（3）数据库部件。DSS 数据库是 DSS 的界面、模型运行、综合分析、咨询解释和最终结果输出等各部分相互联系的数据枢纽。与其他信息系统一样，DSS 系统的数据库管理部件也是通过数据库系统完成的，但与 EDPs、MIS 等不同的是，DSS 的数据库部件并不强调数据的整体结构性和全面性,而只注重存储与决策问题领域有关的各种数据。因此,在 MIS 与 DSS 相互存在的信息系统中,DSS 的数据库通常是 MIS 数据库的一个子集。为了从 MIS 数据库集中取得 DSS 系统所需的数据,一般通过设立一个决策数据提取系统来完成这一操作。

大多数情况下,DSS 数据库都与决策问题的领域、时间和所处环境等多种因素有关,数据是动态的。所以 DSS 的数据必须随着问题的不同和用户要求的不同而不断变化,而如果系统数据库内没有可用的数据,则系统必须通过人-机界面及推理机系统向用户索取此类数据或与此相关的资料。而且,为了更好地服务于实践中实际问题,DSS 数据库还必须不断地在实际的社会经济生活和实践的决策过程中采集数据,为此 DSS 的数据库部件还要提供相应的数据采集方法和程序支持。

此外,DSS 数据库部件在管理中还要解决数据库与 DSS 模型、算法之间的界面问题,也就是解决数据与模型、算法、变量之间的匹配问题,为此要提供相应的调用关系、量纲关系等匹配关系的实现方法与程序。

(4) 模型部件。DSS 系统的一个特色就是模型驱动,所以 DSS 必须提供相应的模型管理部件。该部件能够根据对用户提出问题的识别,从系统内部调出已经存储的模型,匹配生成一个面向某一特定问题的求解过程,也就是模型。有鉴于此,DSS 的模型部件应当具备以下几项功能:

① 模型输入功能。模型的设计工作一般是由某一问题领域中有经验的专家完成,所以系统应当提供一种确定的方法和专用的输入模块,以让这些专家比较方便、自由地将模型输入到系统内。

② 模型存储功能。也就是为用户在计算机系统内方便地存储模型而提供功能支持。

③ 动态构模功能。即能够根据系统识别问题性质和任务类型的结果,从系统存储的模型中调出相应的基本模型,然后经过与数据、算法、变量和基本模型之间的匹配等,生成求解问题的模型。

④ 模型管理功能。由于系统存储有大量的基本模型,所以还要解决实际操作中的模型管理问题。其主要管理工作包括模型的增加、删除、修改,模型与数据、变量的连接,模型的查询、检索、备份,以及灵敏度分析等。

(5) 推理部件。该部件是体现 DSS 智能特征的重要功能部件,能够解决决策问题、现象、求解方法以及它们的前因后果之间的联系,支持人-机界面系统的双向推理过程。也就是说,针对系统的提问,用户可通过自己的理解和推理进行回答;而对于用户回答的问题,系统则通过识别和理解,再提出进一步深入的问题;或者由用户向系统提出问题,系统通过识别和推理后进行解答。如此反复,解决人-机对话问题。

DSS 系统中的推理一般可以分为确定型推理和不确定型推理两大类。在半结构化的知识不完全的领域,DSS 处理的大多都是不确定型推理。DSS 推理需要的支持环境主要是知识库系统和数据库系统。推理部件能够支持的系统主要有界面系统、模型库系统、综合分析系统、问题求解系统、咨询解释系统等。

(6) 分析比较部件。这一部件主要是对 DSS 系统的工作过程和生成的模型、方案、运行结果等进行综合分析和比较,并为决策者(用户)选择出最为满意的方案或者解答。一般地,分析比较部件与三方面因素有关。

① 与用户有关。分析比较一般都根据用户的意见,并通过一定的准则、方法综合进行的。其中准则和方法均由用户制定,所以整个分析比较过程实质上都是由用户驱动的,与用户的偏好、需求、价值观、学识等因素密切相关。

② 与具体问题领域的环境有关。分析比较一般都要在与具体问题领域有关的特定条件下才能进行,而反映该特定环境的具体条件就是 DSS 数据库中存储的有关数据和知识库中存储的相关知识。

③ 与用户的需求和认识程度有关。用户对欲解决问题的需求程度以及他们对该问题的认识程度,也是对分析比较的最终方案或结果有重要影响的因素。

(7) 问题处理部件。DSS 系统的目的是要解决实际问题,所以从这个意义上讲,问题处理系统是整个 DSS 系统的核心部件,其他各部件都是服务于问题处理系统的。在 DSS 结构体系中,问题处理系统通常处于中心环节,并与其他部件组成一个有机联系的整体。共同完成 DSS 系统的任务。问题处理系统的主要功能包括以下几个方面:

① 根据人-机对话的结果,识别用户提交的问题;

② 根据识别的问题及模型库、知识库、数据库中的有关内容,构造出求解问题的模型及方案;

③ 根据构造的模型或方案,从数据库和知识库等部件中联系或匹配所需的算法、变量及数据等;

④ 运行求解系统;

⑤ 根据用户及实际问题的要求、反馈信息和评价结果等,修正求得的方案或模型;

⑥ 生成最终问题的解,为用户提供决策支持;

⑦ 提供一组问题处理语言或问题描述语言,帮助用户比较方便地描述问题和构造问题处理系统的整体框架。

(8) 控制部件。该部件主要用于完成 DSS 系统内部管理和运行监督。其主要任务是在 DSS 系统形成之后,保证系统能够按照设计好的预定程序,有条不紊地顺利运行。控制部件能连接和调用 DSS 系统中的其他部件的相关资源,能够规定和控制系统其他部件运行的程序。能够为需要的部件开辟某一系统工作区,并对系统进行有关维护和保护操作等。

(9) 咨询解释部件。该部件是为用户对 DSS 系统运行的每一过程或系统运行的结果进行进一步解释的系统,它与界面部件的联系十分紧密。例如,在 DSS 系统运行过程中,系统可能会向用户索要某方面的信息;如果用户对此难以理解或有些困惑,则可以向系统请求咨询,DSS 系统接到咨询请求后就会通过咨询系统向用户解释上述信息是怎么回事,如属于哪方面的问题、性质如何以及对求解问题的重要作用,等等。

(10) 模拟部件。该部件是 DSS 结构中一种预先模拟系统运行结果的功能部件。其主要目的是为 DSS 系统生成的问题求解方案提供一种模拟运行的环境,以便能够及时发现该方案可能存在的问题及不足,从而在作实际决策和实施方案之前尽最可能优化方案。

## 2.5.4 办公自动化系统

办公自动化 OA(Office Automation)系统也称为办公信息系统 OIS(Office Information System),是随着个人计算机技术和计算机局域网网络技术的发展而兴起的一种信息处理系统。今天,OA 系统已经深入到现代社会的各个角落,成为各类行政性机关

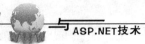
和商业性办公室不可缺少的工具,OA系统的应用改革了传统机关事务型办公业务的处理方法,也改变了人们的办公观念和公务处理模式,极大地提高了办公效率。

目前普遍采用的OA系统与MIS和DSS系统有很大的区别。OA系统一般较少地涉及各种科学管理方法及管理模型,而是一种以技术和自动化的软硬件办公设备所构成的信息处理系统。正因如此,设计和开发OA系统的过程中,人们更多关注的是系统设备的配置及选择,而不是管理方法与管理模型的科学合理,也不是实现这些方法、模型的软件开发技术。

**1. OA系统的概念**

OA是指采用先进的科学技术,不断使人们的一部分办公业务借助于各种设备实现,同时将这些设备与办公人员一起构成一种能够服务于某种办公目标的人-机信息处理系统。OA的目的在于尽可能充分地利用信息资源,提高工作效率、生产率和质量,并辅助决策,以求取得更好的效益,实现既定的目标。

OA的支持理论是管理科学、行为科学、人-机工程学、系统工程学和社会学等,其技术基础主要是计算机工程学、通信与网络、文字、图像及语言处理设备(如计算机、扫描仪、打印机、音箱、显示器)等。

**2. OA系统的主要功能**

OA系统应用的领域非常广,功能非常强,大致可以分为以下几个方面:

(1) 文档处理与管理。包括各种文档的录入、编辑,各种数据、报表、文件、档案数据的保存、查询和管理,以及各类公文的起草、汇报、下达、审批、批转等。

(2) 信息通信。即通过计算机技术、网络技术以及卫星、微波等通信技术,将办公室的各类信息(包括文字、数据、语音、图像等)传送到办公室业务涉及的各个地方。

(3) 数据处理。包括日常办公信息的管理、业务数据的统计处理、有关数据的定量分析处理等。

(4) 音像处理。包括语音输入、复制、输出和管理,电话或电视会议、音像监控,以及音像数据存储,编辑、管理和通信等。

(5) 时程管理。包括自动编排和处理办公业务、工作计划、工作文件、工作记录、进度表、工程表等。

(6) 辅助决策。即可以向决策者提供决策所需的数据或文档以及这些数据、文档的查询检索等功能,协助决策者获取各类远程信息、音像、数据、文档,使与决策有关的各种公文上报、下达、审批、批转等工作不受地理位置和时空环境的限制。

**3. OA系统的模型**

OA系统的模型分为狭义和广义两种情况。狭义的模型通常是指一个或一组定量分析的数据公式,而广义的模型一般是指一种方法、一个模式或一个程序流程。就一般情况来说,OA面对的主要是非结构化问题,所以通常没有狭义概念上的模型,而主要是广义上的OA模型。在总结各类办公业务的基础上提出了五种OA的系统模型:

(1) 信息流模型(information Flow Model)。该模型主要用于描述办公室内和办公室之间各种办公信息相互传递和处理的状况。办公信息的主要形式包括以下几类:

① 语音信息。即以语音描述和实现的信息,如电话、声音文件、计算机语音输入与输出、有声文件等。

② 文字信息。即以文字为载体的信息,如各种文字形式的文件、报告、报表、电文等。

③ 数据信息。主要是以数据形式描述的适于数据处理的信息,如数据文件、数据报表和数据记录等。

④ 图形图像信息。即以图形图像描述和处理的信息,如图像、图形、图表、传真、照片、电视会议等。

(2) 数据库模型(Data Base Model)。该模型主要用于描述与办公事务有关的信息结构、数据库结构以及数据库的存储、访问方式等。

(3) 过程模型(Procedural Model)。该模型用于描述为完成特定任务和办公工作需要的具体执行过程和步骤。

(4) 行为模型(Behavioral Model)。该模型用于概括和描述人类高级思维活动的概念和规律,以协调人际关系,理顺人-机界面。

(5) 决策模型(Decision-making Model)。该模型使用计算机系统取代办公信息加工过程中的结构化部分,并根据已知特定的决策模型做出相应决策。决策模型与系统科学、经济学的关系比较密切。其高层机构的决策模型一般与宏观经济问题有关,即主要涉及国家或地区性的宏观决策问题,如环境、资源、人口、工资与物价模型等;低层(主要是企业级)机构的决策模型则往往与微观经济问题有关,主要涉及市场、投资、销售、企业战略等。

## 2.5.5 EDI 系统

世界经济的发展总是在不断冲击旧的经济秩序的同时,逐渐朝着形成世界新秩序的方向前进。随着世界市场的形成和扩大,国际分工日益深化,企业生产更趋专业化和国际化,各国社会再生产均在不同程度上跨出了民族与国家的界限。世界各国的发展日益融通,人员和物资之间的交往日益频繁,一个国家或一个企业的经济发展越来越多地依靠国际间的分工合作以及国际贸易活动的开展,国际贸易活动的业务内容也日益变得复杂繁多。尤其是第二次世界大战结束之后的这半个多世纪,多国贸易谈判的成功和科学技术的迅猛发展及其在企业生产中的广泛应用,极大地推动了世界经济一体化的进程。彼此渗透的各国经济,既相互依赖,又相互竞争,全球经济体系和世界经济新秩序业已形成并不断地获得加强和深化。

由于国际商贸业务量的迅速增长,原有的国际贸易实务操作方式和技术基础已经远远跟不上业务发展的需要,并严重阻碍了商贸业务的发展,于是,国际商贸中引入了网络技术和信息技术,并使之与国际商贸实务操作过程相结合,从而导致了一种新型的基于电子数据交换 EDI 的国际电子贸易系统的诞生。

### 1. EDI 系统的形成

前面我们谈到,EDPs 和 MIS 向企业和工商管理等各领域的渗透,使得这些领域的工作效率大大提高,取得了巨大的经济效益和社会效益,人们由此十分自然地想到将 EDPs 及 MIS 技术应用到国际贸易实务操作领域。国际贸易的实务操作主要是一种典型的单证文本数据的交换和处理过程,因此理论上来看,EDPs 和 MIS 技术应用到这一领域并不困难。然而,由于交换的数据需要在不同国家、不同网络和不同类型的计算机设备之间进行传输,所以必须解决网络通信协议和数据文本交换标准的问题。

网络之间数据交换的准确性可以通过网络协议(我们在第 4 章中会讨论这一问题)来保

障,但数据文本的交换标准解决起来比较麻烦。国际间的电子贸易必须充分考虑国际商贸业务的特殊性,统一界定各种单证的格式、数据形式、术语和内容,使用规范而标准的描述语言;否则,即使是将数据准确地传送过去了,对方也无法正常接收,也就无法开展正常的商贸活动。为了解决这一问题,人们进行了长期不懈的努力。

国际贸易程序简化工作组在瑞典首都斯德哥尔摩召开会议,专门研究制定数据交换标准问题。这次会议通过了由英国代表提出的"参与国际贸易各方的报文中信息的表示方法标准"的提案,并通过了有关网络商贸数据交换的几项原则,这为以后的 EDI 出台打下了基础。

这几项原则主要包括五项内容。其一,网络商贸中交换的数据结构和相应的各种规则应当与机器、系统和介质约束无关;其二,交换使用的字符集应以国际字母表 2 的子集和国际字母表 5(即 ISO646)为标准;其三,数据元的定义、格式和规格应以现行的单证为基准;其四,标准报文中的数据元或数据组不应当相关,每一部分的数据交换不应对其他数据产生影响;其五,制定的有关规定应当满足各部分业务处理的特殊要求。

"UN/EDIFACT 标准"统一了世界贸易中数据交换的标准,使得利用电子技术在全球范围内开展商贸活动成为可能。所以人们通常把 UN/EDIFACT 标准的诞生以及随后基于该标准开发出来的各类应用系统看做是电子贸易系统的开端。随后,电子贸易系统和计算机网络技术不断发展,研究了贸易信息的处理效率及减少国际贸易中手续费用等问题,并在技术上提出了开放式 EDI 的概念,将原来以报文交换为基础的数据交换模式,开放为以段或数据元为基础的交换模式。此外,在网络技术方面。将专用网络与具体的网络协议分开,向平台无关和系统无关的网络系统发展,也就是向能够兼容所有企业网络的方向发展,以便为所有企业参与电子贸易创造技术基础。

**2. EDI 标准**

在基于网的贸易单证数据的传输与处理中,EDI 在其间事实上起着十分重要的桥梁作用,即它建立了一个各种网络、各种设备和各种系统之间的数据交换标准,能够保证网络中各节点和业务系统之间准确地实现数据通信。这个标准就像一种经过各方认可并执行的"共同语言",有时也称为"协议(Protocol)",为大家共同遵守,并在数据处理中起着重要的沟通作用。

EDI 标准其实就是报文在国际网络和各种系统之间传递时所遵守的标准协议。联合国及其下属组织在 1990 年 3 月将 UN/EDIFACT 定义为:EDIFACT 是"适用于行政、商业、运输等部门的电子数据交换的联合国规则。它包括一套国际协定标准、手册和结构化数据的电子交换指南,特别是那些在独立的、计算机化的信息系统之间所进行的交易和服务有关的其他规定"。而我们通常所说的 EDI 标准就是指以联合国有关组织颁布的 UNTDID、UNCID、UN/EDIFACT 等文件的统称。有时我们也直接将 EDI 标准称为 UN/EDIFACT。

其中,UNTDID 是指联合国贸易数据交换目录(United Nations Trade Data Interchange Directory),UNCID 是指以电子传递方式进行贸易数据交换所应遵循的统一规则(Uniform Rules of Conduct for Interchange of Trade Data by Teletransmission),UN/EDIFACT 是指适用于行政、商业、运输的电子数据交换的联合国规则(United Nations Rules for Electronic Data Interchange for Administration,Commerce and Transport)。

讲得通俗一些,EDI 标准就是国际社会共同制定的一种用于在网络传输的电子函件中书写商务报文的规范和国际标准。制定 EDI 标准的主要目的是消除各国语言、商务规定以及表达与理解方面等的歧义性,以便为国际贸易实务操作中的各类单证数据交换建立电子通信的技术手段或"桥梁"。

### 3. EDI 应用系统及其技术构成

基于 EDI 标准开发的 EDI 应用系统主要用于解决网络间的数据传输和交换问题。由于 EDI 处理的数据与企业、商业以及它们的业务管理中的数据密切相关。所以,EDI 应用系统其实就是 EDPs、MIS 等信息技术在商务单证交换业务中的应用。或者说,EDI 应用系统所实现的电子贸易体系就是 EDPs、MIS 加上 EDI 部分所构成。其中 EDPs、MIS 主要用于完成数据的处理和信息的管理,而 EDI 主要用于解决数据处理中的交换标准问题。可以细分为翻译转换器、标准报文、电子函件系统和网络基础设施四大部分。图 2-10 给出了它们的技术构成体系。

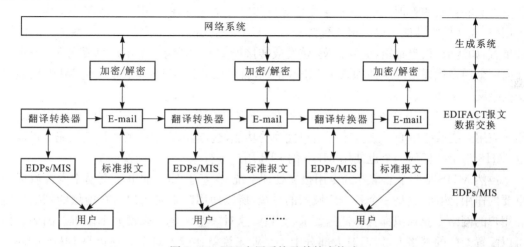

图 2-10 EDI 应用系统及其技术构成

在图 2-10 所示的系统结构中,EDPS 和 MIS 是传统信息处理技术在 EDI 应用系统中的应用和延伸,负责企业组织经营管理信息的处理和管理;而翻译转换器则主要解决商务单证格式、数据与 EDIFACT 数据元之间的对应关系,以及与 EDPs、MIS 之间数据格式的相互转换。标准报文则是根据用户在屏幕上填写的商务单证数据再经翻译转换器转换后形成的,其格式符合 UN/EDIFACT 标准的报文格式。E-mail 是发送和接收报文的通信软件工具,为保证通信的安全、可靠,EDI 应用系统还增加了加密与解密工具,以确保信息的安全传输。

当用户(包括企业用户和个人用户)借助图 2-10 的结构进行通信和报文交换时,其具体操作过程与原有商贸业务实务操作中单证、票据、文件的处理过程是基本一致的。不同的地方是原有的过程主要是基于纸面单证的凭据实物交换过程,而现在的过程是基于 EDI 的电子数据交换过程、所以从这个意义上人们也通常把 EDI 系统称为"无纸贸易"系统,它是在互联网大面积普及之前,国际贸易中采用的最先进的交易系统。由于在基础网络 EDI 需要通过专用网络实现,而专用网络为少数部门(如海关、大型的进出口公司、国家通信部门等)所拥有,所以 EDI 并未获得大面积的普及。直到互联网普及之后。许多中小企业可

以借助互联网与 E-mail 实现电子交易时,一种新的交易形式即电子商务才获得了大面积普及,显然,基于互联网的电子商务比基于 EDI 的电子交易具有更强的生命力。

从图 2-10 可以看出,EDI 应用系统的主体报文交换功能是通过 E-mail 和网络系统实现的。在早期,人们使用的网络系统多为基于 X.25 协议的分组数据交换网。为了适应电子函件业的发展,国际电报电话咨询委员会(CCITT)和国际标准化组织(ISO)联合提出了一个有关国际间电子函件服务系统通信协议的标准,即 X.400 系列通信协议标准,在 ISO 标准中称它为 ISO8505、ISO8863 和 ISO9605 等国际标准。我国目前使用的中国数字数据网(China DDN)等采用的就是这类标准。

国际间在 X.400 系列协议和 X.25 协议的基础上,开发了传送报文的工具系统,即报文处理系统 MHS(Message Handle System),它是 EDI 应用系统中报文数据交换的基础和实现工具。MHS 由电子邮箱(Mail Box)、报文传输系统 MTS(Message Transport System)和用户代理 UA(User Agent)等几部分组成。电子邮箱的主要任务是接收和发送报文,并负责报文的存储和管理。MTS 的主要任务是传输报文,包括根据用户要求将报文传送给其他用户,或从接收其他用户的报文到邮箱中。UA 的主要任务是协调用户和系统之间的各种事宜,如注册、租定邮箱、取发报文、转发或转接报文等。任何一个用户只要向 MHS 中的任何一个用户代理 UA 申请加入了 MHS 系统,就可以通过 MTS 与其他任何 MHS 的用户交换报文。

而对于 EDI 应用系统来说,由于它的报文数据交换建立在 MHS 基础上,所以本地的 EDI 应用系统服务中心一般就兼有用户代理的功能,这样,EDI 中的商务报文就完全可以通过 MHS 与全球任何一个也使用 MHS 的 EDI 用户进行电子数据交换。

虽然 MHS 是一个非常好的专用报文处理系统,在基于 EDI 的电子交易中发挥着极为重要的作用,然而,它是一个基于广域网的系统,所以使用起来对用户所在地域的网络环境和用户的网络专业知识都有不低的要求。当然,这对一些大企业来说并不困难。因为它们可以配置专门的网络人员,但对大部分中小企业来说就比较困难了。这也是 MHS 的局限性。不过,进入 20 世纪 90 年代以后,互联网获得了长足发展,人们便考虑到使用互联网的 E-mail 功能来代替 MHS 实现报文数据的交换。

因为对用户来说,互联网与具体的广域网络并不直接挂钩,它可以使用一种跨平台和跨系统的 TCP/IP 协议实现数据的传输。而且用户在任何一个互联网网站注册账号以后,就可以在单位或家里通过电话拨号方式(或专线等方式)上网收发各种电子函件。这种基于 EDI 的 E-mail 不但取代了 MHS 的所有功能,而且使用起来更方便、更灵活,也深受企业和个人用户欢迎。此时,EDI 的性质已经发生了很大变化,它不再必须依赖于专用网络和 MHS,而是使用互联网,并发展成为一种更大众化的电子交易形式——电子商务。

### 2.5.6　电子商务系统的形成

基于专用网络和 EDI 的电子交易系统有比较大的局限性。尤其是随着经济的发展和全球经济一体化的进程,越来越多的企业需要从事跨地区、跨国界的市场营销,专用网络和 EDI 的局限就愈加明显。比如,以前的各种网络上的购物系统,各类专用网络上的银行业务系统,以及各类广域网协议基础上建立的基于 EDI 电子文本数据交换标准的各种商贸系统等,其网络基础都是规模较小、业务功能单一的分散的专用网络系统。

随着技术和业务的发展,特别是 1994 年联合国贸易发展大会俄勒冈会议提出开放的 EDI(Open EDI)的概念以后,电子交易系统便逐步从原来封闭、专用的圈子中走了出来,摆脱专用网络基础的束缚,将电子交易系统的基点建立在面向全社会和对所有公众平等开放的基础上。特别是互联网的发展和广泛普及,为实现这种开放式的电子交易系统提供了网络基础条件。

早期电子交易系统主要建立于公用数据分组交换网络协议(X.25)之上,后来随着技术的发展而逐步转移到数字数据交换网络协议(X.400)上。电子交易系统为了适应开放性的要求,又逐步转移到 X.435 和 X.500 系列协议上。由于互联网技术的普及以及安全数据交换技术和协议的发展,电子交易系统便逐渐发展到了互联网上。

专用网络的最大好处是便于实现数据保密,而开放网络在这方面并不易实现,这也是阻碍电子交易系统全面开放发展的一项主要因素。不过,由于人们针对互联网开发了许多用于安全保密的技术,如防火墙(Firewall)、安全电子交换协议(SET)等,所以电子交易系统由专用网络发展成为面向全社会的公用网络系统才真正成为现实。这种基于互联网的面向全社会广大公众和企业的电子交易系统就是电子商务系统。

# 第3章 ▶ 网络营销平台的组成

对于开展网络经营的企业来说,构建电子商务平台是它们需要进行的最基本的基础建设。然而,构建一个电子商务平台涉及许多十分复杂的技术,通常并不是一般企业所能具备的。普通中小企业可以委托相关的计算机网络公司,来为企业建立、开发和维护电子商务需要的技术平台;对于那些有足够的技术力量或本来就想自己建设电子商务平台的企业、用户来说,可以参考本章给出的实施方案。

电子商务平台主要包括硬件平台和软件平台两大部分。其中,硬件平台建设通常包括局域网、广域网连接及网络服务器设置几部分工作;软件平台建设一般包括网络操作系统安装、信息服务器安装及设置、Web 站点建设及维护。

## 3.1 网络营销平台的一般组成

一般来说,建设网络营销平台需要四个基础条件:一是企业的局域网建设要达到一定水平;二是社会上广域网的建设要覆盖相当大的面积;三是企业内部网(Intranet)和企业外部网(Extranet)的改造升级;四是企业信息化建设应当满足电子商务的基本要求。其中前三项属于硬件结构方面的条件,最后一项属于软件系统结构方面的条件。构建电子商务平台时,通常可以从这四个方面着手进行,而电子商务平台的组成,也主要由这些方面的建设内容所决定。

### 3.1.1 网络营销平台的基本结构

根据网络营销平台建设的基础条件,我们可以给出图 3-1 所示的网络营销平台的基本结构。具体说来,它由以下几部分组成:

(1)企业内部的局域网。这是企业实现信息化管理与经营的重要技术基础。通过局域网,企业可以将传统经营管理中的凭证、单据等数据转换为计算机中的数据记录,实现管理信息的计算机处理。企业各部门之间,还可以通过局域网进行事务管理等方面的通信,协调及相关数据处理。同时,良好的局域网建设基础还可以为以后实现与合作企业的局域网互联及连接互联网等网络提供条件。

企业内部局域网的建设涉及网络服务器、客户机、网络接口卡、网络连线以及网络操作系统等。现在,随着计算机技术的普及,建设一个局域网已经不是太难的事情,一般的计算机专业人员都能够胜任建网工作。当企业内部的局域网用作电子商务平台的基础网络而组成 Intranet 时,系统的安装和设置就比较麻烦,我们后面将对此专门进行讲解。

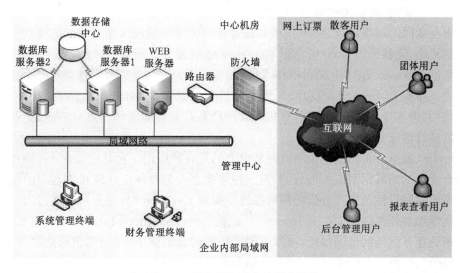

图 3-1 网络营销平台的基本结构

（2）企业间的局域网或广域网。随着企业经营的发展和技术应用的进一步深入，一些业务相关的企业在各自建立了内部的局域网以后，为了提高协作效率、信息处理能力和加强彼此间的信息沟通，一般会将各自的局域网互连起来，形成一个更大的局域网或者一个广域网。比如，生产性企业、供应商企业及分销商企业分别建立起自己的内部局域网以后，就可以将这些网络互连起来，甚至配以相应的信息管理系统形成 Extranet，就彼此共同的经营、管理信息进行通信、协调和管理。

（3）企业局域网与互联网的广域网连接。建立电子商务平台时，其中最重要的任务之一便是将企业的局域网与互联网相连接或建立连接方式。这样企业才可以通过互联网开展电子商务。

（4）防火墙及安全协议。企业内部信息中有很多属于敏感的重要信息。在企业局域网与其他企业局域网互连或与互联网连接时，为了保护内部网络信息不受来自外界的侵害，以及保护信息传输的安全、可靠、精确，企业通常需要在内部局域网与其他企业的局域网之间，以及与互联网之间，安装和使用防火墙或安全协议（如 SSL，SET 等）。

（5）消费者浏览器及与互联网的连接。一个全面的电子商务平台还不能缺少消费者端的解决方案。只有消费者上网并对企业出售的产品感兴趣，企业基于网络的电子交易才有望达成。我们这里所说的消费者包括普通个人消费者及企业类消费者，他们上网时必需的设备，包括计算机、上网账号、联网线路（如普通电话线、ISDN 或 ADSL 等）及接入设备（如调制解调器、终端卡或电缆调制解调器等）。此外，消费者的计算机里还要安装相应的互联网浏览软件或 E-mail 收发软件，并安装相关的网络传输协议等。

（6）互联网。互联网是连接企业与企业以及企业与消费者之间的重要桥梁，也是电子商务平台结构中不可或缺的基础设施。企业只要解决了与互联网的连接方式，也就完成了基础设施互联网的电子商务平台的搭构。

## 3.1.2 从局域网到 Intranet 与 Extranet

企业建立自己的局域网以后，利用互联网技术可以据此构建不同的应用，比如针对不同的企业业务应用,可以按照对内和对外的不同而分别构建 Intranet 和 Extranet。Intranet 是指利用互联网的网络协议、Web 技术和设备及相关互联网技术在局域网的基础上建立的企业内部网络,能够提供 Web 信息服务、E-mail 通信服务以及数据库访问支持服务等。企业用户通过 Intranet 的 Web 浏览器技术操作,可以十分方便地完成数据处理和企业管理的各项功能。事实上,Intranet 的功能与传统的管理信息系统 MIS 相同,两者都是一个封闭的系统,仅面向本企业内部,通过计算机局域网联系企业各职能部门,协助完成企业的管理工作与信息处理任务。

Extranet 是 Intranet 在企业局域网基础上的另一种应用。它是将 Intranet 的构建技术应用于企业间的局域网系统而形成的,是一种帮助企业与合作企业或相关客户的信息系统相连并完成共同目标及交互合作的网络系统。实现 Extranet 时,企业可以通过向一些主要的业务伙伴添加外部链接来扩充 Intranet。也就是说,Extranet＝Intranet＋外部扩展功能。这里联系的业务伙伴的范围很广,可以不限于行业内部的成员,可以超出行业之外,尤其是包括那些想与企业建立联系的供应商、分销商及普通客户等。

企业间的 Extranet 可以通过 Intranet 或各企业内部的局域网来更新彼此的数据库或共享的数据库,从而保持企业间的相互关系。Intranet 向用户提供的也是基于 Web 的浏览器技术,能够帮助用户十分方便地从一家企业的内部网登录到另一家企业的内部网上,完成数据处理和企业合作的有关内容及企业间交易。作为互联网的应用,无论是 Intranet 还是 Extranet,都要考虑网络信息的安全性问题、身份认证及相关法律问题等。

互联网和 Intranet、Extranet 的区别及联系主要在于,互联网是后两者的网络基础,同时为 Intranet 和 Extranet 提供各种网络应用,如 Web 信息服务、E-mail 通信服务以及数据库访问支持服务等;Intranet 面向的是企业内部各职能部门间的联系,其业务范围只限于企业内部;Extranet 面向的是各企业之间的联系,其业务范围涉及业务伙伴、合作对象和第三方认证机构等。由此可见,企业利用互联网实现的业务范围最大,Extranet 次之,Intranet 最小。而从企业最初建立的内部局域网到 Intranet,继而到 Extranet,再到 Internet,也就相应地完成了企业电子商务平台的构建。

### 3.1.3 Intranet 构建

构建 Intranet 是建立电子商务平台的主要工作。从技术上来说,Intranet 是连接一系列采用标准的 Intranet 协议(如 TCP/HTTP 等)的客户网络,其硬件基础是局域网及其连接技术,其软件基础是网络操作系统和网络协议。所以,Intranet 的构建主要涉及网络平台、应用平台及应用系统开发平台等几方面的构建任务。而且,Intranet 建设前还要按照通常的硬件工程及软件工程的实施规则,进行模型筛选与开发规划等工作。Intranet 其实就是一个在企业组织内部利用 Internet 技术实现通信和信息访问的方式,是一种针对企业的职能部门、工作人员、业务信息和处理数据等的集成机制,是一种协作性的信息网络。

Intranet 的应用范围非常广泛,可以根据用户不同的需求进行不同的设计,实现不同的功能。对某些企业来说,可以把 Intranet 设计成一个简单的信息处理工具,可以让企业管理者和普通员工从中获取信息,替代传统的公文通知、公文简报等。而对另外一些企业来说,则可以把 Intranet 设计成复杂的集 MIS、OA 和 DSS 于一体的信息系统,涵盖企业经营管理的广泛范围,提供信息的访问、处理过程以及其他有关的具体应用。Intranet 是互联网技术在企业内部局域网基础上的表现,与互联网有着必然的联系和明显的区别,表3-1给出了 Intranet 与互联网的特点对比。

表 3-1 Intranet 与互联网的对比

| | Intranet | 互联网 |
|---|---|---|
| 费用来源 | 费用由企业自行担负 | 费用由公共用户共同担负 |
| 使用协议 | IP 协议族 | IP 协议族 |
| 信息包类型 | 专用信息包 | 公用信息包 |
| 原则性要求 | 原则性较强 | 原则性较弱 |
| 管理要求 | 由企业进行中心强制管理 | 无强制管理 |
| 组织控制 | 由企业控制 | 无控制组织 |
| 主要用途 | 主要用于企业管理 | 主要用于面向公众的问题管理 |

结合以上的分析以及前面的讨论,我们可以概括出 Intranet 的主要特点如下:

(1) Intranet 是根据企业内部的需求而具体设计和设置的,其规模、功能都是根据企业经营和发展的需要来确定的。

(2) Intranet 采用 TCP/IP 协议和与之相应的技术与工具,是一个开放的网络系统。

(3) Intranet 需要根据企业的安全要求,安装和设置相应的防火墙、安全代理及安全通信协议、安全交易协议等,以保护企业内部的信息,防止外界危险因素的入侵。

(4) Intranet 不是一个孤立、封闭的局域网络,而是能够十分方便地与外界连接,尤其是和互联网连接的网络。这是电子商务平台形成的重要的网络基础。

(5) Intranet 广泛使用基于 Web 技术的环球网(WWW)工具,使企业员工、职能部门及相关用户能够非常方便地浏览和采掘企业内部的信息以及互联网上丰富的信息资源。WWW 工具主要包括超文本标记语言 HTML(HyPer Text Markup Language)、公共网关接口 CGI(Common Gateway Interface)常用的网络编程语言等。

### 3.1.4 Intranet 的结构与三层 C/S 系统参考模型

计算机应用平台的发展中有两个重要的发展阶段,即主机系统、Client/Server(客户机/服务,简称 C/S)架构。主机系统上的应用通常是专用的,其业务计算以批处理的方式提交,计算结果通过简单的终端显示出来。由于受主机系统的限制,商业用户通常很难直接向数据库提出查询请求,也很难从中获得有价值的数据分析结果。

而 C/S 架构则把数据从封闭的主机系统中解放出来,能为用户提供更多的数据信息服务。更友好的使用界面以及更便宜的计算能力。这种 C/S 架构模式是一种将事务处理与数据处理分开进行的网络系统,它的服务器通常采用高性能的 PC、工作站或小型机,所安装的数据处理系统一般采用大型数据库系统,如 Oracle、Informix、Sybase、SQL Server 等,同时安装开放式数据库连接器 ODBC(Open Data Base Connector);它的客户端一般采用 PC 机,并安装专用的客户端软件。

在 C/S 架构模式下,数据库的增加、删除、修改、查询、计算等处理任务通常放在服务器上进行,而数据的显示和交互界面则放在客户端进行。这种模式的好处是可以减轻主机系统的压力,充分利用客户端 PC 机的计算能力,提高整个系统的工作效率,同时加强应用程序的处理功能。这种结构中,客户机只需安装具有用户界面和简单数据处理功能的应用程序,完成系统与用户的交互及与应用服务器的交互。中间层的应用服务器主要用于处理商业和应用逻辑,也就是说负责接受客户端应用程序的请求,并根据商业和应用逻辑转化该请求为数据库请求,然后再与数据库服务器交互,交互一旦结束就立即把交互结果传送给客户端的应用程序。服务器端的数据库服务器软件则根据应用服务器发来的请求完成数据库操作,操作完成后再把信息返还给应用服务器。如此反复,完成系统任务。多层 C/S 系统中最常见的就是三层 C/S 系统结构,如图 3-2 所示。

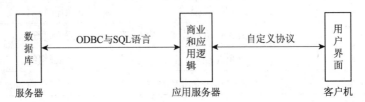

图 3-2    三层 C/S 系统应用软件的模型

二层 C/S 架构的特点非常明显,它的用户界面与其商业和应用逻辑位于不同的平台上,这样所有的用户都能够共享系统的商业和应用逻辑。当然,系统必须为此提供用户界面与商业和应用逻辑之间的连接,其间通信协议可由系统自行定义。像其他协议一样,这里自行定义的通信协议也必须定义正确的语法、语义和同步规则,以保证数据传输的正确、可靠,并具有错误恢复功能等。

三层 C/S 架构系统属于当前先进的协同应用程序模式,能够将客户机/服务器系统中各种各样的应用程序及其组件划分为三层服务,共同组成一个系统的应用程序。为便于整体考察,人们通常把这三层服务如下分界:第一层,用户服务层,即前面所指客户端的服务,包括信息显示,浏览定位,用户界面一致和完整等;第二层,业务服务及相关的“中间”服务,即上述中间层的商业和应用逻辑,包括共享的业务政策、从数据中生成业务信息的服务支持以及业务一致性的保证等;第三层,数据服务;也就是上述数据库服务器端的服务,包括数据的定义、数据的存储和检索、数据一致性保证等。

三层 C/S 架构的先进性表现在四个方面。其一,它从客户机中把应用分离出来,使客户机变成一个简单的客户机,不再考虑支持应用的问题;其二,基于三层 C/S 结构的系统维护起来比较简单,不必考虑客户多个应用所造成的复杂运行环境的维护问题;其三,用户个数及具体的执行环境不再受应用的增加、删除、更新等操作的影响;其四,当频繁的客户端访问造成第三层服务器压力过重时,三层 C/S 结构的系统可以及时将负荷进行分散、均匀处理,从而不会影响客户端的运行环境。

应当说,三层 C/S 架构理论的发展为互联网应用的实现奠定了基础。互联网的结构(图 3-3)其实就是三层结构的 C/S 系统,其各层情况如下:第一层,用户服务层,即客户端服务层,主要提供面向 WWW 的浏览器。在这里,用户可以向浏览器输入 URL 地址。向该地址指定的 Web 服务器提出服务申请。互联网上的 Web 服务器收到用户请求并对用户进行身份验证后,使用 HTTP 协议把所需的信息、资料、文件等传送给用户,并显示在客户端的WWW 浏览器上。第二层,业务服务层,相当于中间层的商业和逻辑应用,具有 CGI 的

Web 服务器。该 Web 服务器接受客户申请后,首先执行 CGI 程序,与数据库进行连接,然后进行申请处理。完成后再将处理结果传送给 Web 服务器,继而再由该 Web 服务器传送到客户端。第三层,数据服务层,包括数据库服务器和组件事务服务器。

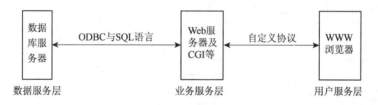

图 3-3　互联网的结构

根据前面讲述的 Intranet 概念,在企业局域网中利用互联网技术来实现通信功能(如 E-mail、BBS 以及 WWW 等)后,这时的局域网就形成了 Intranet。在这种网络中,系统可以利用互联网的 WWW 功能来联机发布企业信息,使用 WWW 浏览器统一各个用户的接口和界面。同时,还可以把企业的主干数据库及群件也与 WWW 连接起来,从而构成企业内部网互联网。

从软件结构上来讲,Intranet 由五个基本部分组成,即客户端操作系统(如 Windows)和浏览器(IE)、服务器端的操作系统(Windows NT)、Web 服务器及应用程序(Microsoft IIS)、生产工具(如 Java、ActiveX 等)、内容管理和软件开发工具(如 ASP. NET、FrontPage 等)。

### 3.1.5　Intranet 的参考模型

根据前面的分析,我们这里给出一个典型的 Intranet 参考模型,如图 3-4 所示。模型中的各个部分简单介绍如下:

(1) Intranet 的计算机环境。主要包括网络(通常是局域网)、Web 服务器、客户端 PC 和防火墙等。

(2) 用户工具。包括给用户提供测试、授权及支持的工具以及有关的开发工具等。利用用户工具可以减少系统测试、授权及支持方面的成本,并可提供浏览器的升级服务,从而实现提高用户满意度的目的。

(3) 支持系统。主要用于对最终用户提供技术支持、咨询服务、常见问题解释、联机培训工具等。

(4) 发现工具。主要包括多层次的信息搜索工具及用户反馈支持。前者如搜索引擎、智能搜索、基于 Web 的搜索代理以及页面目录的发布等;后者可以完成对用户使用情况的调查及用户信息的反馈,以为企业决策及网络运行提供参考。

(5) Web。主要用于帮助网络管理者更新 Web 页面,完成工具集成,提供数据库的访问、用户界面、表格处理、状态管理,以及提供 CGI Java ActiveX 等开发工具。

(6) 环境管理。主要为 Intranet 的运行环境提供管理支持和工具,包括用户管理、文档控制、版本控制、统计汇总、数据追踪、安全工具等。

(7) Web 出版系统。为 Web 出版及建立 Web 站点提供工具、过程及模板,并为 Web 站点的维护、管理提供标准、支持和共享工具等。

（8）信息库。收集系统所需信息，并提供全部信息的集成化存储、管理和支持工具。

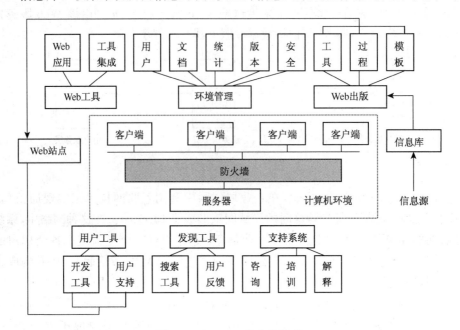

图 3-4　Intranet 的参考模型

### 3.1.6　Intranet 的功能组件与应用

作为互联网在企业组织内部的应用，Intranet 的功能组件主要包括如下几方面：

（1）Web。这是 Intranet 的核心组件，提供了网络信息的界面和交互途径。Intranet 中的全部功能应用都可以通过或借助 Web 得以实现。尤其是通过基于 Web 的 WWW 浏览器，如微软公司的 IE 浏览器，实现包括下面述及的功能组件在内的各种网络应用。Web 的集成技术就像一贴黏合剂，把所有 Intranet 的组成元素结合在一起。

（2）E-mail。电子函件的用途和重要作用无需多言。这里想要强调的是，Intranet 中的 E-mail 系统一般都会通过 TCP/IP 标准的开放的通信协议，如 SMTP 等，来集成到其他信息系统，实现 Intranet 系统各组成部分的无缝连接。比如，通过 E-mail 系统可以建立函件列表，即 Listservs，并与用户的信息系统相连。这样借助 Listservs，Intranet 中的用户可以向建立在一定主题上的函件列表订阅自己感兴趣的内容，而后就可以收到这个主题下的所有函件，同样地，每个用户发送到这里的函件也会被所有的订阅者共享。再如，函件列表也可以直接连入新闻组，从而使一些有关的用户通过 E-mail 加入到新闻组。

（3）UseNet。新闻组 UseNet 是 Intranet 上的公告牌服务，网络中的用户能够从中选择自己感兴趣的主题阅读，或者从中张贴自己的文章、其他新的有关文章供他人阅读。新闻组的好处在于可以吸引大家就感兴趣的问题展开公开讨论，而且这种讨论不是实时的，参与者可以随时参加进入，而不受时间限制。在企业组织的内部，可以借助 Intranet 建立多种类型的专业新闻组，进行不同类型的讨论，为企业发展献计献策。或者，也可以按照部门或项目分类，建立部门新闻组、项目新闻组等。分类后的新闻组在企业组织内部往往能够发挥更大的作用，能有效地促进组织内部的协作。

（4）IRC。在线聊天 IRC 相当于一种实时的 UseNet 新闻组。虽然说 IRC 在企业组织内部的应用可能是有限的，但它可以提供一种替代电话会议的最佳方式，而且拥有比电话会议更完善的功能，通常不会受地理位置的限制，而且运行成本比电话会议要低得多。

（5）FTP。文件传输 FTP 服务允许用户访问其他计算机上存储的文件，并可帮助用户将文件下载到自己的计算机中。FTP 可以很容易地集成到 Intranet 上去，从而为企业组织内部的基于文件的信息共享提供基础。

（6）MUD 和 MOO。多用户网络游戏 MUD（Multi-User Dungeons）和面向对象的 MUD 游戏 MOO（MUD Objector-Oriented）都是一种文本方式的网络聚会环境。在这种基于 Web 的环境中，参与者可以建立虚拟空间，如聊天室、房间、主题公园、森林、道路、饭馆等，同时又能允许所有参与者都可进入这些虚拟空间环境，实现与其他参与者的交互。使用 MUD 和 MOO 也可以替代企业组织成员或职能部门人员之间的会面，这种会面与单纯的聊天相比拥有更多的功能，参与者不仅可以在 MUD 和 MOO 发言，而且还可以完成文件上传或下载等。

Intranet 的重要价值就在于它能够让企业和用户轻松地获取信息，从而能够做出更好的决策，节省企业的营运成本，增强企业内部的沟通与合作，Intranet 在企业组织中的具体应用如下：

（1）内部协作。通过 Intranet 及其 E-mail 系统，企业组织可以非常有效地实现电子函件、新闻组和工作流的集成与应用，为分布在不同时区和地点的项目组成员提供快捷的通信和共享文档，从而改进企业职能部门和工作群组之间的通信及工作效率，促进项目管理和提高整体协作。

（2）信息公告与信息共享。企业可以在 Intranet 提供的信息平台上，采用多种手段建立员工信息中心，实现信息共享和高效的信息公告服务。比如，企业可以通过这一服务为员工提供有关公司理念、培训、研讨、设施和地址簿等常用信息，或帮助新员工查询有关公司的基本信息，或提供访问和提交诸如费用凭证、出差报告、休假申请等各种企业表格的功能，或者为员工自己订购新的办公用品以及检查假期、退休金和借贷节余等提供信息支持，为项目相关人员访问企业项目规划、员工手册、预算方针、人力资源政策和计划执行细节等提供信息平台。

（3）营销管理与业务控制。通过 Intranet 环境，企业可以实现更有效的营销管理和业务控制。比如，企业可以在 WWW 上迅速发布市场销售信息，而不再采用复印或人工发送的方法；也可以在 Intranet 上出版多媒体信息，以此取代落后的手册或录像资料；或者，管理者中途截取或跟踪订单，及时把握市场动态和产品动态；还可以为市场营销人员从世界的任何地方访问由本企业负责维护的最新客户资料库提供最直接的途径，并可为完整的销售周期提供支持，包括销售支持资源、销售工具以及参考信息的链接、定制等。

（4）客户服务。即实现基于 Intranet 的客户服务，如提供放置订单及订单跟踪方案的环境，提供帮助客户解决有关问题的方法，出版本企业的技术公告以供客户查询、访问，并为企业与供应商和卖主的交互提供支持，以便快捷有效地实现询价、报价、发货管理和货品控制等。

（5）其他应用。除上述各主要应用之外，Intranet 还可以实现其他多种应用，如信息与专家共享、公共图书馆、公共资源、联机帮助、远程问题讨论与解决、远程事务处理、业务培训,以及产品设计、软件开发、公文存档,甚至企业间的决策与合作等。实现 Intranet 信息代理、知识管理、联机支持中心基于 Web 的模拟及培训等,或者利用 Intranet 在企业组织外部的扩展形成 Extranet 以帮助实现企业组织之间的协作。随着虚拟技术的发展,利用 Intranet 还可以实现虚拟商店柜台、虚拟 Web 交互、自动供应链管理、与外界的虚拟协作、联机调查和定制信息服务等。

# 3.2 网络营销平台的构建

网络营销平台的构建主要包括三部分内容,即网络硬件平台建设、网络软件平台建设和 Web 平台建设。

## 3.2.1 网络硬件平台的搭建

中、小型企业拥有计算机的数量一般不多,而且计算机的分布往往集中在企业内,所以联网时一般不采用广域互联技术,而是采用局域互联技术,建设局域网。目前,局域网方面的主流技术有以太网、FDDI、ATM 等,其中最常用的是以太网,它具有价格低廉、实施方便等特点。

企业搭建局域网时,应当坚持适用性原则,根据自己的业务数据量、处理速度要求和发展规划,设计局域网的性能。比如,在有大量图像应用和多媒体传输的情况下,可考虑采用速率为 100 M 的网络。特别需要注意的是,不要盲目追求高档次、高尖端的技术。这是因为计算机市场竞争激烈,新技术又不断涌现,产品价格的下降往往很快,所以如果现在投入巨资采用最新的技术,但通常用不了几年这些技术就会落伍,给企业的技术更新带来资金上的难题。同样,选用其他网络产品时,也要坚持以适用性为原则,在满足应用需求的条件下尽可能采用价格低廉的设备。比如在企业多种应用环境下,选购一台昂贵的高档网络服务器一般来说不如选购几台中低档配置的服务器更能发挥作用。当然,对于资金雄厚的大型企业而言,为了获得比较好的网络访问速度和网络效用,还是可以购置高档设备的。

## 3.2.2 网络软件平台的搭建

由于 Intranet 系统采用的是 Internet 技术,企业中的信息均通过 HTML 格式进行 Web 发布,所以 Intranet 的软件平台必须以 TCP/IP 协议为基础,并提供和支持 HTTP 传输协议。目前比较成熟的网络操作系统有 Unix、Novell Netware 和 Windows NT/2000 等,其中 Unix 功能强大但操作十分复杂,维护也不方便;Novell Netware 功能也不错,但它的用户界面不甚友好;它们都可以用作 Intranet 的软件平台,但考虑到中、小型企业通常缺乏专业计算机人员,因此最好选择使用易于管理和易于维护的操作系统。

考虑到中国市场的巨大需求,微软公司还针对中、小型企业环境特别推出了 Small Business Server 中文版,它是一个基于 NT 环境的集成软件包,包括 Windows NT Server、Microsoft Exchange Server、Microsoft SQL Server、Front Page、Proxy Server 等。使用这套软件建立 Intranet 的软件平台时,不仅可以为企业节省大量的费用和管理时间,同时也可以为企业提供丰富而实用的功能。

### 3.2.3　Web 平台的搭建

　　建立网络平台后,为了给企业提供 Web 环境,还需要搭建 Web 平台。一般来说,以微软公司的 Windows NT 操作系统建立网络平台后,再在这个平台搭建 Web 平台就比较容易了。微软公司免费提供的 Intranet Information Server(IIS)系统可以建立 WWW 服务器和 FTP 服务器,提供基于 Web 的运行环境。而且,IIS 建立的服务器能够直接利用 NT 特性,如安全性、多线程等,能够与 NT 的内核紧密集成,从而提供较高的处理效率。

# 第4章▶网络营销系统的设计

　　目前市场上已存在的在线购物网站有淘宝网、当当网、阿里巴巴、卓越网等,这些网站是中国电子商务发展成果的最真实写照。例如淘宝网,它不仅适合个人用户也适合企业用户,可满足买家选购货物以及商家出售货物的需求。淘宝网里存放了很多商品的信息,也许正是因为里面的信息过于庞大,它并不适合所有企业,特别是小型企业。因为根据企业的营销目标,企业是要赢得客户、达到自身销售效益的最大化;但是如果将自己的商品信息发布到浏览量很大的淘宝网上,那么客户在淘宝网上搜索所需商品信息的时候,很可能会因为看到了其他类似的商品信息就放弃了对原来那个商家商品信息的搜索。

## 4.1　系统开发环境

　　系统开发的平台和选择语言的优劣及相互协调的程度,将直接影响到开发的效率和系统的质量。目前主流的动态网站的设计技术有 ASP、PHP、.NET 和 JSP 等。而其中最受欢迎的是.NET 和 JSP。.NET 上支持多种语言的开发,如 C♯和 VB。Microsoft C♯是一种简单的、流行的、面向对象的、类型安全的编程语言,它是为生成运行在.NET Framework 上的、广泛的企业级应用程序而设计的。其次,它较容易上手,特别是和 JSP 比较起来,能够在短时间内开发出一个较完整的系统,采用该语言将为系统的开发节省不少时间。

　　Microsoft.NET Framework 是一个平台,在这个平台上可以使用多种语言开发 Windows 应用程序、ASP.NET Web 应用程序、移动 Web 应用程序以及 XML WEB Service 等。.NET 框架由三个主要部分组成:公共语言运行库、统一类库的分层集合和称为 ASP.NET 的 Active Server Pages 组件化版本。Visual Studio.NET 是一套完整的开发工具,用于生成 ASP.NET 应用程序、XML Web Services、桌面应用程序和移动应用程序。Visual Basic.NET、Visual C++.NET、Visual C♯.NET 和 Visual J♯.NET 全都使用相同的集成开发环境(IDE),该环境允许它们共享工具并有助于创建混合语言解决方案。

　　目前市场上已有的数据库系统包括 MYSQL、Access、Microsoft SQL Server 2000、Oracle(9i、10g、11g),其中以后两种数据库最为普遍。大多采用的是 Microsoft SQL Server 2000 数据库系统,SQL Server 2000 是基于关系型数据库系统以来学得最早也是时间最长的一个数据库系统,采用该种数据库对保证系统开发过程的顺利进行将有很大的帮助。虽然 Oracle 可在所有主流平台上运行,解决了系统运行过程中的跨平台问题;但是它的企业管理器使用过程较为复杂。而 SQL Server 2000 虽然只能在 Windows 上运行,但 SQL Server 2000 在 Window 平台上的表现以及它和 Windows 操作系统的整体结合程度、使用方便性、和 Microsoft 开发平台的整合性都比 Oracle 强很多。Oracle 适用于大型项目，而 SQL Server 2000 适用于中小型项目，根据本系统中用到的数据表以及数据表之间关系的复杂程度，SQL Server 2000 提供的功能足以满足系统需求。

# 4.2 系统分析

在线购物过程的实现与传统的购物方式不同。首先，在线购物的整个过程都是通过网络进行的，购买者无法看到商家和商品，对商品信息的了解只能通过网络。在线购物的一般流程是：商家将新上架的商品信息通过系统管理功能发布到网上，然后购买者通过系统销售模块浏览商品详细信息，并且可以根据自己的需要搜索更具针对性的商品信息。为了便于管理，购买者必须注册为网站的会员后才能选择购买特定的商品，并选择付款方式和邮递方式，并且可以在商品到达之后，检查商品的实际效用是否跟网上描述的相符，并进行相应的评论，以供其他购买者参考。

根据在线购物的逻辑过程，同时参考、分析目前市场上已有的在线购物网站，网络营销系统的主要功能需求分为销售和系统管理两大模块。其中销售模块的功能由购买者使用，可以进行各类商品信息的浏览，如果是注册会员则可以添加商品到购物车并实现结算，如果没有检索到相应的产品也可以使用下达订单的功能。系统管理功能由发布商品的商家使用，可以实现注册会员管理、商品信息管理、订单管理、动态新闻管理、当前有效在线调查信息管理等内容，同时可以处理用户下达的新订单。

## 4.2.1 销售模块功能需求分析

系统销售模块主要让商品购买者使用，可以进行各类商品信息的浏览和订购功能，系统销售模块的功能需求如下：

（1）会员注册。提供浏览者注册功能，注册之后可以在网站添加商品到购物车并结算，否则只能浏览商品信息而无法下达订单。

（2）会员登录。针对已注册的会员设置，每个访问者一次只能够登陆一个账户。

（3）索回密码。当已注册用户忘记密码时可根据用户名或邮箱、通过密码提示问题和答案索回密码。

（4）商品信息检索与浏览。网站的首页显示出了部分特价商品和新上架商品，同时列出了网站发布的所有商品类别导航树。

（5）特价商品展示。显示出降价幅度较大的商品信息。

（6）根据商品订购信息展示销售排行榜。根据购买者下订单的情况，展示出当前网站中最畅销的商品信息。

（7）购物车功能。已登录的会员选中的商品都将暂时存放在购物车中，可通过查看购物车修改购买数量。

（8）新品上架。根据数据库信息显示出最近三天或一周内上架的商品信息。

（9）首页显示动态新闻。在购物网站的首页按照时间录入先后顺序显示最近的新闻。

（10）Flash 首页。根据时间的不同，网站首页将放置反映不同季节或不同销售目的的动画。

（11）注销登录。注册用户单击"注销"后实现安全退出。

### 4.2.2 系统管理模块功能需求分析

系统管理模块的功能由发布商品的商家使用，可以进行注册会员、商品信息、订单、动态新闻、在线调查等内容的管理，系统管理模块的功能需求如下：

（1）网站已注册会员管理。实现对网站已注册会员的管理，一个管理员即可管理网站的所有会员。

（2）已发布商品管理。管理商品信息，如管理商品简介、价格、（有新货的时候）更新库存数量。

（3）订单管理。对销售模块中注册会员下达的订单审核并执行。一条订单信息只能对应一个会员、却能对应多个商品。

（4）动态新闻管理。实现对新闻的管理，并能够根据当前日期更新新闻数据表。

（5）当前有效在线调查内容管理。发布在线调查信息，并处理调查结果。

（6）管理员信息管理。可实现对系统管理员的基本信息进行管理。如增加管理员。一个管理员可维护所有会员的信息。

（7）管理员登录。只有通过登录才能进入系统管理主页面，进而使用系统管理模块的所有功能。

（8）发布新上架商品信息。将新商品的详细信息录入数据库，供销售模块的使用者查看。

（9）添加新会员信息管理。管理员可手动添加会员信息，添加的会员同通过销售模块注册的会员具有相同的权限。

（10）注销退出。当管理员点击"注销"后实现安全退出。

另外根据购物网站安全性的要求，同时也为了规范对网站销售模块、系统管理模块的管理，对以上两个模块的使用者（购物者和商家管理员）作出如下规定：

（1）对于购买者来说：如果是非注册会员，仅仅能够使用商品信息检索与浏览、特价商品展示、查看销售排行、新品上架和动态新闻浏览功能。而在线购物、查看购物车、结算等功能都是针对已注册的会员。

（2）针对商家管理员来说：如果没有管理员登录账号和密码，就无法进入系统管理主页面，即使绕过系统管理登录页面而直接进入主页面，系统也会强制将其转向系统管理模块的登录页面。

### 4.2.3 数据流程分析

在线购物业务首先由商家将商品信息通过系统管理模块提供的商品管理功能录入数据库；然后购买者在注册成为网站会员之后即可选购所需商品，选购完成之后选择付款方式和送货方式，之后即可提交订单。商家管理员每天都会处理购买者下达的新订单，并予以执行。系统的顶层数据流程如图4-1所示。

对于系统销售模块来说，主要的

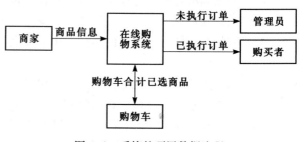

图4-1　系统的顶层数据流程

数据由购买者输入,主要包括注册信息、登录信息、选购商品信息的输入,输出的则是订单信息。对于系统管理模块来说,主要的数据由商家输入,主要包括商品信息、新闻信息的输入,输出的则是系统销售模块所看到的所有信息。总体数据流程如图4-2所示。

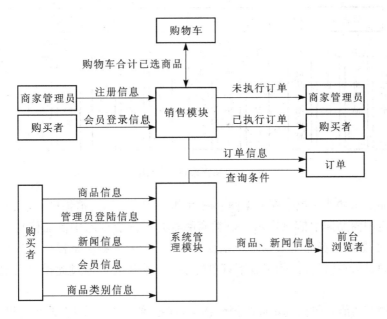

图4-2 总体数据流程

# 4.3 系统设计

根据需求分析阶段得到的目标系统的逻辑模型,变换为目标系统的物理模型,从系统的结构设计和数据库的设计两方面进行需求分析的"做什么",确定系统应该"怎么做"。系统结构和功能是系统设计的核心部分,通过系统结构图可以清楚地看到整个系统的结构。针对每个结构模块分别做分析,为以后的设计和实现打下基础。根据功能需求,网络营销系统总体上分销售模块和系统管理模块,销售模块功能供购买者使用,系统管理模块功能供商家管理员使用。

## 4.3.1 模块功能设计

本系统分销售模块和系统管理模块,每个模块又由若干个子模块构成,其中销售模块主要包括:商品展示、购物车、会员管理、新闻管理、注销登录等子模块。系统管理模块主要包括:商品管理、订单管理、会员管理、新闻管理、注销登录等子模块。具体的模块功能设计如下。

### 1. 销售模块

系统销售模块主要让商品购买者使用,可以进行各类商品信息的浏览和订购功能,系统销售模块的结构如图4-3所示。

网络营销系统销售模块具体功能设计如下:

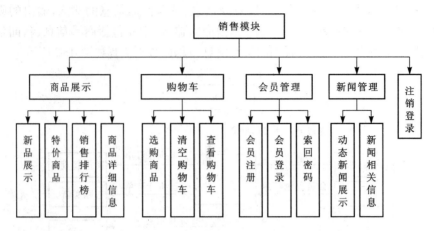

图 4-3　销售模块功能结构图

（1）商品展示功能。包括新上架商品展示、特价商品展示、销售排行榜、分类商品信息展示和被选定的商品详细信息展示。每类商品都是根据数据库中商品信息表中的特定字段进行划分的，如特价商品是根据降价幅度是否大于 20％，新品是根据上架时间是否在三天或一周之内、排行榜是根据购买者下订单的多少。购买者可通过此模块实现浏览商品信息的目的。

（2）购物车功能。包括选定商品至购物车，查看、修改购物车；在购买者提交订单之前，所有已选定的商品信息是存放在购物车实现类文件的 DataSet 数据集中。当提交订单之后，该数据集中的信息就被写入数据库。在用户未登陆之前，不能够使用订单提交功能，如果选择了购物，那么系统会提示用户登录。

（3）会员管理功能。包括注册、登录、索回密码等功能。对于注册功能，需要用户输入的信息取决于数据库中会员信息数据表中的字段；并通过各类型的验证控件实现校验。登录和索回密码功能所需的数据也是从会员信息数据表中得到。

（4）新闻管理功能。将数据库中的新闻信息数据表中的信息动态绑定至网站首页，同时允许用户单击了某条特定的新闻标题后查看相应新闻的详细信息。

（5）注销登录功能。保证在注册会员注销后清空其登录时候保存的信息，如会话信息、购物车信息等。

### 2. 系统管理模块

系统管理模块的功能由发布商品的商家使用，可以进行注册会员、商品信息、订单、动态新闻、在线调查等内容的管理，系统管理模块的结构如图 4-4 所示。

系统管理模块具体功能设计如下：

（1）商品管理功能。包括对商品信息进行添加、编辑、删除等操作。对于新上架的商品，可以上传图片供购买者查看；对于已录入数据库的商品信息，可进行编辑和删除等操作。

（2）订单管理功能。包括对订单信息进行查看、执行等操作。

（3）会员管理功能。包括对已注册会员信息进行编辑、删除等操作，同时可手动添加会员信息。

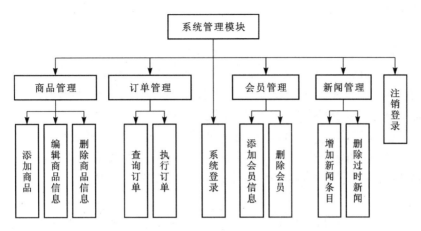

图 4-4　系统管理模块功能结构图

（4）新闻管理功能。可实现对新闻的增加、删除、编辑等功能。

（5）注销登录功能。可实现让商家管理员退出后删除所有登录期间存储的信息，如会话信息。

# 4.4　数据库设计

网上营销系统分析结束后进入设计阶段，抽象地分析数据，理解数据之间的关系，建立 E-R（实体联系）模型，然后对数据库进行概念结构设计和逻辑结构设计。由于 SQL Server 2000 能够以极高的效率完成各种数据库查询，并能方便地使用存储过程，同时它的图形化用户界面，使系统管理和数据库管理更加直观、简单。另外，由于对 Web 技术的支持，使用户能够很容易地将数据库中的数据发布到 Web 页面上。所以网上系统一般采用 SQL Server 2000 进行数据库的存储管理与维护。

## 4.4.1　概念结构设计

将需求分析得到的用户需求抽象为信息结构即概念结构设计，这一步是数据库设计的关键。一般采用自底向上的方法进行数据抽象和结构设计。在网上营销系统中涉及的实体如下所示：

（1）管理员。包括管理员 ID、登录账号、登录密码、权限级别。

（2）会员。包括会员 ID、登录名、真实姓名、登录密码、所在城市、住址、邮政编码、证件号码、证件类型、电话号码、手机号码、邮箱、密码提示问题、问题答案。

（3）商品。包括商品 ID、所属类别、商品名、商品介绍、单位、原价、现价、市场价格、购买次数、库存、图片、输入时间、最近更新时间、是否新品。

（4）订单。包括订单 ID、订单下达者、付款方式、送货方式、订单下达日期、执行状态、订单描述。

（5）新闻。包括新闻 ID、新闻标题、新闻内容、录入时间。

（6）在线调查。包括投票 ID、投票标题、投票起止日期、答案及其选票数。

（7）订单明细信息。包括订单详细信息 ID、所属的订单号、对应的商品 ID、对应商品价格、对应商品数量。

（8）商品大类信息。包括商品大类 ID、商品大类名称。

（9）商品小类信息。包括商品小类 ID、商品小类名称、所属商品大类 ID。

在该系统中，各个实体的关系为：①一个管理员可同时管理会员、商品、订单、新闻、在线调查、商品类别等多个实体对象，并且它们之间都是一对多的关系；②一个会员实体可以下达多条订单信息实体，而一条订单信息又可对应多条订单明细信息实体；③一条订单明细包括一个商品实体；④一个商品大类信息拥有若干商品小类信息实体，而一个商品小类实体信息又拥有多个商品实体。各个实体之间的关系如图 4-5 所示。

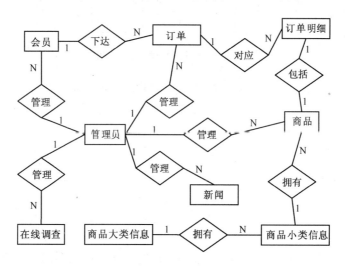

图 4-5 网上营销系统 E-R 模型图

## 4.4.2 逻辑结构设计

网上营销系统数据库设计的优劣直接影响到以后网站与数据连接的速度和更新查询的复杂度。系统基于关系数据库的数据库总体结构设计及数据表的设计。

系统的数据库设计是在系统功能分析后，依据系统的需求目标而做出的设计。系统为基于 ASP.NET 的在线购物系统，所以最重要的数据表就是存放商品详细信息数据表、注册会员信息表、商品类别信息表、订单信息表等，表 4-1 为本系统所涉及的数据表。

表 4-1　　　　　　　　　　　　　　数据表

| 表　　名 | 主　要　属　性 |
| --- | --- |
| My_Goods | 商品信息(商品 ID,商品名,所属类别,价格,库存,购买次数,图片,……) |
| My_Member | 会员信息(会员 ID,登录名,登录密码,邮箱,密码提示问题,问题答案,……) |
| My_Manager | 管理员信息(管理员 ID,登录账号,登录密码,权限级别,……) |
| My_SuperType | 商品大类信息(商品大类 ID,商品大类名称) |
| My_SubType | 商品小类信息(商品小类 ID,商品小类名称,所属商品大类 ID) |

| 表    名 | 主  要  属  性 |
|---|---|
| My_Order | 订单信息(订单 ID,订单下达者,付款方式,送货方式,执行状态,……) |
| My_Order_Details | 订单详细信息(订单详细信息 ID,所属的订单号,对应的商品 ID,……) |
| My_Vote | 投票信息(投票 ID,投票标题,投票起止日期,答案及其选票数,……) |
| My_BBS | 新闻信息(新闻 ID,新闻标题,新闻内容,录入时间) |

各个数据表之间主键和外键之间存在某种关系,他们的对应关系一般是商品 ID、会员 ID、类别 ID、订单 ID、管理员 ID 等各个元素的主键相链接的,关系图如图 4-6 所示。

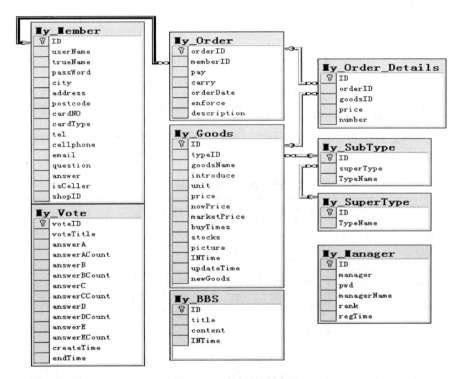

图 4-6  数据关系图

系统中共涉及以商品信息表和商品类别表为中心的 9 张数据关系表。下面列出了数据库中主要涉及的数据表:

(1) 商品信息数据表(My_Goods)。该表中存放系统销售模块商品的所有信息,该表字段及其类型定义如表 4-2 所示。

表 4-2                                商品信息表(My_Goods)

| 字段名 | 字段类型 | 可否为空 | 描述 |
|---|---|---|---|
| ID | bigint | Not Null | 商品 ID(主键) |
| typeID | int | Not Null | 所属商品类别 ID(外键) |
| goodsName | varchar(200) | Not Null | 商品名称 |

| 字段名 | 字段类型 | 可否为空 | 描述 |
|---|---|---|---|
| introduce | text | Null | 商品描述 |
| unit | Varchar(6) | Not Null | 商品单位 |
| price | float | Not Null | 原价 |
| nowPrice | float | Not Null | 现价 |
| marketPrice | float | Not Null | 市场价格 |
| buyTimes | int | Not Null | 购买次数(默认值为0) |
| stocks | int | Not Null | 库存数量 |
| picture | Varchar(100) | Null | 商品图片(默认值是一张已存在的图片路径) |
| INTime | datetime | Not Null | 商品录入时间 |
| updateTime | datetime | Null | 商品最近更新时间 |
| newGoods | int | Not Null | 是否新货(0:不是;1:新货。默认值为0) |

（2）会员信息数据表（My_Member）。该表中存放在系统中注册的会员的所有信息,该表字段及其类型定义如表4-3所示。

表 4-3　　　　　　　　　　　　会员信息表（My_Member）

| 字段名 | 字段类型 | 可否为空 | 解释 |
|---|---|---|---|
| ID | int | Not Null | 会员ID(主键) |
| userName | Varchar(20) | Not Null | 登录名称 |
| trueName | Varchar(20) | Null | 会员真实姓名 |
| passWord | Varchar(20) | Not Null | 登录密码 |
| city | Varchar(20) | Null | 所在城市 |
| address | Varchar(100) | Null | 所在地址 |
| postcode | Varchar(6) | Null | 邮政编码 |
| cardNO | Varchar(24) | Null | 证件号码 |
| cardType | Varchar(20) | Null | 证件类型 |
| tel | Varchar(20) | Null | 联系电话 |
| cellphone | Varchar(20) | Null | 手机号码 |
| E-mail | Varchar(20) | Not Null | 邮箱地址 |
| question | Varchar(100) | Not Null | 密码提示问题 |
| answer | Varchar(100) | Not Null | 问题答案 |

（3）管理员信息数据表（My_Manager）。该表中存放在系统管理模块中合法管理员的所有信息,该表字段及其类型定义如表4-4所示。

表 4-4                     **管理员信息表(My_Manager)**

| 字段名 | 字段类型 | 可否为空 | 解释 |
| --- | --- | --- | --- |
| ID | int | Not Null | 管理员 ID |
| manager | int | Not Null | 管理员登录账号 |
| PWD | nvarchar(50) | Not Null | 管理员登录密码 |
| managerName | int | Null | 管理员姓名 |
| rank | int | Not Null | 管理员级别 |
| regTime | datetime | Not Null | 注册时间(默认为当前时间) |

（4）商品大类信息数据表(My_SuperType)。该表中存放将商品按类别划分之后,商品大类的所有信息,该表字段及其类型定义如表 4-5 所示。

表 4-5                     **商品大类信息表(My_SuperType)**

| 字段名 | 字段类型 | 可否为空 | 解释 |
| --- | --- | --- | --- |
| ID | int | Not Null | 商品大类 ID |
| TypeName | Varchar(50) | Not Null | 商品大类名称 ID |

（5）商品小类信息数据表(My_SubType)。该表中存放将商品按类别划分之后,商品小类的所有信息,该表字段及其类型定义如表 4-6 所示。

表 4-6                     **商品小类信息表(My_SubType)**

| 字段名 | 字段类型 | 可否为空 | 解释 |
| --- | --- | --- | --- |
| ID | int | Not Null | 商品小类 ID |
| superType | int | Not Null | 所属商品大类 ID(外键) |
| TypeName | Varchar(50) | Not Null | 商品小类名称 |

（6）订单信息数据表(My_Order)。该表中存放在系统中生成的所有订单信息,该表字段及其类型定义如表 4-7 所示。

表 4-7                     **订单信息表(My_Order)**

| 字段名 | 字段类型 | 可否为空 | 解释 |
| --- | --- | --- | --- |
| OrderID | bigint | Not Null | 订单 ID |
| memberID | Varchar(20) | Not Null | 订单下达者(即:会员;外键) |
| pay | Varchar(20) | Not Null | 付款方式 |
| carry | Varchar(20) | Not Null | 送货方式 |
| orderDate | datetime | Not Null | 订单生成日期 |
| enforce | int | Not Null | 执行状态(0:未执行;1:已执行。默认值:0) |
| description | Varchar(200) | Null | 备注信息 |

（7）订单详细信息数据表（My_Order_Details）。该表中存放在系统中每个订单对应的商品及所有者等信息，该表字段及其类型定义如表 4-8 所示。

表 4-8　　　　　　　　　　订单详细信息表（My_Order_Details）

| 字段名 | 字段类型 | 可否为空 | 解释 |
|---|---|---|---|
| ID | bigint | Not Null | 订单详细信息 ID |
| orderID | bigint | Not Null | 所属的订单 ID（外键） |
| goodsID | bigint | Not Null | 对应的商品 ID（外键） |
| price | float | Not Null | 对应的商品单价 |
| number | int | Not Null | 商品数量 |

（8）投票信息数据表（My_Vote）。该表中存放由系统管理员发起的在线投票（在线调查）等信息，该表字段及其类型定义如表 4-9 所示。

表 4-9　　　　　　　　　　投票信息表（My_Vote）

| 字段名 | 字段类型 | 可否为空 | 解释 |
|---|---|---|---|
| voteID | int | Not Null | 投票信息 ID |
| voteTitle | Varchar(100) | Not Null | 投票标题 |
| answerA | Varchar(100) | Not Null | 答案 A 信息 |
| answerACount | int | Not Null | A 对应的选票数 |
| answerB | Varchar(100) | Not Null | 答案 B 信息 |
| answerBCount | int | Not Null | B 对应的选票数 |
| answerC | Varchar(100) | Null | 答案 C 信息 |
| answerCCount | int | Null | C 对应的选票数 |
| answerD | Varchar(100) | Null | 答案 D 信息 |
| answerDCount | int | Null | D 对应的选票数 |
| answerE | Varchar(100) | Null | 答案 E 信息 |
| answerECount | int | Null | E 对应的选票数 |
| createTime | datetime | Not Null | 投票发起日期 |
| endTime | datetime | Not Null | 投票终止日期 |

（9）新闻信息数据表（My_BBS）。该表中存放在系统销售模块中动态新闻的所有信息，该表字段及其类型定义如表 4-10 所示。

表 4-10　　　　　　　　　　新闻信息表（My_BBS）

| 字段名 | 字段类型 | 可否为空 | 解释 |
|---|---|---|---|
| ID | int | Not Null | 新闻信息 ID |
| title | Varchar(100) | NotNull | 新闻标题 |
| content | Varchar(4000) | Not Null | 新闻内容 |
| INTime | datetime | Not Null | 新闻录入时间（默认值为当前时间） |

# 第5章 ▶ 电子支付与安全

电子支付是电子商务中不可缺少的一部分,也是电子商务存在和发展的基础。如何更安全便捷地进行网上电子支付,目前还没有一个令所有消费者满意的答案。在中国,电子支付更是作为电子商务发展的一个重要问题,时时困扰着我们。尽管如此,电子支付因其具有高效、快捷、方便、不受地域限制等优点,已日益受到人们的重视和欢迎。同时随着现代通讯技术、网络技术和电子商务技术的不断发展和完善,网上电子支付系统的建设也将对网上交易发展的广度、深度和速度产生举足轻重的影响。

## 5.1 电子支付系统的基本概念

电子支付系统是指使用电子技术,主要包括计算机和通信技术,在网络中发出、传送支付指令,通过电子支付工具完成支付结算的支付系统。它包括支付工具的电子化和支付技术的电子化。通常是指客户、商家和金融机构之间使用安全电子技术手段交换商品或服务,把新型支付工具(包括电子现金(E-Cash)、信用卡(Credit Card)、借记卡(Debit Card)、智能卡等)的支付信息通过网络安全地传送到银行或相应的处理机构,来完成电子支付的支付系统,其实质是存款在账户间的移动。电子支付主要包括两种方式:一是付款人将款项从自己的账户转到收款人的账户;二是收款人主动发出请求付款指令,经付款人确认后将款项转入收款人的账户中。

### 5.1.1 电子化支付技术

银行采用计算机技术、互联网技术等进行电子化支付的方式,分别代表了电子化支付技术发展的五个不同阶段。

(1) 银行间电子转账(EFT,Electronic Funds Transfer)技术。

(2) 银行与其他机构之间资金的结算。如代发工资等业务。

(3) 利用网络终端向消费者提供的各项银行服务。如消费者在银行营业网点、大商场和宾馆等场所的自动柜员机(ATM)上进行存取款、转账和查询、密码设置和更改、账户查询等操作,ATM 不受银行工作日的限制,客户可得到 $7 \times 24$ 小时的 ATM 服务。

(4) 利用银行销售点 POS(Point of Sales)终端向消费者提供的自动扣款服务。如售货点终端,指银行在饭店、商场等消费场所设置 POS 机,消费者在消费时凭银行卡在 POS 机上进行支付。

(5) 网上支付。它是电子支付技术发展的新阶段,目前电子支付技术在以银行为中心

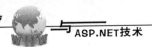

的支付系统中广泛普及。可以随时随地通过公共网络直接进行转账结算,形成电子商务环境,如信用卡授权系统(ATM 提现和 POS 支付)和邮政支付系统(主要面向个人消费者)等。

## 5.1.2 电子支付系统分类

目前对电子支付系统的分类方法有多种,根据支付时是否需要中介机构(比如电子银行)的参与,把支付系统划分为三方支付系统(SET)和两方支付系统(SSL,如电子现金支付系统)。

根据支付方式的不同,可以将电子支付系统大致分为:信用卡支付系统、电子支票支付系统、电子现金支付系统等。目前常见的几种电子支付系统有:电子支票支付系统、信用卡支付系统、电子现金支付系统和微型支付系统。

### 1. 电子支票支付系统

电子支票支付系统一般是专用网络系统,金融机构通过自己的专用网络设备、软件及一套完整的用户识别、标准报文、数据验证等规范协议完成数据传输,从而控制安全性。例如,通过银行专用网络系统进行一定范围内普通费用的支付;通过跨省市的电子汇兑、清算,实现全国范围的资金传输;世界各地银行之间的资金传输等。

电子支票支付系统主要提供发出支票,处理支票的网上服务,是纸质支票的电子化延伸,付款人向收款人发出电子支票以抵付货款,收款人用此电子支票向银行背书以启动支付,经认证合法的电子支票在支付过程中就可作为从付款人账户中将款项转入收款人账户的凭据。

### 2. 信用卡支付系统

信用卡支付是目前应用最为广泛的电子支付方式。银行发行最多的是信用卡,它可以采用联网设备在线刷卡记账、POS 机结账,ATM 提取现金等方式进行支付。信用卡支付系统主要是由客户向商家提供信用卡的账号,以供商家向银行进行验证,确认客户的支付能力,然后由商家用客户签名的购货单向银行兑换现金,银行再向客户送去交易的记录。

### 3. 电子现金支付系统

电子现金支付系统是以电子现金取代传统现金,并可在网上完成电子支付的一种网上支付系统。它是一种通过电子记录现金,集中控制和管理现金,是一种足够安全的电子支付系统,使用时与纸质现金完全相同,多用于小额支付,可实现脱机处理。

### 4. 微型支付系统

随着网络和信息技术的发展,信息产品的销售越来越得到人们的关注。如网上新闻、网上证券、信息查询、资料检索和小额软件下载等。由于信息产品本身的特点,收取的费用面额一般都非常小(如查看一条新闻收费一分钱等),假如某公司规定从其服务器中查看一条新闻需向消费者收费 1 分钱,如果每天有 20 000 名消费者要查看此条新闻,公司就可收入 200 元。如果银行采用传统的支付方式,处理 1 分钱的交易成本可能就高达 1 元钱。那么如何解决这个问题呢?

在传统商务中,一般我们采用支付的"预订模式"来解决,即购买者向公司提前支付并在某个固定期间内使用该公司的产品或服务。但是,可以看出,"预订模式"并没能很好地解决上述问题。由于传统支付无力满足客户微型支付的要求。迫切需要有一种新的支付系统,即具有信息传输少、管理方便、存储需求较低并可以在单笔交易中有效地转移很小的金额(可能低于一分钱)的系统。我们称之为微型支付系统。

微型支付系统同其他电子支付系统相比,具有如下特点:

(1)交易额小。微支付的交易额非常小,每一笔交易在几分钱(甚至更小)到几元之间。

(2)安全性要求不高。由于微支付每一笔的交易额小,即使被截获或窃取,对交易方的损失也不大。所以,微支付系统很少或不采用公钥加密,而采用对称加密和 Hash 运算,其安全性在很大程度上是通过审计或管理策略来保证的。

(3)支付效率高。由于微支付交易频繁,所以要求较高的处理效率,如存储尽量少的信息、处理速度尽量快和通信量尽可能少等。在实际应用中,可在安全性和效率之间寻求平衡。

(4)应用具有特殊性。由于微支付的特点,其应用也具有特殊性,如信息产品支付(新闻、信息查询和检索、广告点击付费等)、移动计费和认证,以及分布式环境下的认证等。微支付系统一般不适合于实物交易中的电子支付。

## 5.1.3 常用的电子商务支付系统介绍

### 1. E-cash

E-cash 是由 Dig cash 开发的在线交易的电子现金支付系统。使用者在互联网上从事商业交易如同逛商店一样,使用 E-cash 客户软件,客户可以从银行提取和在自己的计算机上存贮 E-cash。发行电子货币的银行可以验证现有货币的有效性和把真实的货币与 E-cash 交换。商家能够在提供信息或货物时接受支付的 E-cash 货币。客户端软件主要负责到银行的存取款,以及支付或接收商家的货币,支付者的身份是不公开的。E-cash 的基本概念就是安全且如同现金般的互联网银行业务。使用者在互联网上进行商业交易。钱是从发行 E-cash 的银行的账户中提取的。提取之前,使用者的 E-cash 客户端软件会计算任何一笔交易的货币数量。

E-cash 的优点在于使用起来就像现金一样,消费者是完全匿名的。因为 E-cash 货币的使用单一序号来维持本身的识别。当商家收到 E-cash 时,只要发行银行验证这些 E-cash 货币序号尚未被使用,则付款随即生效。E-cash 货币则应用数字签名技术加密传送出去。

### 2. Cyber Cash

Cyber Cash 是使用熟悉的互联网安全与开放式的通信协议来传送和接收文件的,实际上提供了一种传送信用卡资料的安全方法,其实质还是使用信用卡。使用 Cyber Cash 支付系统时,客户可以免费下载 Cyber Cash 的图形界面,使用这个图形界面,客户可以获得联机订单并填入自己的信用卡资料。Cyber Cash 支付系统把交易的信息和信用卡资料进行加密,然后提交给拥有 Web 站点的商家,而这个商家依次把信息资料转交给 Cyber Cash 服务器。Cyber Cash 服务器把接收到的信息进行解密后再传送到商家的开户行,并由这个商家的开户行向信用卡的发卡行提出授权要求。信用卡的发卡行核实信息资料以后,会反馈给 Cyber Cash 一个允许或拒绝支付的信息。Cyber Cash 再把信息传输给商家,由其通知消费者。这样,数据被破坏的可能性就减少了。因为在网页上,商家并不能看到和存储信用卡的卡号及其他资料,对于客户而言,必须拥有信用卡;对于商家而言,可以保证在发货之前就已经收到货款。

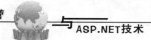

### 3. Mondex

Mondex是英国西敏寺银行开发的一种被称为"电子钱包"的电子现金支付系统。是基于智能卡的一种系统,卡片的尺寸与标准IC卡一样,卡上有一个8位的微电脑用来记录与处理数据。Mondex智能卡将电子货币贮存在卡上的微电脑内。使用时,用户只要把Mondex卡插入终端设备,三五秒之后,卡和收据条便从设备中送出。Mondex卡可以同时存放五种不同的货币。使用这类智能卡时,全部交易都是通过Mondex设备在付方的智能卡与收方的智能卡之间进行,而没有银行或其他第三者的介入。卡间的信息传送采用高效的密码技术,保证货币只能在两张Mondex卡之间传送,且只能贮存在Mondex卡上。Mondex卡具备和现金货币一样的储蓄和支付功能。当卡内的货币用完后,可以通过一种类似ATM的专用自动柜员机将持卡人在银行账户上的存款调入卡内。现在,已经可以使用电话来完成此项操作,持卡人通过装在家里的Mondex电话,可以将存在Mondex卡服务银行里的钱直接转到自己手里的智能卡,也可以将卡中贮存的电子货币等价存入开户银行的个人账户。如果用户不加密码,Mondex卡丢失后,拾到者可以使用该卡消费。所以,用户最好设定自己的密码。这样,即使卡丢失,别人也不能使用,而用户可以重新申请一张Mondex卡,把原有余额再转入新卡内。使用时通过特殊设计的Mondex设备可以将货币从一张卡转存到另一张卡。Mondex卡内的电子货币也可以通过电话线或互联网从一处转到另一处。

目前世界上已有40多个国家的450多个公司参与Mondex卡这项技术的开发,生产各项符合Mondex标准的设备,包括Mondex卡读数器、取款机、POS机、电话机,以及余额读取器、售票机、自动贩卖机,等等。购物时,只需将卡插入商店的Mondex POS机,应支付的货币就从客户的卡转送到商家POS机里的卡。Mondex卡尽管使用方便、安全,但由于需要专用的Mondex设备,在使用上受到一定的限制,实际上,这种电子货币更适合于网下支付。当客户在网上一家能接收Mondex卡支付的商场里选中某件商品时,除非通过联网的特殊Mondex设备,否则只能利用Mondex电话来完成支付。

### 4. First Virtual

First Virtual(第一虚拟互联网付款系统)采用了不同于其他系统的方式,使用者不需要用户端软件,商家也不需要服务器或是特殊软件。所有的交易都是通过以互联网为基础的E-mail在使用者的Virtual PIN(虚拟个人标识代码)上处理的。该系统操作简单,不需要加密信息,适合小面额的交易。

首先,客户必须建立一个虚拟个人标识代码。其次,使用这个系统的商家也必须设立一个账户,并获得一个商家的虚拟个人标识代码(PIN, Personal Identification Number)。虚拟PIN和客户的信用卡卡号都离线存储在一个安全的计算机里,只有First Virtual才能见到这些机密的数据。当一个客户在Internet上订购商品时,在Internet上传输的是客户的虚拟PIN代码。进行交易时,商家把自己的虚拟PIN和消费者的虚拟PIN一并提交给First Virtual;然后,First Virtual发一个E-mail告知客户确认其购买行为。如果客户确认这个订单,他就通知First Virtual用其信用卡付款,否则视为客户放弃。First Virtual收到确认或放弃信息以后,把信息用E-mail发送给商家。此时,商家就可以把产品通过邮寄等方式交给客户或刷新放弃的定单。此系统并不需要用户下载任何软件,但是它需要处理大量的E-mail。

在使用过程中，First Virtual 电子支付系统也存在一些缺陷：传送的信息都没有加密，身份认证也仅仅处于表面上的账号验证。由于客户和商家必须都在第三方上注册，造成用户容易被别人冒充，同样，第三方发送给用户的账户确认信息，也可以被冒充者伪造，定单和用户账号信息，完全暴露等问题。而且 First Virtual 电子支付系统适合的支付范围只是小面额的交易。

**5. Millicent**

Millicent 钱包用的是能够在 Web 上使用的，叫做便条（Script）的电子令牌。Script 被安全地保存在客户的 PC 硬盘上，并用个人身份号或口令对其加以保护。由于是微型交易，所以对本身交易的安全考虑并不要求太高，这样的系统，仅仅使用客户的 PIN 就可以保护自己的客户标志了。Millicent 的运作流程我们以 DEC 设计的 Millicent 的解决方案为例，DEC 在设计 Millicent 时目标是要能够支持既便宜又安全可靠的交易。利用建立以便条（Script）为基础的账户系统，通过代理商发售便条（Script）的方式来实现交易。并且他们宣称已经建立了符合目标的设计。其交易流程具体分为如下五个步骤：

（1）客户开启 Web 浏览器，进入 Script 代理商网站浏览，并从银行账户中提取现金购买代理商原始的 Script。

（2）客户进入商家的网站，将代理商原始的交换为该商家的 Script。

（3）客户付款时，款项就可以从换来的商家 Script 余额中扣除，并转账到商家的账户中。如果需要，可以重复这个过程，如果需要更多的 Script，则重复步骤（1）与（2）。

（4）客户中止商家账户，将剩余的商家 Script 转换回原始代理商的 Script。

（5）客户将剩余 Script 存入代理商处。客户可以将剩余 Script 留在代理商的地方，或者转换回自己的银行账户中。值得注意的是，如果客户或商家同意的话，代理商可以替客户或商家将 Script 换回现金。依据 DEC 的说法，Millicent 的使用范围宽广，Millicent 可以适用于小至 0.1 美分到数美元的交易，交易下限根据代理商在交易时的计算处理成本而设定，而且必须保证系统能自行管理无误以及可靠的交易处理过程。上限则根据超过"破坏"最小经常费用安全交易的价值来设定。但是这个价格范围涵盖许多有价值的交换，包括打印和信息服务等。

## 5.1.4  电子支付系统的安全性

电子商务作为新兴事务，已经随着计算机和网络技术的成熟得到了飞速发展，而且使得商家的整体经营方式都有了变化。通常一个典型的电子商务交易离不开三个阶段：信息搜寻阶段、订货和支付阶段以及物流配送阶段。从这三个阶段来看，电子支付是最关键的，因为电子支付一旦完成，物流的配送就是顺理成章了，也就意味着整个网上交易的完成。若电子支付不能顺利进行，电子商务就停留在信息搜寻或者至多草签协议阶段，而无法进入实质的交易阶段。因此，一个安全、可靠的电子支付系统是电子商务的交易活动能够正常进行的保证。但是在现实电子商务交易中，消费者和商家经常会面临下列威胁，这也极大地影响了电子商务的发展。

（1）虚假定单。假冒者以客户名义订购商品，而要求客户付款或返还商品等。

（2）客户付款后，收不到商品。

（3）商家发货后，得不到付款。

（4）信息被无故修改或盗用。如信用卡账号和密码在交易传输过程中被盗用，或商家的定单确认信息被修改等。

（5）电子钱币丢失。可能是物理破坏，或者被偷窃。这种情况通常会给用户带来不可挽回的损失。

电子商务发展的核心和关键问题是交易的安全性。如何解决这些问题已经成为制约电子商务的一个重要瓶颈。由于互联网本身的开放性，使网上交易面临了种种危险，也由此提出了相应电子支付系统的安全控制要求。作为一个安全的电子商务系统，首先必须具有一个安全、可靠的通信网络，以保证交易信息安全、迅速地传递；其次必须保证数据库服务器绝对安全，防止黑客闯入网络盗取信息等。因此在交易中必须充分考虑到信息的保密性、身份的认证性、信息的不可否认性和不可修改性等要素。

目前的安全技术手段：在技术上，主要使用数字加密技术、数字签名及数字认证技术等；而所有的安全技术主要是基于对称加密算法和非对称加密算法以及密钥的长度。

（1）数据加密技术。常见的加密技术有对称加密技术和非对称加密技术。要确保网络上通信的机密性（如商家的订单确认信息），就可以在发送前先将信息加密，信息接收后再解密。

（2）数字签名。数字签名也称电子签名，它能够核实买卖双方、合同等各种信息的真实性。它的功能就好比是传统的书面签名的形式一样，如手签、印章、按指印等，用以证明个人的身份。只是数字签名采用了电子形式的签名。如当甲方接到乙方所传来的资料时，甲方如何确定这些资料是乙方寄来的呢？为此，乙方在传送时只要以自己的专用密钥将资料加密，甲方在收到资料后，如果能够用乙方的公共密钥对资料进行解密，就可证明资料是从乙方发来的。

（3）数字认证技术。如数字证书（Digital certificate），主要用于确认计算机信息网络上个人或组织的身份和相应的权限，用以解决网络信息安全问题。

# 5.2　电子支付方式

所谓电子支付，是指电子交易的当事人，包括消费者、厂商和金融机构，使用安全电子支付通过网络进行的货币支付或资金流转。

## 5.2.1　电子支付的特点

传统的支付工具主要包括金属货币和纸质凭证。而在传统的支付方式中，邮局汇款（如银行电汇）、货到付款等一般采用现金和票据等工具进行支付。而传统支付中，支付指令的传递完全依靠面对面的手工处理和经过邮政、电信部门的委托传递。因而结算成本高、凭证传递时间长、在途资金积压大、资金周转慢。与传统的支付方式比较，电子支付具有以下的特点：

（1）电子支付是采用先进的技术通过电子流转来完成信息传输的，其各种支付方式都采用电子化的方式进行款项支付；而传统的支付方式则是通过现金的流转、票据的转让及银行的汇兑等物理实体的流转来完成款项支付。

（2）电子支付的工作环境是基于一个开放的系统平台（即互联网）之中；而传统支付则

是在较为封闭的系统中运行。

（3）电子支付使用的是最先进的通信手段，如互联网、Extranet；而传统支付使用的则是传统的通信媒介。电子支付对软件、硬件设施的要求很高，一般要求有联网的计算机、相关的软件及其他一些配套设施；而传统支付则没有这么高的要求。

（4）电子支付具有方便、快捷、高效、经济的优势。用户只要拥有一台上网的计算机，便可足不出户，在很短的时间内完成整个支付过程。支付费用仅相当于传统支付的几十分之一，甚至几百分之一。

目前，电子支付仍然存在一些缺陷。比如安全问题，一直是困扰电子支付发展的关键性问题。大规模地推广电子支付，必须解决防止黑客入侵、防止内部作案、防止密码泄漏等涉及资金安全的问题。此外，还有一个支付存在的条件问题。消费者所选用的电子支付工具必须满足多个条件，要有消费者账户所在地银行发行，有相应的支付系统和商户所在银行的支付，被商户认可等。如果消费者的支付工具得不到商户的认可，或者说缺乏相应的系统支持，电子支付也还是难以实现的。

## 5.2.2　电子支付的分类

电子支付系统的不断完善和更新，相应的电子支付的方式也随着科学技术的不断发展，越来越多。一般我们把电子支付方式分为三种：电子货币类，如电子现金、电子钱包等；电子信用卡类，如智能卡、借记卡、电话卡等；电子支票类，如电子支票、电子汇款（EFT）、电子划款等。

**1.　电子钱包支付方式**

1）电子钱包的概念

电子钱包（Electronic Wallet，或称 E-Wallet）是顾客在电子商务购物活动中常用的一种支付工具。就像生活中它是一个可以由持卡人用来进行安全电子交易和储存交易记录的软件，随身携带的钱包一样。

2）电子钱包的功能

（1）电子安全证书的管理。包括电子安全证书的申请、存储、删除等。

（2）交易记录的保存。保存每一笔交易记录以备日后查询。

（3）安全电子交易。进行 SET 交易时辨认用户的身份并发送交易信息。

（4）管理账户信息。查询已经发生的交易、账目、金额、账户余额、银行账号上收付往来的账目、清单和数据等。

（5）实现自动支付流程。比如当钱包中某信用卡上的账户余额不足以支付时，电子钱包可以重新改用其他支付工具用于支付。

3）电子钱包购物过程

利用电子钱包在网上购物，通常包括以下步骤：

（1）客户通过互联网登陆电子商务网站，进行信息的搜寻，选择自己想购买的物品。

（2）客户在计算机上输入了订货单，包括从哪个销售商店购买什么商品，购买多少，订货单上还注明将此货物在什么时间，送到什么地方以及交给何人等信息。

（3）通过电子商务服务器与有关商店联系并立即得到应答，告诉客户所购货物的单价、应付款数、交货等信息。

（4）客户确认后，用电子钱包付钱，下载电子钱包软件并将电子钱包装入系统，单击电子钱包的相应项目或电子钱包图标，电子钱包立即打开，输入自己的保密口令，在确认是自己的电子钱包后，并从电子钱包中取出其中的一张电子信用卡来付款。

（5）电子商务服务器对此信用卡号码采用某种保密算法计算并加密后，发送到相应的银行去，同时销售商店也收到了经过加密的购货账单，销售商店将自己的客户编码加入电子购货账单后，再转送到电子商务服务器上去，这里，商店对客户信用卡上的号码是看不见的，不可能知道，也不应该知道，销售商无权也无法处理信用卡中的钱款。因此，只能把信用卡送到电子商务服务器上去处理，经过电子商务服务器确认这是一位合法客户后，将其同时送到信用卡公司和商业银行，在信用卡公司和商业银行之间要进行应收付款钱数和账务往来的电子数据交换和结算处理。信用卡公司将处理请求再送到商业银行请求确认并授权，商业银行确认并授权后送回信用卡公司。

（6）如果经银行确认后拒绝并且不予授权，则说明客户的这张信用卡上的余额不足，或者已经超过信用额度。遭到银行拒绝后，客户可以再单击电子钱包的相应项打开电子钱包，取出另一张电子信用卡，重复上述操作。

（7）如果经银行证明这张信用卡有效并授权后，销售商就可交货。与此同时，销售商店留下整个交易过程中发生往来的财务数据，并且出示一份电子收据发送给客户。

（8）上述交易成交后，销售商就按照客户提供的电子订货单将货物在发送地点交到客户在电子订货单中指明的收货人手中。

到此，电子钱包购物的全过程就完成了，购物过程中间虽经过信用卡公司和商业银行等多次进行身份确认、银行授权、各种财务数据交换和账务往来等，但这些都是在极短的时间内完成的。从客户输入订单后开始到拿到销售商店出具的电子收据为止的全过程仅用5～20 s的时间。

**2. 电子现金支付方式**

1）电子现金的概念

电子现金，又称数字现金，是纸币现金的电子化。它可以用来表示现实中各种金额的币值。因为它包含安全性、私密性及便利性，改进了纸币的缺点，且其可变通性更开启了新市场与应用方面的用途，随着基于纸张的经济向电子经济的转变，电子现金将成为主宰。电子现金带来了纸币在安全和隐私性方面所没有的计算机化的便利。电子现金付款的重点在于将现金的替代方式平行于消费者导向的电子付款模式，电子现金的丰富性开辟了一个全新的市场和应用。尽管电子支付系统已经经过了30年的发展，现金仍然是最主要的支付手段。现金仍作为一种主要支付形式的原因是：现金是可转让的，是一种法定货币，是有所有权属性的，可以被任何人持有或使用而不需要银行账户，对接受方来说不存在风险，而电子现金具有现金的属性，所以，必然成为网上支付的一种重要工具。通常数字现金有两种形态：一种是硬盘数据文件形式的电子现金，它是用一种电子化的数字信息块或数据文件，作为代表纸币或者辅币所有信息的电子化手段。当电子现金用于支付时，只需将相当于支付金额的若干信息块综合之后，通过网络传递给收款人即可完成支付，如荷兰的E-cash就使用这种数字现金。另一种是IC卡形式的电子现金，是将现金余额以二进制形式存储在IC卡芯片中，当从卡内支出货币金额或向卡内存入货币金额时，就是改写IC内的记录余额，也就相当于改写持卡人的IC卡存款账户。

2）电子现金的属性

电子现金具有以下四方面的属性。

（1）货币价值。银行授权的信用或银行证明的现金支票进行支持。当电子现金必须有一定的现金，现金被一家银行产生并被另一家所接受时不能存在任何不兼容性问题。如果失去了银行的支持，电子现金会有这一风险，可能存在支持资金不足的问题。

（2）可交换性。电子现金可以与纸币、商品/服务、网上信用卡、银行账户存储金额、支票或负债等进行互换。一般倾向于电子现金在一家银行使用。事实上，不是所有的客户会使用同一家银行的电子现金，他们甚至不使用同一个国家的银行的电子现金。因而，电子现金就面临多银行的广泛使用问题。

（3）可存储性。可存储性将允许用户在家庭、办公室或途中对存储在一个计算机的外存、IC 卡，或者其他更易于传输的标准或特殊用途的设备中的电子现金进行存储和检索。电子现金的存储是从银行账户中提取一定数量的电子现金，存入上述设备中。由于是在计算机上产生或存储现金，因此伪造现金非常容易，最好将现金存入一个不可修改的专用设备。这种设备应该有一个友好的用户界面以有助于通过密码或其他方式的身份验证，以及对于卡内信息的浏览显示。

（4）重复性。必须防止电子现金的复制和重复使用（double-spending）。因为客户可能用同一个电子现金在不同国家、地区的网上商店同时购物，这就造成电子现金的重复使用。一般的电子现金系统会建立事后（post-fact）检测和惩罚。

3）电子现金的支付方式

电子现金的支付方式可以分为五个步骤。E-cash 的使用过程如图 5-1 所示。

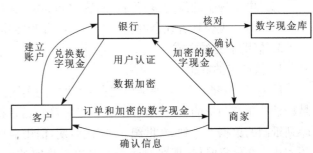

图 5-1　E-cash 的使用过程

（1）购买 E-cash。客户在数字现金发布银行建立 E-cash 账户并购买 E-cash。要从网上的货币服务器（或银行）购买数字现金，首先要在该银行建立一个账户，将足够资金存入该账户以支持今后的支付。目前，多数数字现金系统要求客户在一家网上银行上拥有一个账户。这种要求对于全球性和多种现金交易非常严格，客户应该能够在国内获得服务并进行国外支付，但需要建立网上银行组织，作为一个票据交换所。

（2）存储 E-cash。下载专用 E-cash 客户端软件，然后使用 PCE-cash 终端软件从 E-cash 银行取出一定数量的 E-cash 存在硬盘上。一旦账户被建立起来，客户就可以使用数字现金软件产生一个随机数（它是银行使用私钥进行了数字签名的随机数，通常少于 100 美元作为货币），再把货币发回给客户。这样，它就有效了。

（3）用 E-cash 购买商品或服务。客户同意向接收 E-cash 的商家订货，用商家的公钥加密 E-cash 后，传送给商家。

（4）资金清算。接收 E-cash 的商家与 E-cash 发放银行之间进行清算，E-cash 银行将客户购买商品的钱支付给商家。这时可能有两种支付方式：双方的和三方的。双方支付方式是涉及两方，即买卖双方。在交易中商家用银行的公共密钥检验数字现金的数字签名，如果对于支付满意,商家就把数字货币存入它的机器,随后再通过 E-cash 银行将相应面值的金额转入账户。所谓三方支付方式,是在交易中,数字现金被发给商家,商家迅速把它直接发给发行数字现金的银行,银行检验货币的有效性,并确认它没有被重复使用,将它转入商家账户。在许多情况下,双方交易是不可行的,因为可能存在重复使用的问题。为了检验是否重复使用,银行将从商家获得的数字现金与已经使用数字现金数据库进行比较。像纸币一样,数字现金通过一个序列号进行标识。为了检验重复使用,数字现金将以某种全球统一标识的形式注册。但是,这种检验方式十分费时费力,尤其是对于小额支付。

（5）确认订单。商家获得货款后,向客户发送订单确认信息,并将货物发出交给客户,至此交易结束。

4）电子现金的支付特点

（1）支付时,银行与商家之间应有协议和授权关系;

（2）客户、商家和电子现金发行银行都需要使用相应的电子现金软件;

（3）电子现金支付适于小额交易（micropayment）;

（4）身份验证是由电子现金本身完成的,电子现金的发行银行在发放电子现金时使用了数字签名,商家在每次交易时,将电子现金传送给银行,由银行验证客户使用的电子现金是否有效（伪造和使用过等）;

（5）电子现金的发行银行负责对客户和商家之间资金的转移;

（6）电子现金具有现金的特点,可以存、取和转让。

### 3. 信用卡支付方式

1）信用卡的概念

信用卡（Credit Card）最早出现在 20 世纪的美国。那时的信用卡和现在的很不一样,它是一种冲压有凸花的卡片（卡片上有一组字符）,通过机械方式把卡的发行人和客户账号压印到纸制的单据上。到 20 世纪 60 年代后期,信用卡在其背面加上了磁条,使用了标识数据的方法。在信息时代,现在的信用卡可以在指定的商店购物和消费,或在指定的信用卡继续成为可行的交换工具,银行机构存取现金,它已经成为一种特殊的信用凭证。可以证明持卡人的身份、支付能力和信用状况等,并且在不断创新。

2）信用卡的分类

信用卡的种类繁多,按不同的标准划分,可分为以下几大类:

（1）按发行机构划分,可分为银行卡（金融卡）和非银行卡。

（2）按发行对象划分,可分为公司卡和个人卡。

（3）按流通范围划分,可分为国际卡和地区卡。

（4）按从属关系划分,可分为主卡和附属卡。

（5）按资信状况划分,可分为金卡和普通卡。

（6）按清偿方式划分,可分为贷记卡、准贷记卡和借记卡。

① 贷记卡。是指发卡银行给予持卡人一定的信用额度,持卡人可在信用额度内先消费,后还款的信用卡。如牡丹国际卡,长城国际卡等。

② 准贷记卡。是指持卡人须先按发卡银行要求交存一定金额的备用金,当备用金账户余额不足支付时,可在发卡银行规定的信用额度内透支的信用卡。如中国工商银行的牡丹卡、中国农业银行的金穗卡、中国建设银行的龙卡、中国建设银行的长城卡等借记卡。

③ 借记卡。是指先存款、后消费(或取现),没有透支功能的信用卡。

(7) 其按功能不同,又可分为转账卡(含储蓄卡)、专用卡及储值卡。如长城电子借记卡、牡丹灵通卡等。

3) 信用卡支付的分类

信用卡支付是目前最流行的电子支付工具之一。目前基于信用卡的支付有四类:无安全措施的信用卡支付、通过第三方经纪人的信用卡支付、简单信用卡加密和 SET(安全电子交易)信用卡。

(1) 无安全措施的信用卡支付

① 使用流程。客户通过因特网从商家订货,交易通过信用卡支付进行。信用卡信息可以通过电话、传真等非网上手段传送,或者通过互联网传送,但无任何安全措施。商家与银行之间使用各自现有的银行商家专用网络授权来检查信用卡的真伪。其流程如图5-2所示。

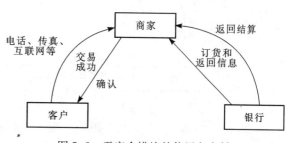

图5-2　无安全措施的信用卡支付

② 支付特点。支付风险由商家承担。由于商家没有得到客户的签字,如果客户拒付或否认购买行为,商家将承担一定的风险。信用卡信息的传递无安全保障。由于支付时,商家将完全掌握客户(即持卡人)的信用卡信息,因此,客户将承担信用卡信息在传输过程中被盗取及商家获得信用卡信息等风险。

(2) 第三方经纪人的信用卡支付

① 使用流程。客户(在线或离线)在第三方经纪人处建立一个账户,第三方经纪人就持有客户的信用卡号和账号,客户用账号从商家在线订货,商家将客户账号提供给第三方经纪人,第三方经纪人验证账号信息和商家身份,给客户发送电子邮件,将验证信息返回给商家,要求客户确认购买和支付后,将信用卡信息传给银行,完成支付过程。其流程如图5-3所示。

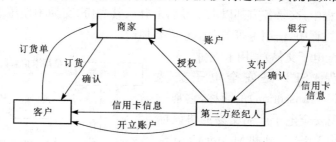

图5-3　第三方经纪人的信用卡支付

② 支付特点。用户账户的开设不通过网络;信用卡信息不在开放的网络上传送;通过电子邮件来确认用户身份,防止伪造;商家自由度大,风险小;支付是通过双方都信任的第三方经纪人完成的;支付方式的成功关键在于第三方。由于交易双方都对第三方有较高的信任度,风险主要由它承担,保密等功能也由它实现。

(3) 简单加密的信用卡支付

简单信用卡加密支付是现在比较常用的一种支付模式,使用这种模式支付时,当信用卡信息被客户输入浏览器窗口或其他电子商务设备时,客户信用卡信息就被加密。通常采用的加密协议有 SHTTP、SSL 等。由于用户进行在线购物时只需一个信用卡号,所以这种付费方式给用户带来了方便。这种方式需要一系列的加密、授权、认证及相关信息传送,交易成本比较高,因此小额交易是不适用的。其流程如图 5-4 所示。

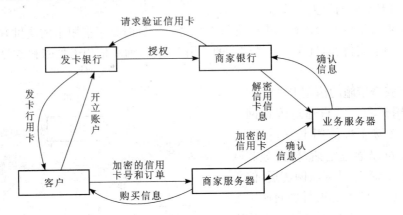

图 5-4 简单加密的信用卡支付

① 使用流程。客户在发卡银行开设一个信用卡账户,并获得了信用卡卡号,客户向商家订货后,把加密的信用卡信息和订单一起传送到商家服务器。商家服务器验证接收到的信息的有效性和完整性后,将客户加密的信用卡信息传给业务服务器(值得注意的是,商家服务器无法看到客户的信用卡信息),经业务服务器验证商家身份后,将客户加密的信用卡信息转移到安全的地方解密,然后将客户信用卡信息通过安全专用网传送到商家银行。商家银行通过普通电子通道与客户信用卡发行联系,确认信用卡信息的有效性。得到证实后,将结果传送给业务服务器,业务服务器通知商家服务器交易完成或拒绝,商家再通知客户。

② 支付特点。支付过程中,需要业务服务器和服务软件的支持,加密的信用卡信息只有业务服务器或第三方机构能够识别;数字签名是买卖双方在注册系统时产生的,且本身不能修改;交易过程中,交易各方都以电子签名来确认其身份;交易中使用了对称和非对称的加密技术;支付过程中,信用卡等关键信息需要加密。

(4) SET(安全电子交易)信用卡支付

① 使用流程。SET 是安全电子交易(Secure Electronic Transaction)的简称,它是一个在互联网上实现安全电子产品交易的协议标准。SET 最初是由 Visa Card 和 Master Card 合作开发完成的。SET 信用卡支付的具体工作流程与实际的购物流程非常接近,只是它的一切操作都是通过互联网完成的。其流程如图 5-5 所示。

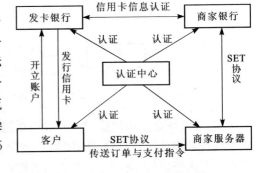

图 5-5 SET(安全电子交易)信用卡支付

② 参与 SET 交易的成员及其关系

a. 客户。是持有信用卡的购买货物的人。

b. 发卡行。客户开立信用卡账户,获得信用卡的银行机构,在交易过程中,发卡行承担查验客户的信用卡的数据,如果查验无误,整个交易才算结束。商家银行接受来自商家端送来的交易付款数据,向发卡行验证无误后,取得信用卡付款授权以供商家清算。

c. 认证中心。是一个权威机构,专门验证交易双方的身份。主要接受客户、商家、银行以及业务服务器的电子证书申请,并管理电子证书的相关事宜。

d. 商家业务服务器。主要运行在商家的服务器上,处理支付卡交易与认证等。

③ SET 标准的安全措施。在 SET 尚未发展之前,大部分的网站都采用了 SSL 协议,将信用卡号加密后传送给商家,但是仍存在一些安全性的顾虑,而 SET 除了提供了基本的安全防护之外,又针对网上付款性质加强了安全功能。如:确保整个交易过程中每个交易节点所传送的数据的安全性,通过数字证书来识别交易双方的身份等。SET 标准主要采取的安全措施有:

a. 采用加密技术。同时使用私钥与公钥加密法。

b. 采用数字签名技术(双重签名)。将订单信息和个人账号信息分别进行电子签名,保证商家只能看到订单信息,而看不到持卡人的账户信息,并且银行只能看账户信息,而看不到订货信息。

c. 使用数字信封。为了保证敏感数据在网络传输过程中的安全性,交易使用的密钥必须经常更换,SET 使用数字信封的方式更换密钥。方法是,由发送方自动生成专业密钥,用它加密明文,再生成的密文同密钥本身一起用公钥密钥的手段加密传出去。收信人用公钥解密后,得到专用的密钥,再次解密。

d. 采用数字认证。在电子交易过程中,必须确认客户、商家、银行以及其他机构的身份的合法性,这就要求建立专门的电子认证机构(CA)。主要包括持卡人证书、商家证书等。

### 4. 电子支票支付方式

1) 电子支票的概念

传统的纸质支票主要是向银行发送一个通知,将资金从自己的账户转到别人的账户上。这个通知并不直接发到银行,而是先给资金的接受者,资金的接受者必须到银行去进行转账。资金转账以后,注销了的支票将会返回支票签注者手中,作为支付的凭证。电子支票(E-Check, Electronic Check)是由 FSTC 倡导,是一种基于纸质支票的电子替代品而存在的。电子支票有纸质支票所有相同的特征。它的功能也是通知银行进行转账,而且与纸质支票一样,这个通知也是先给资金的接受者,然后,资金的接受者将支票送到银行以得到资金。电子支票与纸质支票的一个重要不同特征是:支票的签发者可以通过使用银行的公共密钥加密自己的账户号码以防止被欺诈。这样的话,就不用向卖主透露自己的账户号码。同时也可以使用数字认证来证实支付者、支付者的银行及银行账户。

2) 电子支票支付方式

电子支票支付分为六个步骤,支付流程如图 5-6 所示。

(1) 客户向提供电子支票服务的银行注册申请,银行就开具电子支票,且该支票应具有数字签名。

(2) 注册成功后,客户就利用安全 E-mail 或其他传递方式把电子支票传送给商家,进行支付。

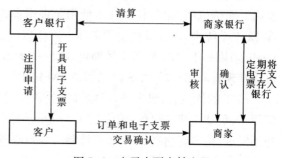

图 5-6 电子支票支付流程

(3) 商家收到该电子支票之后,用客户的公钥来验证商家的数字签名,并背书(Endorses)支票,写一存款单(Deposit),并签署该存款单。

(4) 商家银行验证客户的数字签名和商家的数字签名,贷记(Credits)商家账号,从中用于后面的支票清算。

(5) 客户银行验证客户的数字签名,并借记(Debits)客户账号。

(6) 客户银行和商家银行通过传统银行网络进行清算,并对清算结果向客户和商家进行反馈。

值得注意的是,电子支票的数字签名都要被验证,而实际的纸质支票很少验证手写签名。

3) 电子支票支付的特点

(1) 电子支票的使用方式与传统支票的使用方式相同,使用简单,易于被人们理解和接受。

(2) 加密的电子支票使它们比基于公共密钥加密的电子现金更易于流通。由于电子支票非常适用于微付款的清偿;使用传统的加密方式,执行速度较使用公共密钥加密的加密方式(电子现金)要快。

(3) 就商业界而言,电子支票能给第三方金融机构带来效益。第三方金融服务者能借助收取买卖双方的交易手续费而获取利润,或如同银行一样提供存款账务服务,在存款集资市场获取利润。

(4) 电子支票适用于市场广。电子支票可以很容易与 EDI 应用结合,推动 EDI 基础上的电子订货和支付。

(5) 交易中的财务风险将由第三方金融机构承担,因而提高接受电子支票的程度。

**5. 其他新型的支付工具**

1) 负债卡

电子交易中增长最迅速的要属负债卡的 POS 交易,它用于 POS 机和 ATM 机,代替现金、支票和信用卡的支付。用户通过 POS 交易终端刷卡,终端读入用户信息,随后用户终端将交易通过 ATM 网络传回用户入个人标识代码所在银行求得确认用户的命令,一旦接受后,资金就被从用户银行传入商家银行。支付过程非常安全。而且为了系统的完整性,向商家提供服务的第三方也会受到监控组织的监督。用户和商家都拥有银行账户,支付都在银行系统内部的支付系统中传递。身份确认是通过使用 PIN 的数字签名进行的。另外,PIN 是以加密形式在系统中传输的,不会受到入侵是使用 PIN 号的数字签名进行的。

2) 电子化收益传递卡

负债卡的一个扩展用途是电子化收益传送卡(EBT)。用支票、现金、信用卡预先购买具有一定价值的 EBT 卡。EBT 使用负债卡向没有银行账户的个人进行收益的电子分配。在 EBT 系统中,持卡者像使用负债卡一样以电子化方式获得服务,只要通过刷卡机(card-reading)刷一下并输入 PIN 号即可,随后持卡者就可以进行购物或者获得现金了。持卡人可以在现有网络中的 POS 设备和 ATM 机中使用 EBT。

EBT 的优点有:更方便,可以提供免费的用户服务和对于各种问题的多方面的支持;比信用卡、负债卡成本更低,用完后可丢失;更安全(不会被偷窃),由于电子化存储形式允许随用随取,持卡者通过 PIN 和卡控制所有对收益的获取,一旦偷窃发生,可以迅速通过免费电话将卡作废,再申请一张新卡。对零售商更方便,消除了时间支出,消除了支票等的使用,也减少了被偷窃、诈骗的可能;政府也能方便地通过监控系统对收益使用进行记录。

3)智能卡

智能卡(Smart Card)一般用于指一张给定大小的塑料卡片,上面封装了集成电路芯片,用于存储和处理数据,目前信用卡和借记卡都是在一张磁卡上存储了有限的个人信息,与结算卡不同,智能卡不含现金,只有账户号码。智能卡的信息存储量比磁卡大100倍。可存储用户的个人信息,如财务数据、账户信息等。

(1)智能卡的分类。

① 存储卡。不能处理信息,只是简单的存储设备,从这个角度来讲,它们很像磁卡。唯一的区别是存储的容量更大,但也存在着和磁卡一样的安全缺陷。

② 加密存储卡。在存储卡的基础上增加加密逻辑,保持存储卡的价格优势。

③ CPU卡。有处理器和内存,因此不仅能存储信息还能对数据进行复杂的运算。

④ 射频卡。在CPU卡的基础上增加了射频收发电路。

⑤ 其他类型:光卡、并行IC卡、TM卡等。

(2)智能卡上可存储的信息。智能卡上一般存储以下几种信息:①用户的身份信息;用户的绝对位置;②用户的相对位置以及相对于其他装置的物体的方位;③特定的环境参数,如光、噪声、热量和湿度;④用户的生理状况和其他生物统计信息;⑤特定的计时参数,如某一事件发生的频率或用户采取某种行动需要多长时间才能完成;⑥特定的运动参数,如速度、加速度、物理姿态和跟踪信息;⑦用户持有的货币信息。

(3)智能卡的应用。近年来,我国智能卡的应用趋向多样化,政府,交通,医疗,金融、电信等部门相继采用智能卡技术。在医疗领域、智能卡的应用要求存储大量信息,如病历、身份、医疗保险号码、血型、过敏症、健康检查结果等,采用智能卡将全面提高医院诊断的效率、准确性及管理水平。目前较为复杂的应用都采用CPU卡、便于实现医疗功能(病症数据纪录和提取)和医疗保险功能(确认身份和费用结算)二合一。

在电信业,数字蜂窝电话使用CPU卡来存储信息和唯一识别用户身份,这种特定类型的智能卡往往被称为SIM卡。正是由于智能卡提供了大容量存储的能力,电话号码簿可以存在卡上而不是像模拟电话一样存在手机上。

另外卡中的微处理器大大提高了用户账号的安全性。电话储值卡也是极为广泛的智能卡应用。智能卡公用电话比磁卡设备具备诸多优势,如不需外接电源、故障率低等,因此在全国范围内得到了极为迅速的推广。

公共事业、水、电、管道煤气、有线电视的费用收取一直是有关部门的难题,由于弊病较大,改革的动力也较大,目前已经有不少成功的应用智能卡技术实现预收费的例子。其技术核心是采用特制的流量计结合预收费的卡。由于这方面的应用直接关系到广大群众的生活,成功的应用必然能够极大地促进智能卡技术普及和提高智能卡的形象。同时,像工商、税务、公安、海关、人事等政府部门也开始采用智能卡技术,主要目的是提高部门工作效率和加强管理。

# 5.3 网络银行

随着网络技术、电子商务技术的不断发展,网上银行作为一种新型的客户服务方式迅

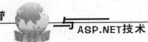 

速成为世界各国银行界关注的焦点。世界各国银行也纷纷制定出网上银行的发展战略,甚至不惜花巨资来完善网上银行系统,努力抓住网上银行发展的机遇,陆续推出了各项网上银行服务,为电子商务的开展提供了必要的条件,极大地丰富了电子支付服务。同时,我国各家商业银行也不甘示弱,纷纷推出了网上银行服务。1997 年 4 月,招商银行在互联网上建立了招商银行网站,建成了国内第一个银行数据库。

### 5.3.1 网络银行的概念

网络银行(E-Bank,Electronic Bank),又称网上银行、电子银行、虚拟银行。它是指客户通过互联网上虚拟的银行柜台,可以不受空间、时间的限制,依托互联网技术,就可以享受(7×24 小时)不间断的银行服务。其实质是为客户提供网上支付结算和各种金融服务。网络银行是随着计算机和计算机网络与通信技术、电子商务技术的发展而发展的。它突破了银行传统的业务操作模式,摈弃了银行由前台接柜开始的传统服务流程,把银行的业务直接在因特网上推出。

目前网络银行的发展模式有两种:

(1) 完全依赖于互联网发展起来的网络银行,如:1995 年 10 月,全球第一家网络银行——美国安全第一网络银行(Security First Network Bank,简称 SFNB)成立。它主要的业务在网上经营,通过互联网提供全球范围的金融服务。

(2) 传统银行开展的网上银行,它是在现有银行基础上发展起来,把银行服务业务运用到互联网,开设新的电子服务窗口,对银行传统业务方式进行补充,弥补了传统银行业营业网点少和营业时间短的不足。目前我国开办的网上银行业务都属于这一种。

### 5.3.2 网络银行的发展过程

以计算机技术和互联网为技术基础的网络银行业务从初级到高级有不同的发展阶段,从仅仅在网站上建立了一个网页到开展各项银行业务、功能齐全的网上银行。具体说,经历了以下四个过程:

**1. 建立银行主页**

在网上申请域名,注册一个网址,设计若干相关页面,有银行名称、银行简介、通信地址和电话等。

(1) 功能:标志银行的网上存在、主要展现银行的形象。

(2) 意义:有了初步上网的意识;树立现代银行形象;预告银行下一步网上计划。

**2. 提供内容服务**

银行已拥有一个页面内容较丰富的网站,有银行业务的详尽的介绍以及初步的互动设计,比如,为客户准备的问答栏、申请表、查询功能、留言板、网上聊天室等。

(1) 功能:成为银行的信息窗口,开始受理客户的业务申请,提供账户查询等服务。

(2) 意义:已具有网络银行的实际功能;拓宽了银行的业务辐射面;改善了银行与客户的关系。

**3. 提供基本银行业务**

银行对已有的客户分发或允许客户从网上下载特殊的软件,客户可以登陆银行主页,进行结算、查询等功能的银行服务。

（1）功能：银行已经提供了查询账户余额、汇票支付、资金转账、核实交易情况、获得银行其他服务信息、修改个人密码等网上银行业务。

（2）意义：实现网络银行的实质内容；为客户提供足不出户的银行服务；受控的较安全的在线银行服务。

**4. 全面开展网上银行业务**

银行在国际互联网上注册网址，并利用互联网的开放性向所有网上客户提供银行服务的业务。

### 5.3.3 网络银行的功能

**1. 传统商业银行业务功能**

要搞清网上银行的功能，首先要搞清传统商业银行的业务范围。传统商业银行的业务包括五大类：零售、国内批发、全球批发、投资和信托。

（1）银行零售业务：面向个人和团体的储蓄，对个人的贷款、汇兑。

（2）银行国内批发业务：国内银行间的交易（如拆借）、银行间的资金往来（结算和清算）。

（3）全球批发业务：国际间的银行业务。

（4）银行投资业务：向企业贷款。

（5）银行信托业务：资金的代管和运作。

**2. 网上银行的功能**

处于网络世界中的银行，其电子化的应用包括六个方面：办公自动化系统、客户服务支持系统、业务处理系统、信息发布系统、支付系统和网上银行系统，如图5-7所示。所以，我们看到网上银行只是银行电子化的一个方面，网上银行的发展受到银行内部网的制约。网上银行的功能一般包括银行业务项目、信息发布以及商务服务。

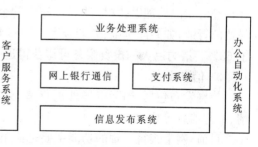

图5-7　银行电子化系统的划分

1）银行业务项目

银行业务项目主要包括：个人银行、对公业务（企业银行）、信用卡业务、多种付款方式、国际业务、信贷及特色服务等功能。

① 个人银行业务。个人银行业务主要包括网上开户、清户、账户余额查询、交易明细查询、利息的查询、电子转账、票据兑现。

② 网上信用卡业务。网上信用卡业务包括网上信用卡申办、查询信用卡账单、银行主动向持卡人发送电子邮件、信用卡授权和清算。例如，若用户已经上网，那么可通过网络提出申办意向，这样可以大大方便客户，缩短从申请到领卡的时间；持卡人也可以通过网络查询用卡明细；如果银行存有持卡人 E-mail 地址，那么银行每月可向他们提供对账单，不仅让客户更快地收到信息，而且提高了银行工作效率，节约了纸张；银行在网上还可以对特约商户进行信用卡业务授权、清算、传送黑名单等。

③ 对公业务。对公业务包括集团查询账户余额和历史业务情况，不同账户间划转资

金,核对账户,电子支付雇员工资,将账户信息输出到空白表格,了解支票利益情况,打印显示各种报告和报表,如每日资产负债卡、余额汇兑表、详细业务记录表、付出支票报表、银行明细表、历史平均数表。

④ 多种付款方式。提供电子现金、电子支票、IC卡、智能卡等付款方式。

⑤ 国际业务。国际业务包括经网上进行的资金汇入、汇出信贷个人和企业在网上查询贷款利率,申请贷款,银行根据以往信用记录决定贷款。

⑥ 特色服务。依每个网上银行的服务而不同。常见的特色服务有提供免费下载金融管理软件,利用互联网向客户直接促销新的金融商品,并以此寻求潜在客户。例如美国花旗银行一个月约有几百人通过互联网络索取各种金融商品的简介,并留下年龄、职业、家庭状况等个人资料,而这些资料将是银行的宝贵财富。

2）商务服务

商务服务包括:投资理财、资本市场、政府服务等功能。

银行通过网上投资服务,更好地体现了以客户为中心的服务策略。投资理财可以有两种方式。一种是客户主动型,客户可以对客户的账户和交易信息、汇率、利率、股价、期货、金价、基金等理财信息（金融信息）进行查询,使用或下载银行的分析软件帮助客户分析,按自己需要进行处理,以满足客户的各种特殊需求。目前,市场上已经出现专用的个人理财软件产品,如 Quicken、Microsoft Money 和 Managing Your Money 等,还有支持股票交易、外汇买卖、期货交易、黄金买卖等的分析软件。网上理财现在在国内刚刚起步,很多实质性业务都还没有开展,国内现在比较成熟的网上理财业务是网上证券交易。另一种方式是银行主动型,银行可以把客户服务作为一个有续进程,由专人跟踪,进行理财分析,提供符合客户经济状况的理财建议、计划及相应的金融服务。在最近十年中,投资已成为全球发展最快的行业,如共同基金、养老金等。1989 年以来,银行储蓄增长了 8％,而共同基金则增长了 63％。潜力巨大的投资服务可望获得进一步增长。

3）信息发布

信息发布包括:国际市场外汇行情、兑换利率、储蓄利率、汇率、国际金融信息、证券行情、银行信息等功能。

目前,网上银行实现的功能主要是信用卡、个人银行、对公业务等客户与银行间关系较密切的部分。

# 第6章▶网络营销经营应注意的问题

网络营销涉及很多现实生活中的方方面面,本章主要从影响网络营销的因素,网络营销方式,由网络营销影响的社会和法律问题企业及网络经营策略与发展战略来进行详细的探讨。

## 6.1 影响网络营销的因素

### 6.1.1 企业域名与 Web 网址

企业上网前的首要工作之一就是申请和选择域名,企业域名是企业 Web 主页网址的关键内容,全球互联网用户就是通过这个域名网址访问企业主页的。企业制定自己的域名时一般使用英文名称,或以汉语拼音,或两者结合的缩写,或者特征代码等来表示。例如,"华东视窗"的域名为 eastchina. com,"好多"的域名为 lotof. com,它们都是以其英文名称来命名的。这样互联网用户可以根据企业名称很方便地确定企业的域名网址并访问企业主页。所以,企业域名网址起得好不好,直接影响到主页的访问人数,进而对企业的网络经营造成影响。

根据互联网域名原则,互联网上的任何一个域名都是唯一的,因此,如果有其他企业的英文名字或拼音简写与本企业一样,而且他们已经提前注册了这个域名,那么本企业就无法申请同样的域名了,只好用其他形式;但这个形式又可能不为互联网用户所熟悉,即使用户知道企业名称,他们也无法确定这个域名,从而无法访问企业主页。例如,"华东视窗"、"上海华东公司"、"江苏华东企业集团"、"上海华东证券公司"等都有可能申请 eastchina. com 作为自己的域名,但"华东视窗"已经注册,其他企业只好再换个不同的域名申请了。

因此,企业应当申请注册根据企业名称最容易确定的域名和网址。这是企业申请域名网址的第一个原则。

第二个原则是注册企业名称所有可能的组合或简写所代表的域名。例如,我们想访问美国通用汽车公司的主页,则一般会输入网址为 http//www. generalmotors. com,但实际情况是输入这个网址无法访问该公司,因为该公司网址是 www. gm. com。对企业来说,为增加访问量,就应当同时申请 generalmotors. com 这个域名。这样可以增加用户访问的机会。

注册域名的第三个原则是域名必须符合大多数人的拼写或简写习惯,例如,用户想到美国航空公司的 Web 页面上订购机票,他(她)输入的域名网址可能是:www. aa. com, www. americanair. com,www. americanairline. com,www. aal. com 等,但这些域名都无法定位该公司主页,因为它的企业域名网址是 www. amrocorp. com,这个名称不符合大多数人的拼写习惯,所以不易被用户找到。不过该公司后来注意到了这个问题,已将域名网址改为 www. americanair. com。

### 6.1.2　素质及企业产品、服务与品牌

企业的综合素质、企业自身产品、服务的性能以及企业的品牌知名度等也是影响企业网上经营的重要因素。

**1. ISP 素质**

企业选择的 ISP 与我们前面讨论的网络站点并不完全一致。ISP 是互联网服务供应商,企业从 ISP 申请上网账号后便可以通过它接入互联网。企业接入互联网后才可以访问各个网络站点。企业可以在若干站点上发布广告或建立 Web 页面的链接,通常 ISP 也有自己的站点,把 IPS 作为一个站点与其他站点一起进行评估,没有单独区分 ISP 与站点的不同。但对上网企业来讲,ISP 还有着普通站点所不具备的特点,并影响着企业的网上经营。

例如,ISP 的接入速度较慢,就会直接影响企业上网收发信息的效率,即便企业访问或链接站点的速度很快,但企业端的速度不可能超过 IPS 速度的上限,这是一个速度瓶颈,也是企业不得不关注的问题。对于相同容量的信息内容,速度越低,传输耗时越长,企业支付的费用就越多。

再如,ISP 的服务有时不完全可靠,经常出现线路或服务器故障以致不能提供 24 小时不间断的互联网连接服务,这也会给企业上网带来诸多不便,甚至影响企业的网上经营效率。

因此,企业应当综合考虑若干 ISP 素质因素,并从中评测出最佳 ISP。下面给出评测ISP 的主要因素,企业可以寻找适合自己的最佳 ISP。

（1）接入 ISP 的费用;

（2）ISP 的技术环境,主要包括设备、互联网接入通道及接入速度;

（3）安全性、可靠性和有效性;

（4）ISP 支持的公司数量及互联网用户对这些公司的访问量,均是越大越好;

（5）ISP 所属站点的知名度;

（6）备份程序性能,系统失效时是否有备份系统支持;

（7）电子函件的信箱容量;

（8）Web 页面的存储空间;

（9）能否提供 Web 的访问统计报告;

（10）支持 CGI 程序设计的能人;

（11）是否提供访问跟踪记录;

（12）所用软件系统的性能;等等。

**2. 企业产品、服务与品牌**

企业产品,服务及品牌对企业网络经营的影响非常重要,以下进行总结:

（1）如果企业产品与计算机有关,如在网上销售软件,则网络经营比较容易成功。

（2）如果企业产品在销售时用户需要看得见、摸得着,或者需要试用一下才能决定是否

购买,则在网上销售就不易成功;但网络销售可作为这类商品销售的前期环节,让用户了解该产品,并对其产生兴趣。

(3) 如果企业的产品比较简单,用户比较熟悉或易于理解、易于使用,则网络经营容易成功。

(4) 知识含量高的产品,如书籍、音乐、音像制品等易在网上销售;可以在网上直接传输的各种服务也易通过网络进行交易。而有形的产品与设备,如药品、机床等就相对复杂,顾客在网上订购后仍需要企业派专人与用户联系并将产品送过去。

(5) 诸如糖、小麦、面粉、钻石、黄金、木材、钢铁、石油、天然气等易在网上销售并取得成功,因为顾客在订购前对这些产品已经比较熟悉了。

(6) 具有新特性、新功能的产品在网上销售容易成功。

(7) 企业产品如果不仅能满足一个地区、一类顾客的需求,而且还能引起所有用户的普遍兴趣,则更适于在网上销售,因为互联网用户遍布全球。

(8) 有些商品如古董、家具等的市场往往遍布全球各地,传统销售方式只在一个地点销售,局限性较大,而通过网络销售则更可能获得成功。

(9) 多个同类企业同时在网上销售时,知名度高、品牌响的企业无疑会吸引更多的顾客。

## 6.1.3　网络远端客户

网络远端客户是指世界某地通过互联网访问企业主页并对企业产品感兴趣的潜在客户或直接订购企业产品的客户。他们都是互联网用户,了解这些用户的一般特点,并适当地调整企业主页、数据库或企业上网速度,都可以有效地促进企业的网络跨地区、跨国界经营。

一般来说,互联网用户喜爱在网上"漫游"浏览,并经常就其关注的主题在网上寻找最新信息。他们对于各种新闻、股票报价及网上娱乐活动、有奖活动都较关注,网上的各种免费软件及礼品最能引起他们的兴趣。但他们经常缺乏耐心。在用搜索引擎查找某一主题的信息时,他们总是只看第一次搜索到的信息。如果企业页面在搜索引擎中不是排在前十几位,则很容易被他们错过。查找某类信息时,他们希望立刻就能查到,最好当企业有什么新产品信息时,能够通过企业主页或用 E-mail 通知他们。他们通常对"免费"比较感兴趣,在网页上看到标着"免费"的链接标志时,他们往往会不加思索地用鼠标点进去。

互联网用户最怕的就是网络连接速度慢,如果再碰上企业主页上有很慢的广告条幅,他们一般会毫不犹豫地离开这个站点。在阅读函件时,他们希望看到有用的信息,最讨厌函件中的各种无用信息。

互联网用户以男性为多,大多使用 Windows XP 及 Macintosh 操作系统,网络浏览器软件一般使用 Internet Explorer。

互联网用户大致可以分为内部网用户、家庭用户、商业用户及全球用户四类。内部网用户一般通过企业内部网查看网上的各种信息。家庭用户经常在网上搜索个人用品及娱乐信息,他们最想尽量减少网上通信费用。所以对家庭用户,企业应减少 Web 页面中的图像,以加快网页的传输速度。对从工作地点上网的商业用户,企业应调查他们的需求并在网上提供相应的服务信息。如企业产品上网后将面对全球各地的用户,则应考虑各个地方用户的信息需求特点。

互联网用户的上网水平也各有差异，大致有三类情况。第一类是第一次使用互联网或不常上网的用户。他们的上网经验不足，一般对网页中的简介、常见问题解答、名词解释、站点结构图等链接感兴趣。第二类是经常上网的用户，如果企业主页的内容超过一页，他们很少有耐心拖动滚动条向下翻阅，对这类用户，企业主页中最好简洁地列出几个栏目，然后链接向更进一步的信息。第三类是专家级的互联网用户，他们的上网经验已经非常丰富，上网只是为了快速查找一些信息，因此，他们最怕页面中有大量图像影响传输速度，而喜欢纯文本的页面。

综上所述网络远端用户的特征，都是企业进行网络营销所必须考虑的。

## 6.1.4　网上竞争对手

如果网上有同类企业也在进行电子商务活动，那么对本企业而言并非好事。这种情况下，企业应当仔细分析网上竞争对手的各种条件、优势，并与之比较、弥补自己的弱点，拓展自己的优势，积极参与网上的竞争。与网上竞争对手的比较可从如下几方面进行：

（1）评测网上竞争对手的经营能力。凡比本企业高的项目，一般来说是竞争对手比我们更有优势的地方，企业应当弥补这些地方的不足，以参与对手的竞争。

（2）评估网上竞争对手所链接的各网络站点，并与本企业的站点一起评估和比较。如果对方站点的综合实力比本企业的强，那么企业就应当重新确定链接的站点或利用传统媒体加大企业网址及链接站点的宣传，发展潜在的客户，争取更多的经营机会。

（3）分析网上竞争对手的 ISP 素质。这可从前面总结的 12 个方面的因素着手进行。显然，如果对方 ISP 综合素质比我方企业的 ISP 具有优势，企业就应当找出自己 ISP 的不足，并加以改进，或者更换 ISP，以与竞争对手分庭抗礼，积极竞争网上经营机会。

（4）研究网上竞争对手的企业主页及数据库支持，对方的 Web 页面形式设计的或提供的其他信息资源、服务等是否比本企业的好，是否比本企业的主页更吸引互联网用户访问和浏览，对方网页的数据库支持是否比我们企业的更有效率、更科学合理，等等。如果存在这方面的问题，企业就应当及时改正自己网页及数据库支持方面的不足。

（5）分析网上竞争对手的销售服务、产品订购、送货、交易、售后服务及宣传等方面，是否做得比本企业好，本企业为什么没做好？什么地方存在缺陷或不足？如何弥补？

（6）其他因素分析。如网上竞争对手的地理位置、所处国家法律及政治环境、客户群体等方面是否存在本企业不具备的部分优势，等等。

## 6.1.5　企业主页的访问量

企业主页的访问量代表着访问企业主页的互联网用户的多少，访问量越大，企业经营成功的机会也就越大。企业增加 Web 页面访问量的方法基本上有两种，即吸引新的访问者和吸引回头客。

### 1. 吸引的访问者

主页一旦建成，企业就应当积极拓展知名度，宣传企业网址和企业产品信息，提高网页的访问量。互联网用户可以通过网络搜索引擎、报刊广告等多种途径发现企业网址，因此了解用户发现网址的途径，以及用户使用这种途径的比例，对企业确定宣传网址和经营策略的形式是非常重要的。

**2. 吸引回头客**

访问企业主页的回头客越多,企业就越有可能实现网上的经营目标。但吸引回头客不是一件容易的事情,因为只有企业的主页确有特色或互联网用户能从企业主页得到某些需要的信息或订购产品时,他们才有可能再次访问企业主页。因此,企业必须运用多种技巧促进首次访问过的用户再次访问。

(1)提供免费礼品或设立短期有奖问答,这两种方法都是非常有效的方法。企业可以在自己的主页上设定一个小项目,让用户回答简单的有关企业及产品的问题,并让用户留下自己的联系方式,完成这些内容的用户便可以得到一份小礼品,或者设立每周一次的有奖问答,只要读者完整地回答了企业给出的问卷,用户便有可能一周后进入获奖名单并得到奖品。企业送出的小礼品及奖品不必太贵,但一定要新颖,让用户喜欢。礼品或奖品的形式最好是数字化产品,这样可以在网上直接送出,或者是可以通过信函邮寄的物品,以减轻企业送礼、送奖的成本。

(2)收集用户的电子函件地址或邮政地址。通过上述方法和其他形式,如用户公诸于媒体的地址、加入互联网讨论组的地址,等等,都可以收集到用户的信函地址。每当企业产品更新或主页内容更新时,都可以给这些用户寄发函件,以引起用户再次访问企业主页的兴趣。

(3)设置一些经常变动的文化内容。如在企业主页上开设一些文化栏目,向用户提供一些小幽默、小说、散文、新闻、热点问题追踪,等等,且内容经常更新,这也可以增加用户再次访问的可能性。

## 6.1.6　企业的网络信誉

企业网络经营业务的一个制约因素是,企业及其产品没有较好的市场知名度,而潜在的客户一般不会在网上同自己从未听说过的企业进行交易,他们怀疑企业的信誉。因此,从事网上经营的企业应当寻找并应用一些技巧,来建立企业的网上信誉,提高企业知名度。

(1)提供有形证明。通过企业主页向用户详细介绍企业历史、发展、地理位置、机构设置等有形信息,并提供一些相应的照片,让用户对企业有一种踏实的感觉。

(2)提供无形证明。在主页上向用户介绍企业重要人物的简历、企业人员的知识水平组成、企业在同行业中排名的证明、企业主要客户的有关情况、企业曾经荣获的各种荣誉证明;等等,让用户了解企业的实力水平。

(3)提供财务证明。在 Web 页面上向用户提供企业近期的财务状况、历年报告及其他财务信息等。如果企业股票已经上市,一定要告知互联网用户,因为大家一般认为股票上市的企业比较可靠。

(4)提供客户反馈。向用户介绍企业现有客户的反馈信息,从侧面问用户推销产品。让用户了解现有客户,尤其是著名大企业对企业产品的使用意见及对企业服务的满意程度。同时向用户介绍现有客户的名单,增加用一对企业的信任度。

(5)同名牌企业或权威协会、部门等合作。这种合作是指企业与名牌企业或权威协会、部门等建立一种松散的联系,给用户增加对企业的安全感和信任感。如:企业可以与名牌企业一起推出有关产品并进行销售;可以在网上设立"消费者协会"的合作说明,产品如有任何问题,均可由用户告知"消协"干预;可以与信用卡企业合作,在网上使用这些信用卡付款,这样用户对信用卡企业的信任可以转到对本企业的信任上来;企业还可以与某些大银行、信托公司、保险公司或其他信用组织签约,为与企业有业务来往的客户提供担保,等等。

# 6.2 网络营销方式

## 6.2.1 面向网页的"拉"方式

面向 Web 页面的"拉(Pull)"方式,是企业网络营销采用的最基本的方式,也是最原始、最被动的一种营销方式。

我们知道,企业与产品信息上网后,企业借助 Web 页面向用户发布企业产品信息资源并提供查询、检索等支持,而用户则根据需求到网上查找站点和浏览信息,当用户发现企业的站点并浏览到产品信息后,企业才有希望销售自己的产品。这种用户主动上网搜寻所需信息的过程,在互联网中常被称为"拉(Pull)"的过程,即用户把信息从网上"拉"到自己面前,看到的是一屏 Web 信息页面。如果企业完成信息的网上发布后,并不为用户查找本企业站点做任何工作,仅被动地等待用户去发现自己的企业网址和浏览 Web 页面信息,那么我们就称企业采取的是面向 Web 的"拉"的营销方式。这种方式是上网的企业一开始普遍采用的方式。

"拉"的方式虽然可以为企业减少大量的广告费用和多站点链接费用,但企业的经营效果一般不会太好,除非企业是国际知名企业,并为互联网用户所热衷访问。该方式对企业而言是非常被动的营销方式,在全球经营竞争日益激烈的今天,这是一种很落伍的网络营销方式,特别对不太知名的中小企业来说更是如此。因此,网上经营的企业应当进一步发掘新的、更为有效的网上营销方式。

## 6.2.2 面向用户的"推"方式

采用 Web 页面的"拉"的方式对企业经营显然是不够的,为了拓展网上经营,企业必须千方百计地向用户"推销"自己的网址站点,使更多的人了解并能够想到企业站点,能够进入企业网页浏览。这种营销方式就是面向用户的"推(Push)"方式,其实施途径有以下几种:

(1)通过传统广告媒体,如报刊、杂志、电视、广播等,宣传企业站点网址,引起用户兴趣并光顾企业主页。

(2)通过网络上的一些著名搜索引擎向用户提供企业网址的检索支持,这样用户搜索到企业网址后便有可能进入企业站点并浏览企业产品信息。

(3)在一些热门站点刊登企业的网络广告并建立站点链接,以引起进入那些站点的用户的兴趣,点击企业广告图标并进入企业站点。

(4)以寄发电子函件的方式向用户广播网络信息,将企业及产品信息的主要特色或企业站点提供的特色服务、报价单等告知用户,激发用户访问企业网页的热情。

(5)在企业站点开设电子公告牌 BBS,吸引潜在的客户,了解市场动向和引导消费市场。为此,企业站点开设的 BBS 最好以如下两种令用户感兴趣的方式出现:其一,开办热门话题论坛,以一些热门话题,甚至是极端话题引起公众兴趣,引导和刺激企业产品的市场需求发展;其二,开办网上俱乐部。例如,音响及其配件行业开设发烧友俱乐部,汽车及配件行业开设车迷俱乐部,体育用品行业开设球迷俱乐部,计算机行业开设计算机狂热者俱乐部,一般产品行业可以开设用户俱乐部,等等。通过这种俱乐部形式,可以稳定原有的客户群并吸引新的客户。同时通过对公众话题和兴趣的分析,企业可以把握市场需求动向,启发灵感,开发出适销对路的新产品和新服务。

对企业来说,开办网上论坛及俱乐部的关键有两点。一是设立主持人,用以挑起公众兴趣,并实现辅助企业经营,促进营销和分析市场的商业目的;二是要设立及时汇总和归纳公众所关心问题的数据库或分析系统,供企业决策参考。

## 6.2.3　签名文件与 E-mail 自动回复

促进企业网上经营的关键策略就是变被动的营销方式为主动的营销方式,也就是前文讨论的由"拉"到"推"的转变。另外,能够有效地扩充潜在市场的营销方式就是使用签名文件和提供 E-mail 自动回复服务。

企业使用传统的信函方式通信或联络时,通常在信封上印上企业名称、地址、联系电话及邮政编码等,有的甚至在信封背面印上企业产品信息,这样随着信件的邮递,企业产品信息就能到达信件能够到达的各个地方,并向看到的人们提供宣传信息。电子函件的签名文件与信封地址极为相似,两者有异曲同工之举。网上经营的企业及其员工在向外寄发电子函件 E-mail 时,可以为每一封电子函件加上签名文件,这样当 E-mail 发向世界各地时,签名文件的内容也随之发向世界各地。当然,签名文件使用的语言必须为寄达地能够接受的语言。

企业使用签名文件一般包括如下几方面的信息:

（1）电子函件寄出人的情况简介,如姓名、职务、学位等;

（2）企业名称及企业主页网址;

（3）企业或寄出人的电子函件地址、电话号码,以便潜在客户与企业联络;

（4）企业的免费咨询电话,特别要注明可以使用这个号码的区域,因为企业面对的可能是全球用户;

（5）企业传真号;

（6）企业及产品的简单广告语或简单的战略性公告。

另外一种能够有效地扩充企业潜在市场的营销方式就是提供电子函件 E-mail 的自动回复服务。这项服务是通过 E-mail 软件系统中的自动回复程序实现的,它提供一个电子函件地址,只要用户向这个地址发出一个电子函件(可以是空白的),就会在几秒钟内收到企业端自动发来的电子函件,有点类似于传真回复系统,但比传真回复系统更优越。在自动回复的电子函件里,企业可以向用户传递有关企业、产品、服务及联络方式等的各种信息,可以使用文字、图像等多种形式表述这些信息。

相对传统的市场营销技巧来说,自动回复电子函件可以降低长途电话、打印、邮寄、管理和市场经营的成本,由于计算机工作时无需人工干涉,电子函件的自动回复可以每周 7 天、每天 24 小时地处理客户的电子函件,从而提高了企业的总体服务水平,同时又降低了总成本。

### 6.2.4　企业站点的协商互联及内联方式

网络经营中,各个企业的网上影响是不同的,用户访问量也相应不同。有些企业站点的访问量可能比本企业的高得多,本企业站点的访问量也可能比另外一些企业高得多,各个企业站点访问者水平及层次组成也是不一样的,他们都可能成为潜在的客户。因此,这些企业应当协商建立站点的链接,即自己企业的站点链接到其他企业的站点,而其他企业的站点链接到本企业的站点。这样参与互联的企业的用户群体便增大了许多,虽然这种做法可能导致企业间的网上竞争更趋激烈,但对每个企业而言,潜在的客户群体增大了许多倍,网上经营机会也增加了许多倍,这对企业网上的长远发展是极为有利的。协商互联选择企业站点时可参考以下几种类型:

(1) 同有业务往来的并处在价值链上的企业,如制造商、零售商、批发商和代理商等协商,建立企业站点的互联。这些企业有共同的目标市场,访问各方站点均将会使各企业同时受益。从经营管理的角度来看,业务伙伴间的互联是非常重要的。比如代理多家制造产品的企业,需要维护各种产品的数据库并及时进行数据更新,这个任务是非常艰巨的,但如果该企业与各产品制造企业互联,那么就只需维护与自己有关的信息,其他数据信息可让用户链接到相应产品站点进行浏览。

(2) 同生产、销售或提供与本企业的行业互补产品或服务的企业协商互联。这些企业也有相似的目标市场,站点互联可使大家同时受益。

(3) 同网上的竞争者协商互联。这种方式好像有违常规,但竞争对手的访问用户就是本企业的目标市场,而竞争对手也希望我方企业站点的访问者能去访问它们。如果本企业的产品和服务强于竞争对手,或者竞争对手网络站点的访问量比本方大许多,那么协商互联都会使本方企业获益。

(4) 另外,企业还可以通过网络站点的内联营销方式开拓企业的网上目标市场。所谓站点内联,便是在企业的主页或下一级的 Web 页面上设置网络导航栏,里面包含深为用户喜爱的常用站点,这样浏览企业网页的用户,可以方便地通过简单的点击操作,链接到这些站点中去,或直接利用这些站点中的资源,这样不仅可以增加企业站点的知名度,提高网上声誉. 而且更重要的是可以发展企业潜在的客户群,这样可以达到良好的内联效应。

### 6.2.5　企业国际经营同盟

如果企业在网上经营的是无形产品或无形服务,那么企业可以通过互联网网络完成产品与服务的交易,即使货币的支付,也可以借助电子银行的信用卡通过网络完成;但如果企业经营的是有形产品或有形服务,那么企业网上经营后的一大重要问题便是产品或服务的送达。由于企业从事的可能是跨地区、跨国界经营,客户可能来自全国甚至全球各地,企业必须能够把产品或服务送达到各地的客户手中。当然,如果企业已经在相关的国家和地区设立了自己的子公司或代理处等,企业则不必考虑这个全球送达问题;否则,那些没有海外机构的企业必须要解决这个问题,解决的方法便是建立企业的国际经营同盟。这是网上经营的企业发展到一定阶段,具备了一定实力后为了开拓国际性的大市场所必须采取的营销方式。

企业建立国际经营同盟时,一般都是在一个时期的网上经营基础上,寻找和发现世界各地目标市场中的业务伙伴,包括同行业企业,并与之建立业务联系,成立经营同盟。根据网上订购信息,通过代理、代销等多种方式,让这些企业担负起各地目标市场的产品送达任务及货币交割任务。当然其间企业必须考虑产品的出口、通关及相应成本等问题。网上经营的企业所选择的业务同盟企业应当是在目标市场有一定业务实力和经营优势的企业,并且双方在语言、文化等方面能够有效地进行协调和控制。

特别需要注意的是,企业的国际经营同盟并不全是围绕产品或服务的送达建立,事实上,凡是与网上产品经营和销售有关的,并且能够提高企业网上经营效率,增进企业整体、全局利益的各类企业,都是本企业需要同盟的目标。例如,与目标市场金融机构、银行等的合作,可以为客户支付货款及企业交割货币创造有利条件,等等。

建立企业国际经营同盟的另一项重要内容是同盟企业合作,建立行业信息数据库,这是从用户角度出发考虑得到的结论,但对经营企业有着深远影响。为说明这个问题,在此研讨一个例子。

譬如,航空业的订票服务。当用户要从一个城市飞到另一个城市时,需要访问某家航空公司的 Web 页面,并查找适当的航班和订购适当价格的机票。如果在这家航空公司找不到需要的航班或订不到机票,用户就得退回该公司站点,再选择并进入另外一家航空公司的 Web 页面,寻找适当的机票,如此反复,直到订到为止。这种查找对用户而言是极不方便的,费时费力,操作也非常烦琐。如果这些航空公司联合起来,建立一个统一的行业信息数据库,那么再当用户查询和订购机票时,只需访问一个 Web 页面,输入一次需求信息,便可以得到一份报告,罗列有所有航空公司各种档次票价的航班。这种方式必定为用户所欢迎,能够实施这种多公司数据库的网络站点肯定会非常成功。

建立享有行业数据库的企业国际经营同盟,可以让同盟企业联合起来,面向全球市场提供全面的服务,这对于那些想联合起来挑战竞争或垄断行业的中小企业尤为重要。

# 6.3　网络营销的社会与法律问题

随着互联网应用的日益普及,电子商务得到了迅速发展,并成为一个具有巨大发展潜力的市场。然而,电子商务的兴起也给我们带来了许多始料未及的问题,比如电子信函的法律地位问题、电子合同的法律效力问题、电子商务中的知识产权保护问题、电子商务税收及政策问题等。这些问题很早便受到世界多数国家及联合国组织的密切关注,并对此做了许多开拓性工作。本节就电子商务的社会及法律问题、法制建设、税收政策问题展开广泛而深入的讨论。

## 6.3.1　税收问题

电子商务促进了企业价值链部分环节的无形化,两家商业伙伴的电子商务交易从其贸易伙伴的联络、询价、议价、签订电子合同,甚至到发货运输、货款支付等都可以通过网络实现,整个交易过程实际上是无形的。这显然为工商管理和税收工作带来一系列问题。尤其是借助互联网的电子商务进行跨国界的交易时,无形的交易活动还越过了两国甚至多国海关,这更给借助关税壁垒来保护自己民族工业的国家带来利益损害,也带来了征税难的问题。电子商务引发的税收问题主要表现在以下四个方面:

**1. 交易的实际发生地点难以确定**

在传统贸易活动中,税收与关税的管辖权通常都建立在地理界限的基础上,征税工作都是根据交易的实际发生地点确定的。但在电子商务的交易活动中,确定交易人的所在地以及交易发生的实际地点都是很困难的,有时甚至是不可能的。例如,住在国内的一位程序员在美国的一家提供免费主页空间的站点上建立了自己的个人主页,并承揽程序开发工作。后来,印度一家软件公司浏览到他的主页,并向他分派了一项开发任务,国内的程序员开发完成后通过 E-mail 将程序传给印度的这家公司,该公司恰好在澳大利亚有账号,而这位程序员即将去澳大利亚旅游,所以就让印度公司将报酬直接付到在澳大利亚为程序员开立的账号中。整个交易从洽谈、生产、送货到付酬结算都通过网络完成,而且涉及好几个国家,交易确实是发生了,而且是在网络上,但交易实际发生的地理位置却根本无法界定。这也使得在确定应由哪国政府的税务机构如何征收税款时遇到棘手的问题,税务机构很难对交易进行追踪,仅凭网络信息根本无法有理由地确定交易人所在地和交易发生地,所以税收工作几乎无法进行。

**2. 跨国税收无法设卡**

传统形式的商务活动中,对实物商品及其交易中的实物票据均可设立关卡,如跨国贸易的海关、国内贸易的发票等,来达到征收税务的目的。然而,电子商务活动中,有些实物商品是通过电子化手段进行交易并完成货款交割的,如果这些交易活动涉及实物商品的跨国界运输,那么这些商品的关税征收还是可以通过海关实现的,但对另外一些非实物商品,如可以直接通过网络进行交易的计算机软件、CD 歌曲、图片、文学作品等信息化产品,由于它们可以直接在网上传输,货款支付也可以经由网络完成,所以在整个交易过程中很难设卡进行征税,这使得税收工作变得异常困难,有时根本没有办法征收。特别地,对一些跨国界的电子商务交易来说,不同国家的税收制度有很大区别,如果统一协调税收制度和税收操作,都是一件很麻烦的事情,需要世界各国共同努力,制定统一的标准和规范化的操作过程,以实现电子商务的税收。

**3. 征税证明资料难以准确获得**

电子商务还使得传统税收工作所依赖的大部分书面文件和证明资料等无法获得,原有审计方法也无法适用。即便能够获得一些电子信息来证明交易情况,但这些信息资料通常不具备法律效力,也很难被法庭采纳。这无疑也增加了征税的难度。

**4. 征税成本增加**

前面我们多次论及,借助网络的电子商务给众多中小企业和个人带来生存机会,他们通过网络实现的交易机会也会大大增加,但这些企业和个人分布地点极为分散,这在很大程度上削弱了税收中介机构在征税工作中的作用。税务部门很难像过去一样通过这些中介机构、征税点来集中征税,现在必须从更多、更分散的纳税人那里收取相对来说金额比较小的税款,从而使得征税的成本急骤增加。为了征得某笔税款所花费的费用可能比这笔税款还要多,这种税征还是不征? 这一问题也是政府税务部门所必须考虑的。

### 6.3.2 法律问题

在法律方面电子商务也带来了许多问题,如网络交易的可靠性问题、买卖双方身份的认证问题、知识产权保护问题、言论自由和隐私权的冲突问题、电子合同的有效性问题等。

下面我们就简要介绍这些问题。

**1. 电子交易的可靠性**

最初,人们发展互联网的目的并不是商用,而是为了实现计算机资源的共享和借助计算机通信,所以相对来说互联网开放有余而严密不足,因此,当在互联网上进行可靠性和安全性要求都很高的电子商务活动时,就会发生一些意想不到的事情。比如,交易双方互通商务信息时,甲方发给乙方订货5 000件的信息传到乙方后可能会变成100件;或者乙方发给甲方的每件50元的信息传到甲方后可能会变成每件70元,如此等等,都可能导致交易最终无法达成。导致这种情况的原因就是网络的不安全性,一些电脑黑客、不法分子,利用自己的技术优势,在网络中窃取信息或篡改数据,给参与网上电子商务的双方造成麻烦甚至损失。正因如此,电子商务的各界参与者早就提出了保证电子商务的安全、可靠问题,促进了许多安全技术的产生。如防火墙、安全协议、加密与解密等技术,以保证数据的完整性、保密性和可靠性。这些技术虽然在一定程度上提高了网络传输信息的安全性和可靠性,但它们各有自身的不足,目前还很不成熟。所以,目前纯粹依靠技术方法来抵御各种类型的非法访问、信息窃取、数据篡改和恶意攻击等是很难周全,也很难达到目的,比较有效的方式是政府机关参与管理,通过制定相关法律和管理规则,对网络的安全性和可靠性进行监管,肃清电子商务交易环境中不安全因素,解决电子商务中的安全性和可靠性问题。

**2. 电子合同的法律效力**

与传统商务活动一样,电子商务中任何一项电子交易的最后达成都需要参与各方在前期做很多工作,如了解产品信息、询价、议价直到签订合同。一般来说,电子商务活动中的合同都是通过网络签订的电子合同,与传统的书面合同一样,它也需要明确参与交易的个人、公司或政府之间的利益,并明确为实施合同所必须承担的义务。电子商务活动的交易能否顺利进行,离不开电子合同。而如何使电子合同与传统的合同具有同等的法律效力,以实现对当事人利益和义务的保护及监督,也是一个十分突出的问题。尤其在跨国界的电子商务活动中,由于电子商务的运作空间使得传统的国界和管辖边界不再适用,所以规范合同义务的适用法律具有很大的不确定性。为此,就需要世界各国共同研究和制定通用的法律原则,明确相关的法律责任,解决此类电子合同问题。

**3. 电子记录、电子票据的法律地位**

电子商务中通过网络传输的交易信息、票据、凭证等具有快速、准确、安全、高效、低成本等特点,但它们都不再以纸张为载体,而且操作过程也与传统单证有很大区别,所以这些通过网络传输的电子记录、电子票据的确认和有效性难以得到保障。例如,网上购书的交易中,购书人通过E-mail形式订购了某些图书,当书店将图书发给购书人后,购书人因发现了更便宜的图书而拒绝收书、拒绝付款,这时书店据购书人E-mail中的订货信息起诉购书人,但购书人不承认E-mail是自己发出的。这种情况下,问题处理起来就比较棘手。不过,如果E-mail记录具有相应的法律地位,在技术保证E-mail没有被篡改的情况下,法律保证电子记录的不可抵赖性,那么这个问题处理起来就不困难了。电子记录、电子票据的法律地位的确定,必须依赖于政府立法,在法律上进行明文规定。比如,采用法律的形式详细规定出电子支付中命令的签发与接受方式、当事人的权利和义务等,否则,围绕电子记录、电子票据的处理就可能会出现纠纷,而且无法可依,重要的是还会制约电子商务的整体进程。

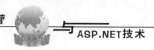

### 4. 知识产权保护

由于电子商务贸易的无形化特征,使得诸如软件、CD歌曲、新闻、报刊文章、机票信息、股市行情、保险等无形产品、服务的知识产权保护问题变得日益突出。以前的知识类产品通常都会被赋予某种形式,通过某种载体加以特定包装后进行销售,整个过程都是有形的,购买者必须付费才能得到。而利用网络技术,这些知识类产品都可以在网上直接以电子形式传送。所以,一些不法分子便通过网络非法复制、非法传播这些产品,或用作私用,或从中谋利,这不仅侵犯了原著作者的版权,也侵犯了网上商店的利益。因此,知识类产品在网络上是否能够成功销售,不仅取决于互联网的基础设施建设情况,而且还取决于知识产权的保护情况。越来越多的知识产权所有者,如软件开发商、唱片发行商、电影制片商、艺术家、作家及出版部门都开始担心电子商务中的侵犯版权问题,由此导致的诉讼也逐渐增多。针对这一问题,有些软件技术企业也开始研究解决的可行方法,如增加水印、数字确认等,以使版权所有者能够联机追踪他们的产品;但这种方法毕竟是技术性的,彻底解决还需要政府部门制定和实施相关的法律规范,以加强对互联网上知识类产品的传播管理,制约侵犯知识产权的现象发生。

### 5. 个人隐私、个人信息的传播和商用

据报道,美国加利福尼亚州一位女士提出诉讼,控告网络广告公司Double Click非法取得并贩卖她的私人信息。诉讼称Double Click采用了"甜姐儿"——Cookie这种先进的网络追踪技术,识别网络用户,并收集用户的个人信息和浏览偏好。Double Click称,它们想利用由此得到的个人资料建立消费者资料库以供分析和广告之用。

其实,这位加州女士的经历许多上网的人都遇到过。网上的电子商务中,通常需要采购者提供姓名和地址,以便寄送货物等。而电子商务公司一般会就采购者提供的信息建立客户资料档案,并收集客户的采购信息,以求公司将来能进一步为客户提供适当的服务。比如,通知客户最喜欢的作家最新发表了什么作品,客户最喜欢的电影明星最新又拍摄了什么电影等。某些网站要求访问者进入访问主页时提供个人信息,以作为提供信息的条件和回报。但以后,这些网站就可能利用这些访问者的信息,进行广告促销或促销给一些咨询公司等。因此,许多互联网用户都不太愿意在访问网站时提供自己的个人信息,他们担心无法控制自己个人信息的传播和利用,这在某种程度上也限制了电子商务的发展,同时也会引发许多纠纷、诉讼。

所以,政府机构应当在法律层次和技术层次上做出努力,寻找切实可行的办法,达到既尊重个人隐私,又允许个人自由,同时也允许政府进行必要管理和规范的个人信息使用方式,为电子商务的发展提供可信而宽松的环境。

### 6. 其他法律问题

电子商务所面临的与法律有关的问题除上述问题以外,可能导致电子商务纠纷的问题还有很多,地方、国家和国际社会都需要根据实际情况制定切实可行的法律法规,以规范电子商务活动的各个层面。例如,我们还需要制定有关的电子支付制度、电子商务操作规范与商务规约、电子商务进出口关税的法律制度、电子商务的金融监管细则、电子商务投机活动的制裁原则等。只有给电子商务活动提供有法可依的健康的法律环境,基于网络的电子贸易才能规范、顺利地开展。

### 6.3.3　政策问题

高科技项目有一个共同的特征,就是初期投资大、操作风险大,一旦成功收益也很大。电子商务属于最新计算机技术和网络技术的实践应用,构建大型电子商务平台需要巨大规模的投资,所以很多企业投资电子商务后,往往会形成一种急于收回投资的急躁情绪和心理,从而导致了一些较高收费政策的出台,如通信费、信息费等。但在开展电子商务活动的初期阶段,参与电子商务交易活动的企业和个人不多,高收费使得电子商务的单位参与成本过高,从而致使参与电子商务的单位和个人减少。然而,信息化得以推广的基本要求就是用户尽可能的多,尤其在达到相当数量以后,其效益才会猛然增高,而且随后在相当长的一段时间里会形成边际效益递增的局面。电子商务属于信息化范畴,对此也不例外。因此,地方、国家应当仔细考虑收费政策问题,使得电子商务活动的单位参与成本降下来,以促使更多的企业和个人参与电子商务,带动新的经济增长点。

电子商务中的另一项政策问题就是税收政策问题。电子商务需要较大的前期投入,这对于广大生产企业和商品流通企业来说,投资初期的效益一般不太明显。然而企业购买电子商务的相关产品和工具时,按照通常规则不但要上缴增值税,而且还要列入国家固定资产折旧。这样,电子商务的投资活动既上税,又折旧,很容易对投资企业的积极性造成消极影响,也不利于促进企业采用先进工具和应用高新技术,不利于电子商务的发展。因此,地方、国家应当针对电子商务的特点,对电子商务有关的产品和工具实行优惠征税和特殊的折旧政策。

不同的国家有不同的具体情况,电子商务立法也不例外。任何一个国家都不能、也不应该完全照搬他国的电子商务法律法规及立法原则,但却可以参考其他国家的成果,汲取它们的经验。总结美国及欧盟的经验,它们提出的有关电子商务的国际立法原则是值得我们借鉴和研究的。这些基本原则主要包括如下几个方面:

(1) 电子商务基本上应由私营企业来主导;

(2) 电子商务应在开放、公平的竞争环境中发展;

(3) 允许私营企业介入或涉入电子商务政策的制定工作;

(4) 政府干预应在需要时起到促进国际化法律环境建立,公平分配匮乏资源的作用,同时要保证这种干预是透明的、重要的、少量的、有目标的、平等的、非歧视性的,并且技术上是中性的;

(5) 电信设施建设应使经营者在开放、公平的市场中竞争,并逐步实现全球化;

(6) 电子商务交易应同使用非电子手段的税收概念相结合;

(7) 电子商务必须保护个人隐私,对个人数据加密保护,而且商家也应为消费者提供安全保障设施,并保证用户能方便实施和使用。

国际组织中,WTO对于研究制定电子商务公约、规则等的贡献最大,特别是它针对服务贸易提出了重点解决的几个问题,如电子商务定义、电子商务分类、司法管辖权、协议签署,甚至对诸如关税、国民待遇、安全保证、公共道德、个人隐私等问题也进行了讨论,并给出了探索性的结论。为大家参考和借鉴WTO的一些做法,下面我们简要陈述一下WTO有关电子商务的立法范围:

(1) 网上交易。认为应该建立统一的商业法典,其基本精神是鼓励开发各国的技术标

准和规则,力求实现全球一致化,其重点是保护消费者利益,使电子签名(数字签名)合法化、确定化。

(2) 电子支付。强调电子商务中的电子支付应由私营企业和政府联手合作解决,尤其要防止欺诈、伪造事件的发生。

(3) 跨国境电子交易的税收和关税。包括是否交税、税收管辖办法、双重收税的防止以及税款流失等问题。

(4) 普遍服务。强调要加强对电子商务所有参与者的保护,使所有的人都能够通过电子商务完成自己需要的交易,尤其要为中、小企业的发展提供机会。

(5) 知识产权保护。指出建立清晰而有效的包括著作权、专利权和商标权在内的知识产权国际保护体系是必要的,特别是要防止盗版问题,要推动多边协议制定,以利于国际间的协调。

(6) 安全保密。全球信息技术设施委员会建议,针对电子商务企业、个人安全、公共安全和国家安全等,具体采用的安全保密措施应当由用户自己选择并由市场驱动,同时建立相应的工业标准,明确政府责任,建立与此相应的公约、法规,加强国际间的信息交流和合作。

(7) 个人隐私。强调个人隐私应当受到保护,使用个人信息时应经过信息持有人同意。要建立双边的、多边的个人隐私保护指南以及商家的自律规则。需要注意的是,可能有些国家借口保护个人隐私,而产生新的贸易壁垒。

(8) 技术标准。旨在保证互联网的互连,并针对电子支付、网上交易、信息安全保密、高速网络数据交换等制定相应的技术标准,同时要防止某些国家或地区把标准升格为贸易壁垒的问题。

(9) 电信基础设施。彻底解决互联网接入的国际合作问题,制定有关本土和国外信息内容的限制、广告内容限制,实行行业自律,并建立互联网内容的选择平台,以尊重各个国家的历史、传统、文化和语言,同时保护消费者(尤其是未成年人)不受低级、暴力、色情、恐怖、损害公共利益等内容的影响。

(10) 政府引导。大多数国家倾向于电子商务应以私营企业为主导,而政府只负责宏观调控、财政监管和法律指导,并支持电子商务的基础设施建设。

(11) 人力资源问题。旨在解决电子商务从业人员的教育和技能问题,并提出培训、培养电子商务人才的具体方法。

# 6.4　企业网络经营策略与发展战略

传统经营模式下,客观现实和技术条件是企业现有市场经营理论赖以形成和发展的基础。而互联网以其强大的通信能力和电子交易的便利、安全、快捷等优势,改变了原有市场与经营观念的理论基础。在基于网络的市场环境下,企业经营的时空观念,网络消费者的行为、需求和愿望,企业的经营策略等都发生了很大变化。与之相应,企业也需要制定网上经营的发展战略。

## 6.4.1　互联网引发的市场经营观念的变迁及企业策略

哈佛大学商学院的 Michael E Porter 教授研究传统市场的外部环境因素时,指出有五种因素阻碍了企业发展和完善，形成了企业间的不公平竞争。其一，企业进入市场的障碍较大，或所在行业壁垒森严，如专利保护、技术限制、资源缺乏、所需投资资金巨大等，而造成其他企业很难进入该行业；其二，替代品很少；其三，竞争对手软弱；其四，顾客找不到更为满意的产品或服务；其五，供应商地位软弱。而互联网的出现及基于网络的电子商务交易系统使得这些因素对企业的影响减弱或不复存在，相应地，也导致了企业经营的时空观念、信息传播模式、市场性质、消费者行为等发生了改变，下面讨论这些变化。

**1. 网上经营中的时空观念转变及企业定位**

现在我们所处的社会正从传统工业化社会向信息化的社会过渡。在这个过渡期内，我们要经受两种不同时空观念的影响。第一种是建立于工业化社会顺序之上的精确的物理时空观，第二种是建立于后信息化即网络化社会之上的具有可变性、没有物理距离的时空观，即电子时空观（Cyber Space）。这两种时空观同时作用于我们，并引发了我们工作和生活的不协调，甚至导致矛盾和冲突。只有我们了解和不断地适应这两种时空观，重组工作和生活的时空观念，才能在现在变化的及将来可能的商业市场竞争中战无不胜。

重组时空观念对网上经营的企业来说是非常重要的，因为企业的经营策略与发展战略必须因"时"、"地"而变。例如，网上经营的市场范围突破了原有销售区域和消费群体，涉及的地理半径接近极限；企业产品的展览与订货会没有了时间和地点的概念，取而代之的是企业网址、Web 页面信息和因客户而定的任何时间；消费者了解产品（商品）信息的方式也由传统方式转变为网络上的主动搜索和从其他媒体的被动接受；等等。

**2. 信息传播模式转变及企业对策**

网络环境的经营中，信息传播模式已不再是单向式传播，而是演变为一种双向的信息需求与传播模式，即当企业、媒体等信息源向消费者积极地展现自己产品、服务等信息的同时，消费者也能够向信息源索要信息或反馈自己的意见，这样企业与消费者之间相互更为了解，企业产品特性与消费者需求更趋一致，企业的经营也因之更为有效。

而且，随着计算机性能和互联网传输速度的不断提升，集文字、图形、图像、声音、视频等于一体的多媒体信息传播成为现实，这样就更便于企业信息的展示及与消费者的交流。

此外，随着互联网的广泛扩展，消费者可以接收信息的途径越来越多，范围越来越大，选择余地越来越大，因此导致消费者的需求模式发生变化，一是信息需求日益个性化，二是主动化。与此相应，信息源不能再传统地按照自己的愿望组织主导型的信息内容。而应实行个性化的自行组织信息内容的方式，适应不同层次消费者的多方面需求，利用多媒体技术向消费者展示产品或服务的各个方位、各个层面。信息源推出信息素材，消费者拉出自己感兴趣的信息内容，这种互动结合方式，会共同促进信息传播模式的转变。

**3. 市场性质转变及其对企业的影响**

在网络环境的经营中，企业通过互联网直接"面对"消费者的机会增多，消费者选择企业及产品的机会也增多，由企业生产到消费者购买的价值链环节发生改变，原来那种层层批转的中间商业机构将逐渐淡出，作用也将逐渐减弱。所有这些将引起企业经营市场的转变，主要表现在：

（1）企业与消费者（客户）直接进行网上交易。这样双方避开了传统的商业流通环节，更加直接和"面"对"面"地交易，方式更为自由。

（2）市场更加复杂而多变。原有市场的运作模式将部分地被基于网络的电子商务交易机制所取代,从而市场将因网络的特性而变得多样化,不同的企业、不同的产品都可以在网上构筑自己的经营模式,加之互联网网络的双向交互和动态特点,企业的经营市场将日益趋于个性化和多样化,而且市场将被划分得越来越细,甚至可能是针对小群体消费者或个体消费者,企业的生产组织也趋于多样化、小批量化和易变化。

(3) 无纸贸易和无现金化。随着网上经营的扩展及银行机构的切入,传统臃肿的交易过程彻底简化,全球范围内的商务交易的实务操作将实现无纸化和交易后支付的无货币化,即使用电子凭证、电子文件、电子票据、电子货币等代替传统的营销与交易方式。

## 6.4.2　网络消费者的行为、需求及企业策略

今天,城市集中的商业设施建设可以说已经发展到登峰造极的地步。在北京、上海等大城市,我们可以看到西单、王府井、南京路、淮海路等高度发达的商业密集区和设施高度现代化的商厦、商店,同时我们还可以看到这些商业单位为争夺顾客,对几万种商品推出花样翻新的促销手段和全方位的综合服务。可以说,在这种高度发展的商业环境下,消费者能够得到极大的便利和实惠。然而,当网络销售出现和网络购物成为现实后,许多人将会疏远这种传统的商店购物方式,转而倾向于互联网网上购物。那么,这些消费者(客户)网上购买和消费的动机究竟是什么?这是网上经营的企业必须要解决的问题。了解和分析网络消费者(客户)真实的购买动机,才能够恰当地制定和实施网上经营与促销策略。下面就讨论网络消费者的需要层次理论、需求特点及消费行为,同时一并给出企业的相应策略,供网上经营的企业决策参考。

**1. 网络消费者的需求层次理论及对企业的启示**

现实生活中,人们有各种各样的需求。需求是人们从事一切活动的基本动力,对消费者(客户)来说,需求则是产生购买欲望,实施购买行动的直接原因。也就是说,人们的购买行为,总是直接或间接地、自觉或不自觉地为了实现某种需求的满足,由需求产生购买动机,再由购买动机导致购买行为。因此,研究消费者的网络购买行为时,需要首先研究其网络购买需求。

把人的需求划分为五个层次:生理的需求、安全的需求、社交的需求、尊重的需求、自我实现的需求。

(1) 生理的需求。这是人类生活和生存的基本需求,如吃、穿、住、行等。这类需求必须得到起码的满足,人们才能有其他的需求。传统商业消费模式下的消费者购物时,通常将有关生理需要的物品的购买放在首位。然而,对于网络消费者来说,这种情况则有了较大的变化。作为一种先进的购物方式,网络购物目前尚不普及,而且购物者需要有一定的设备条件,如计算机、调制解调器、电话线等。能够上网购物的人多数已经解决了基本生活用品的购买问题,因此他们的注意力往往不在这一层次的需求上。

(2) 安全的需求。人们在满足了生理需求之后,总是希望自己的人身安全、财产和生活条件能够得到一定程度的保障,并为此购买相应的产品或服务。网络消费者对此也不例外。他们乐于通过网络查询,寻找最适合自己情况的这类产品;但另一方面,由于人们对网上交易的安全性持怀疑态度,所以对这一新兴的交易形式表现出不信任的态度。故此,网络销售要取得长足发展,必须能够满足人们的安全需求。

(3) 社交的需求。人们在社会生活中,离不开必要的社交活动。通常都希望自己能够

成为群体的一员,并希望能从群体中获得友谊、温暖甚或爱情,自然而然地人们便产生了社交的需求。互联网因为能提供电子函件、公告牌、聊天室等传递信息、发表言论的条件和场所,所以对有这种需求的消费者产生了巨大的吸引力。

(4)尊重的需求。这包括自我尊重和受别人尊重两个方面的需求。其中前者又包括自主、自由、自尊、自豪等,后者又包括地位、荣誉和被尊重等。在这方面,网络消费者希望网络站点,包括企业的网络站点,能够提供个人主页或企业主页的宣传,能够为消费者提供一定的个人使用的网络空间,甚至能够提供各种饰品、化妆品的销售,以及提供婚礼服务、会议服务和涉及旅游方面的综合服务,等等。

(5)自我实现的需求。人们总是希望自己的才能和潜力能够最大限度地发挥出来,希望自己的工作称职,在事业上有所成就。随着大部分人基本需求的满足,随着人们文化教育水平的提高,这种需求变得越来越重要。正因如此,人们也对网络上的信息服务提出了更高的要求。互联网网络市场不仅应当为商品的流转创造更便利的条件,而且应当为人们创造更广阔的就业空间,为个人及企业创造充分发展的市场机遇。

**2. 网络消费者的需求特点及企业策略**

网络消费是一种新型的消费形式,它与传统的消费形式相比,有类似的地方,也有不同的特点。

(1)层次性。网络消费仍然具有层次性。虽然说网络消费本身是一种高级的消费形式;但就其消费内容来说,仍然可以分为由低级到高级的不同层次。我们知道,在传统的商业模式下,人们的需求一般是由低层次向高层次逐步延伸发展的,只有当低层次的需求满足之后,才会产生更高层次的需求。然而在网络消费中,消费者的需求是由高层次向低层次扩展的。在网络消费的开始阶段,消费者侧重于精神(文化)产品的消费,如通过网络购买计算机软件、书籍、CD音乐等。到了网络消费的成熟阶段,消费者在完全掌握了网络消费的规律和操作,并对网络购物有了充分的信任后,才会从侧重于精神消费品的购买转向日用消费品的购买。

(2)差异性。网络消费者的需求具有明显的差异性,不同的网络消费者因为所处的时间、环境不同而产生不同的需求,即使在同一需求层次上的需求也会有所不同。这是因为,网络消费者遍及世界各地,国别不同,民族不同,信仰不同,生活习惯也不同,因而产生了明显的需求差异性。这种差异性远远大于实体商务活动的差异。因此,从事网上经营的企业如果要想取得成功,必须在整个生产过程中,从产品的构思、设计、制造,到产品的包装、运输、销售等环节,认真思考这些差异性,并针对不同消费者的特点,采取具有针对性的方法和措施。

(3)交叉性。网络消费者的需求具有交叉性。网络消费中,各个层次的消费不是相互排斥的,而是具有紧密联系的,需求之间广泛存在交叉的现象。例如,在同一张购货单上,消费者可以同时购买最普通的生活用品和昂贵的饰品,以满足生理的需求和尊重的需求。这种情况的出现是因为互联网上的网络购物环境可以囊括几乎所有商品,人们可以在较短的时间里浏览多种商品,因此产生交叉性的购买需求。

(4)超前性和可诱导性。网络消费者的需求还具有超前性和可诱导性。目前使用网络的用户大都是具有超前意识的年轻人,他们对新事物反应灵敏,没有旧框框,接受能力强,接受速度快。互联网的电子商务环境构筑了一个世界性的大市场,在这个市场中,最先进

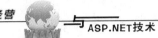
的产品和最时髦的商品会以最快的速度与消费者见面。具有创新意识的网络消费者必然会很快接受这些世界各地的新产品（商品），从而带动其周围消费者的新的一轮消费热潮。从事网络经营的企业应当充分发挥自身优势，采用多种促销方法，启发和刺激网络消费者的新的需求。唤起他们的购买兴趣，诱导网络消费者将其潜在的需求转变为现实的需求。

**3. 网络消费者理性化的消费行为**

对网络消费者来说，购物时面对的是网络系统和计算机屏幕，传统商业环境的即时驱动和临时诱惑不再影响他们，他们可以选择的生产厂家和产品范围也不再局限于某个城市、某个专业市场或某条商业街，因此消费者的行为更表现为理性化。

无论是个体消费者，还是企业客户性质的消费者，下决心购买某种产品时往往会"货比三家"，仔细挑选；但大多数情况下由于信息不足和地理位置的局限，而不得不"退而求其次"，勉为其难。而借助互联网网络的经营彻底打破了这一点，消费者可以从网上选择世界各地的生产厂家和产品，可以更大范围地综合权衡选择性能好、质量优、价格低的产品。

而且，消费者比以往任何时候都更容易表达自己对产品的愿望和要求。过去由于产品销售的中间环节复杂及产品零售商的急功近利行为，普通消费者很难直接向企业反映自己对产品的意见、建议和愿望。现在借助互联网，消费者可以直接向厂家和商家表达自己的愿望和要求了，从以前的被动地位转变为主动地位，这样消费者的参与不可避免地影响到企业的生产与经营过程，企业也要以此专门制定反馈与调整措施，积极采纳消费者的思想，兼容并包，及时调整产品策略和经营战略。此外，基于网络的广告方式也将使企业和消费者告别传统广告形式的"两难"境地，这进而使消费行为理智化。我们知道，传统广告形式由于媒体版面或时间的限制，企业在广告中仅能展示产品形象，并部分地展示产品型号、性能等具体的技术指标，有时甚至连这也做不到。这样消费者难以从广告中得到自己真正想要了解的内容，企业也难以在广告中充分展示产品的细节。而通过互联网，企业可以在消费者访问产品主页时，让消费者浏览产品数据库，详细了解产品（商品）的技术细节和种种数据、指标，这不仅使企业及消费者可以告别传统商业环境无法克服的矛盾和"两难"境地，而且消费者的选择余地也将更充分，消费行为更理智。

## 6.4.3　企业信息优势及企业信息管理战略

互联网是信息空前集中的媒体环境。在这种环境中，谁掌握信息优势，谁就可以在网上经营的竞争中取得有利形势。信息优势将是企业在网上经营的市场竞争中生存和立足的根本。

**1. 信息优势及其建立**

对企业而言，信息优势并不是指企业拥有信息量的多少，而是指企业拥有的宣传产品（商品）信息和捕获市场行情、消费者意愿、经营状况、竞争对手情况、决策支持及技术创新等信息的能力。这些信息可以从不同的角度得到，相应地，企业的信息优势可以从不同的角度建立，这是企业网上经营发展战略的一项重要内容。

建立企业的信息优势除可以从我们前面提到的注册域名、设立网页、建立 Intranet/Extranet、开发企业 MIS 系统等几方面进行外，最重要的是设立信息主管 CIO（Chief Information Officer），实现企业以信息为中心的管理。

**2. 企业信息主管的设立及其信息管理任务**

企业信息主管CIO是随着全球经济一体化进程和信息化、数字化趋势中因为企业管理的巨大变化而产生的。传统企业管理中通常设有相应的信息管理人员，如文秘人员、档案管理人员等，但其信息管理通常比较简单，而且在企业中的地位相对也不太重要，主要是一种人工式的管理，多表现为记录、卡片、档案、文件等形式的信息模式。随着计算机的应用和电子技术、网络通信技术和办公自动化的发展，企业的信息管理开始实现机械化和自动化处理，开始设立专职的数据和文档的录入及处理人员，如打字员等。此后，随着通信技术和网络技术的进一步发展与广泛应用，企业的整个经营过程，包括研究开发、生产、销售、财务等逐步实现了网络化、一体化。越来越多的企业建立起计算中心或信息中心并配备了相应的技术人员，以对企业信息系统进行管理。

近年来，随着全球经济一体化进程，信息在经济中的作用日益重要起来、信息资源已经成为企业赖以生存和发展的战略资源，而且企业管理由传统模式逐步走向更高层次的以信息为中心的管理。企业逐渐成为一种信息密集或说知识密集型的经营机构，这就要求企业管理方式必须进行重大变革，企业必须考虑长远发展目标和信息技术的发展趋势，并为此引入新的组织结构模式和功能，即信息主管。在国外，信息主管的级别相当于企业、公司的副总裁，主要负责企业信息资源的统一管理，帮助制定企业发展规划，参与企业高层决策，并在引导企业持续发展方面发挥重要作用。目前国内设立信息主管和进行以信息为中心的管理的企业还不普遍，但对于那些想从事网上经营的企业来说，信息的重要作用是空前性的，所以必须要在企业高层领导中安排专职人员作为信息主管，负责信息资源的管理，加速企业进入崭新的信息管理时代。

企业信息主管是全面负责信息技术和信息管理系统的企业高级管理人员，应当既懂技术又懂业务，应当具有较强的综合能力，能够充分协调企业技术发展战略和业务战略。其主要任务有如下五个方面的内容：

（1）自身具备信息管理的基本能力和素质。如管理、领导能力，协调、沟通能力，一定的洞察力、远见与创新精神，对企业的奉献精神，较强的学习能力和接受能力，刻苦拼搏、不满现状的向上精神。

（2）统一管理企业的信息资源。为此，企业信息主管应能负责制定出适合企业具体情况的全面的信息政策、标准规范、程序和方法，并以此实现对企业信息资源的综合管理。

（3）负责管理企业信息技术部门和信息服务部门，制定信息系统建设发展规划。主要有负责本部门的人力资源管理，包括人员招聘、培训、考核、激励和人力资源开发等；负责领导企业内部其他部门的信息服务工作；负责领导和监督信息技术部门的工作，保证信息系统自身的正常运转，等等。

（4）参与企业高层决策，包括企业战略规划、新产品研究和开发、市场营销、项目投资决策、生产系统改造等。其目的在于为企业决策提供信息支持和服务，从信息资源和信息技术的角度提出决策建议，保证企业决策的信息竞争要求，提高企业运作效率和市场竞争力。

（5）负责协调信息系统部门与企业其他部门之间的信息沟通和任务协作。一方面，能充分理解其他部门的意图、策略、业务流程、发展目标以及对信息服务的要求，并据此指导信息部门的工作；另一方面，及时向其他部门通报信息系统的最新成果、发展方向和处理能力，同时一并提供改进策略和建议，使企业业务管理流程和信息管理流程保持高度的协调

一致。

**3. 以信息为中心的企业信息管理战略**

以信息为中心的企业信息管理战略主要包括四个方面。

（1）充分使用现代化信息处理设备及互联网、Intranet/Extranet 的网络通信能力。信息技术迅速发展的今天，企业的管理效率归根结底其实就是企业的信息效率，也就是企业创造、收集、分析、利用和传递信息的效率。这种即时的信息交互使得以市场和消费者为导向的管理有了真正实在的意义。因为市场和消费者的信息必须通过大量的数据和文字信息，如价格、销售量、消费者使用意见等来反映，而只有通过现代化的信息处理设备、企业 Intranet/Extranet 以及遍布全球的互联网，企业才能真正迅速地了解市场和消费者的具体需求，并及时作出反馈向对方及市场传递企业的最新信息，从而大大提高企业在竞争中的反应速度、准确率和工作效率。

（2）采用新技术，不断完善企业信息系统。在以信息为中心的管理运营中，企业信息管理能力的提高决定了企业成长和持续发展的速度。因此，企业必须不断地改善自身的信息系统，如采用更加先进的技术和设备，甚或购买最新的技术专利和知识产权等，提高信息管理的效率，进而提高企业效率。尤其是随着企业对信息技术与设备的投入，企业的生产经营会日益网络化、集成化和信息化，信息管理的作用就愈加重要，信息系统的优劣也直接影响企业的生存和发展，这种情况下就更应加大信息系统、信息设备以及与信息管理有关的各项目的投入。

（3）加强人力资源的开发和管理。信息管理人员的水平决定了信息管理的质量，因此企业必须进一步加强人力资源的开发和管理，提高企业信息管理人员的知识水平和业务水平，充分调动其工作积极性、主动性和创造性。而且要在企业内部创造一种良好的信息机制和氛围，提高全体组织成员和普通员工的信息意识，建设以信息为导向的企业文化。

（4）加强决策人员的信息技术和信息管理水平，提高企业决策水平。以信息为中心的管理中，通常要求企业高层管理人员既要懂一般管理，又要懂信息管理和信息技术。由于企业不仅要对自己的战略发展方向进行决策，而且还要对信息应用及信息技术的发展进行长远考虑，所以如果企业不能及时跟踪、采用最先进的信息处理技术及信息管理思想，就会在企业信息系统发展方面甚至企业其他方面的决策上出现失误，进而导致企业在激烈的市场竞争中惨败。

## 6.4.4　企业技术创新与发展决策

与传统经营手段相比，互联网网上经营一改过去垂直、僵硬和集中控制的缺陷，变得互动、富有弹性、分权，并深刻地影响着企业的竞争、管理、创新与再造等。针对互联网网上经营的特点和企业生存与发展的需要，企业应当及时转型，进行技术创新，实现企业发展的科学决策。

**1. 网上经营企业的全面转型**

由于互联网的介入，全球经济正处于一个根本性变革时代的早期阶段，以计算机及网络通信技术为代表的信息产业已经渗透到人类社会和经济生活的各个领域、各个层面。传统的经济模式正向知识经济模式转变，它建立在知识与信息的生产、扩散和应用的基础之上，其焦点是对高新技术的探索、寻找和应用，核心是人力资本和技术知识，其间最重要的

过程是学习。在这种形势下,随着经济模式和市场竞争的转型,企业也必须全面转型。企业转型主要从以下几个方面进行:

(1)实行产业联合。寻求共同发展的道路。随着网上经营的兴起与不断扩展,计算机、通信网络及信息成为带动新经济的火车头,并带动相关市场转型,所有企业必须重新思考自身存在的条件,特别要吸收其他产业的优点,实行产业联合以求共同发展。

(2)企业必须加强学习管理,不断改变自己。网络的发展,使得信息变化更快,信息量更大。对企业而言,政府政策、经济形势的变化日益加剧,企业必须提高承受和应付能力,为此就应当提高人力资本素质和促进组织结构变化,不断从各种经验中学习、尝试和经历。学会适应迅速变化的竞争环境,学会知识、技术的生产和应用,充分认识信息传播与知识学习的重要作用。

(3)企业必须重视网络经济中不均衡增长的压力。网络经济造成的不均衡性增长主要表现在网络消费者的需求模式进一步向多样化的产品转移,由于产品多样化往往是产品生产的小批量多品种,同时由于网络消费者的选择余地很大,所以企业产品在销售看好的同时也随时存有滞销的危险,从而造成一种不均衡增长的压力。企业只有及时把握网络信息脉搏,科学控制生产,才可以应付这种压力的影响。

(4)企业必须寻找吸引消费者的方法。由于网络技术的应用,企业竞争对手之间比以往任何时候更容易彼此相互了解,技术更新、新产品推出等往往会出现在同一时间,产品性能、特点及价格也基本趋于一致,因此企业的销售已很难仅靠产品质量、技术专利和价格取胜。这种情况下,谁能吸引更多的消费者谁就能够在网上经营的竞争中取胜。故此,企业必须寻找吸引消费者的方法,例如,向消费者提供更多的产品信息之外的娱乐信息、服务信息和共享资源,以提高自己网页的访问率,等等。

**2. 技术创新对网上经营企业的重要作用及影响要素**

人类社会的每一次重大变革,总是以思想的进步和观念的更新为先导。任何物质生产和生活内容及其方式的进步,总是伴随着人类思想和观念的进步。企业的发展,经济形态的转变,也同样不能离开思想的不断解放和观念的不断更新。

今天,网络技术的发展和互联网的广泛应用,使得企业的经营更具全球性,发展更具风险性,市场更具竞争性。在这种网络经营的竞争环境中,企业必须及时解放思想,更新观念,调整发展战略,才能在激烈的竞争中立于不败之地。没有创新的思想便没有创新的方法,没有创新的方法便很难制定出创新的发展战略。但是,相对于传统的思想观念和企业生产,思想创新必然是一个否定自我和超越自我的过程,是一件非常痛苦和艰难的事情。另一方面,人类社会从来没有像今天这样更注重技术的发展和应用,技术对企业生存起着越来越强的关键性作用。因此,技术创新能力成为网上经营企业生存和发展的决定因素。

技术创新是指与新产品制造、新工艺设计或设备的商业应用等有关的研究开发、设计、制造以及其他相关的商业活动。它包括产品创新、工艺创新和服务创新。一句话,技术创新是将科学技术应用于产品、工艺以及其他商业用途上,以改变人们的生活方式,提高人们的生活质量。

对网上经营的企业来说,影响技术创新能力的要素主要包括三个方面。其一,企业的创新资源投入与转化能力,这又涉及企业的研究开发经费、开发人员、开发能力、制造能力、管理与决策能力、创新产出能力等。其二,专利申请与应用。一方面是企业将自己的发明、科研成果及时进行专利申请、登记和应用,另一方面是利用他人的专利为企业服务或将自己的专利转让给他人。其关键是专利应用,只有真正地开发出有市场的产品,并获得规模效益,以专利为基础的技术创新才可以算是完成。其三,企业的核心能力。企业的技术创新不仅取决于创新的资源投入和转换,而且还取决于企业专利申请与利用;但如果企业要想成为一个有持续创新能力的企业,一个在市场上难以被打败的企业,企业还需要一种与创新战略有关的更高级的能力,即核心能力。核心能力是企业独特的竞争能力,是其他企业难以模仿的能力,它给消费者带来独特的价值、收益,这一能力主要通过企业的产品、服务等体现出来。核心能力通常超越单个产品,涉及企业的一系列产品。

### 3. 网上经营企业的技术创新战略

技术创新战略其实就是网上经营的企业在市场竞争中利用技术创新获取竞争力的策略和方法。企业的技术创新策略主要解决四个方面的问题。其一,企业应研究开发哪一种或哪一类技术;其二,企业应在哪一领域确定自己的技术领先地位;其三,技术应用方式或技术转让方式;其四,技术创新的合作方式。这里面关键的首要问题是技术选择,因为一旦技术选择有误,企业就会蒙受巨大损失,甚至导致企业一蹶不振,被激烈的竞争市场淘汰。为此企业必须有一个长远的经营眼光,及时根据消费者需求和市场发展趋势预测企业的技术需求,并制定相应的技术研发计划和实施战略。

企业的技术创新战略主要包括下述七项战略:

(1) 领先创新战略。即企业在市场上最早地推出新产品,引发并形成一个新兴产业。实施这种战略要求企业的研究开发部门必须具有很强的产品开发能力和很强的信息采集与吸纳能力,经营销售部门必须有很强的营销能力,企业后续部门能够快速反应并与新产品开发相配合,企业也必须具有很强的知识产权保护意识。

(2) 企业将新产品率先推向网上全球市场,成为技术领先者后,能否保持这种技术优势,却不是一件轻松的事情。如果企业想要保持技术领先的持久性,就必须不断进行创新,继续推出新产品。企业开发的技术最好是竞争对手难以复制的技术,最好是企业独立研发而非引进的技术,企业最好拥有稳定的研发技术队伍和良好的保密机制,企业的产品标准最好能成为同类产品的技术标准,等等。

(3) 跟随创新战略。实施领先创新战略往往是投资大、风险大的战略行动,因此这并不适合于所有企业采用。对相当一部分企业来说,可以采取跟随创新战略。即企业作为跟随者密切关注技术领先者的行动。如果领先者失败,就不跟随;如果领先者成功,则迅速跟上。这要求企业既要有一流的研究开发力量,又要有能力迅速调整自己的产品方向。采取跟随创新战略的企业应当把主要力量放在产品开发而不是技术研究上。而且由于技术领先者会采取一定的方式保护自己的知识产权,所以跟随者必须想办法绕过这一点并确立起自己的知识产权。采取跟随创新战略的典型例子就是日本,十多年来,该国一直采取这种战略发展自己的产业,而美国则一直扮演着技术领先者的角色。

(4) 技术模仿战略。模仿是指通过逆向工程等手段,制造出技术领先者的同类产品。这种战略多适用于发展中国家的企业和有形产品。虽然互联网的网络市场涵盖全球,但有形产品在运输等方面仍存有一些限制,因此新产品有时很难及时进入某些特殊地区,这样,这些地区的企业就可以通过迅速模仿或低价位销售而占有本地市场。技术模仿战略的特点是企业无需做大量的研究开发工作,成本比较低,其成功与否主要取决于四方面的因素。

其一,企业应当具备较强的设计与工程生产能力;其二,企业应当有一定的研究开发投入;其三,企业不能侵犯技术领先者的知识产权,应当绕开之后再行开发;其四,企业应当提高模仿起点,最好模仿技术领先者尚未市场化的科研成果。

(5) 技术转让战略。互联网网络市场的竞争比其他任何形式的市场竞争都更为激烈,为参与网络市场竞争,当企业来不及进入某些偏远或当地政府限制的地区市场时,适当地采取技术转让战略不失为一条上策选择。尤其当企业本身没有技术应用能力时,技术转让恐怕是惟一的选择。技术转让可以让不同的企业充分利用自己的资源优势,并共同分享技术收益。

(6) 产学研合作的创新战略。从事网上经营的企业必须能够承受全球经济发展和市场竞争的巨大压力,必须能够紧随甚至领导世界技术进步的潮流。但当今时代,技术发展太快,多数企业没有足够的力量单独应付这种形势。为了在竞争中取胜,企业必须寻找技术进步和创新的有效途径。这便是走产学研合作的技术创新之路。

人类历史中最近几次技术革命均毫无疑问地突出了科学在新产业中所具有的重要地位,同时加强了学校、科研院所在新技术产业中的带头作用。世界各地的高科技工业园。高新技术开发区无不以欣欣向荣的景象预示着21世纪必将是科学和技术联姻,进而决定产业发展的世纪。由于大专院校、科研院所虽然有较强的开发能力,但却没有充足的制造、规模生产和销售能力,所以产学研合作创新的方式便应时而生了。

产学研合作是企业从事技术创新的重要途径,主要指在技术创新过程中,企业与高等院校、科研院所在风险共担、利益共享、优势互补、共同发展的形式下进行技术与产品创新的合作方式。合作成功与否主要取决于四项因素。其一,企业作为技术接受方必须有较高的技术水平,当然要有较高水平的技术人员;其二,在项目的研究阶段,应当让企业技术人员参与研究开发工作;其三,在项目完成后,双方仍应继续合作研究,做好技术转移的交接工作;其四,技术向企业转移时,最好能让部分研究人员一块转移到企业中,这样那些无法由图文化表示的相关成果信息也可以在产品开发中发挥作用。

(7) 企业间的创新合作战略。随着全球经济一体化的进程加快,信息技术的完善,互联网的普及,产品生命周期的缩短,技术与产品创新成本的增加,创新所伴随的风险增大,等等,诸多因素都推动了企业与企业之间的合作创新,甚至一些原本是竞争对手的企业也走到一起,共同合作,进行技术创新。如美国柯达公司与日本富士公司在新彩卷开发上,便走了一条合作创新的道路。企业间的合作,可以分担创新开发的风险,可以分配市场区域,可以减少创新成本,加快合作各方的创新与发展速度。尤其是迅速普及的互联网应用,更为世界各地的企业间合作提供了便捷条件。网上经营的企业应当积极地寻找机会和合作伙伴,共同创新,使自己的技术和产品进入更广阔的世界市场。

# 第二篇
# ASP.NET 开发技术

随着互联网的不断发展和开发平台的多样性,越来越多的 Web 开发技巧呈现在用户面前,也是由于互联网的不断发展,越来越多的普通用户进入了互联网的范围开始了网络生活,这些网络生活随时随地地伴随着我们的生活,当我们使用银行的取款机进行取款时,我们就在与互联网打交道,当我们收发电子邮件,在互联网上聊天,同样也是在与互联网打交道。在这些有趣的应用中,通常是通过一些 Web 编程语言实现的,这些语言包括 ASP.NET、ASP、PHP 等。Web 开发技巧不断的完善,更多更加丰富的应用程序也随之诞生,ASP.NET 使用.NET 平台进行 Web 应用程序的开发有着先天性的优势,开发人员能够快速的使用 ASP.NET 提供的控件和开发方法进行复杂的应用程序开发,同时 ASP.NET 还为未来的云计算、多核化和多平台提供了基础,也为设配应用程序编程提供了保障。

# 第 7 章 ▶ ASP.NET 基础知识

## 7.1 ASP.NET 开发工具

相对于 ASP 而言,ASP.NET 具有更加完善的开发工具。在传统的 ASP 开发中,可以使用 Dreamware、FrontPage 等工具进行页面开发。当时使用 Dreamware、FrontPage 等工具进行 ASP 应用程序开发时,其效率并不能提升,并且这些工具对 ASP 应用程序的开发和运行也不会带来性能提升。

相比之下,对于 ASP.NET 应用程序而言,微软公司开发了 Visual Studio 开发环境提供给开发人员进行高效的开发,开发人员还能够使用现有的 ASP.NET 控件进行高效的应用程序开发,这些控件包括日历控件、分页控件、数据源控件和数据绑定控件。开发人员能够在 Visual Studio 开发环境中拖动相应的控件到页面中实现复杂的应用程序编写。

Visual Studio 开发环境在人机交互的设计理念上更加完善,使用 Visual Studio 开发环境进行应用程序开发能够极大地提高开发效率,实现复杂的编程应用,如图 7-1 所示。

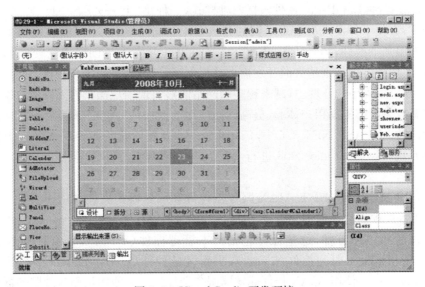

图 7-1　Visual Studio 开发环境

Visual Studio 开发环境为开发人员提供了诸多控件,使用这些控件能够实现在 ASP 中难以实现的复杂功能,极大地简化了开发人员的开发。如图 7-1 所示,在传统的 ASP 开发

过程中需要实现日历控件是非常复杂和困难的,而在 ASP. NET 中,系统提供了日历控件用于日历的实现,开发人员只需要将日历控件拖动到页面中就能够实现日历效果。

使用 Visual Studio 开发环境进行 ASP. NET 应用程序开发还能够直接编译和运行 ASP. NET 应用程序。在使用 Dreamware、FrontPage 等工具进行页面开发时需要安装 IIS 进行 ASP. NET 应用程序运行,而 Visual Studio 提供了虚拟的服务器环境,用户可以像 C/C++ 应用程序编写一样在开发环境中进行应用程序的编译和运行。

ASP. NET 应用程序是基于 Web 的应用程序,所以用户可以使用浏览器作为 ASP. NET 应用程序的客户端进行 ASP. NET 应用程序的访问。浏览器已经是操作系统中必备的常用工具,包括 IE 7、IE 8、Firefox、Opera 等常用浏览器都可以支持 ASP. NET 应用程序的访问和使用。对于 ASP. NET 应用程序而言,由于其客户端为浏览器,所以 ASP. NET 应用程序的客户端部署成本低,可以在服务器端进行更新而无需进入客户端进行客户端的更新。

使用 ListView 控件和 DataPager 控件能够快速地进行页面数据的呈现和布局,同时还能轻松地实现分页和数据更新等操作。

**1. ListView 控件**

ListView 控件是 ASP. NET 3.5 中新增的数据绑定控件。ListView 控件是介于 GridView 控件和 Repeater 之间的另一种数据绑定控件,相对于 GridView 来说,它有着更为丰富的布局手段,开发人员可以在 ListView 控件的模板内写任何 HTML 标记或者控件。

**2. DataPage 控件**

DataPager 控件通过实现. NET 框架中 IPageableItemContainer 接口实现了控件的分页。在 ASP. NET 3.5 中,ListView 控件可以使用 DataPager 控件进行分页操作。

要在 ListView 中使用 DataPager 控件需要在 ListView 的 LayoutTemplate 模板中加入 DataPager 控件,DataPager 控件包括两种样式,一种是"上一页/下一页"样式,第二种是"数字"样式,方便了开发人员实现不同的分页效果。同时,用户不仅能够使用微软为开发人员提供的服务器控件,Visual Studio 2008 还能够让开发人员创建用户控件和自定义控件,以满足应用程序中越来越大的开发需求并提供了可扩展、可自定义控件。

在 Web 应用程序的开发中,越来越多的网站能够实现用户操作的无刷新效果。网站页面的无刷新效果能够提高用户体验、提高网站应用的操作性并能够降低服务器与客户端之间的通信次数。在 ASP. NET 3.5 中,Visual Studio 开发环境提供了 AJAX 应用环境,开发人员能够使用 Visual Studio 2008 进行 AJAX 应用程序和 AJAX 控件的创建,如图 7-2 所示。

用户可以创建 ASP. NET AJAX 服务器控件和服务器扩展控件用于实现 ASP. NET AJAX 应用程序中所需要使用的自定义控件。在 ASP. NET 3.5 中,Visual Studio 2008 还提供了默认的 AJAX 控件,这些控件包括脚本管理控件(ScriptManger)、脚本管理控件(ScriptMangerProxy)、时间控件(Timer)、更新区域控件(UpdatePanel)和更新进度控件(UpdateProgress)。使用 AJAX 控件能够同服务器控件一起使用从而实现服务器控件的无刷新。ASP. NET 3.5 为 AJAX 应用程序开发提供了原生环境,开发人员使用 Visual Studio 2008 和默认的服务器控件就能够轻松地实现 AJAX 效果。

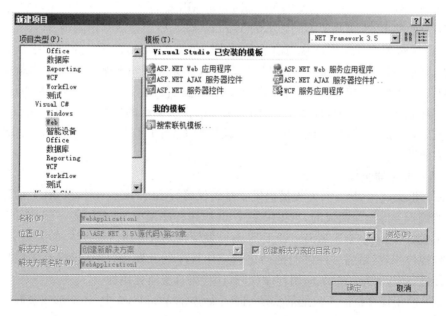

图 7-2　新增的 AJAX 服务器控件创建应用

# 7.2　.NET 应用程序框架

　　无论是 ASP.NET 应用程序还是 ASP.NET 应用程序中所提供的控件,甚至是 ASP.NET 支持的原生的 AJAX 应用程序都不能离开.NET 应用程序框架的支持。.NET 应用程序框架作为 ASP.NET 以及其应用程序的基础而存在,若需要使用 ASP.NET 应用程序则必须使用.NET 应用程序框架。

## 7.2.1　.NET 应用程序框架

　　.NET 框架是一个多语言组件开发和执行环境,无论开发人员使用的是 C♯作为编程语言还是使用 VB.NET 作为其开发语言都能够基于.NET 应用程序框架而运行。.NET 应用程序框架主要包括三个部分,分别为公共语言运行时、统一的编程类和活动服务器页面。

### 1. 公共语言运行时

　　公共语言运行时在组件的开发及运行过程中扮演着非常重要的角色。在经历了传统的面向过程开发,开发人员寻找更多的高效的方法进行应用程序开发,这其中的发展成为了面向对象的应用程序开发,在面向对象程序开发的过程中,衍生了组件开发。

　　在组件运行过程中,运行时负责管理内存分配、启动或删除线程和进程、实施安全性策略、同时满足当前组件对其他组件的需求。在多层开发和组件开发应用中,运行时负责管理组件与组件之间的功能的需求。

### 2. 统一的编程类

　　.NET 框架为开发人员提供了一个统一、面向对象、层次化、可扩展的类库集(API)。现今,C++开发人员使用的是 Microsoft 基类库,Java 开发人员使用的是 Windows 基类

库,而 Visual Basic 用户使用的又是 Visual Basic API 集,在应用程序开发中,很难将应用程序进行平台的移植,当出现了不同版本的 Windows 时,就会造成移植困难。

而. NET 框架就统一了微软当前的各种不同类型的框架,. NET 应用程序框架是一个系统级的框架,对现有的框架进行了封装,开发人员无需进行复杂的框架学习就能够轻松使用. NET 应用程序框架进行应用程序开发。无论是使用 C♯ 编程语言还是 Visual Basic 编程语言都能够进行应用程序开发,不同的编程语言所调用的框架 API 都是来白. NET 应用程序框架,所以这些应用程序之间就不存在框架差异的问题,在不同版本的 Windows 中也能够方便移植。

### 3. 活动服务器页面

. NET 框架还为 Web 开发人员提供了基础保障,ASP. NET 是使用. NET 应用程序框架提供的编程类库构建而成的,它提供了 Web 应用程序模型,该模型由一组控件和一个基本结构组成,使用该模型让 ASP. NET Web 开发变得非常容易。开发人员可以将特定的功能封装到控件中,然后通过控件的拖动进行应用程序的开发,这样不仅提高了应用程序开发的简便性,还极大地精简了应用程序代码,让代码具更有复用性。

. NET 应用程序框架不仅能够安装到多个版本的 Windows 中,还能够安装在其他智能设备中,这些设备包括智能手机、GPS 导航以及其他家用电器。. NET 框架提供了精简版的应用程序框架,使用. NET 应用程序框架能够开发容易移植到手机、导航器以及家用电器中的应用程序。Visual Studio 还提供了智能电话应用程序开发的控件,实现了多应用、单平台的特点。

开发人员在使用 Visual Studio 和. NET 应用程序框架进行应用程序开发时,会发现无论是在原理上还是在控件的使用上,很多都是相通的,这样极大的简化了开发人员的学习过程,无论是 Windows 应用程序、Web 应用程序还是手机应用程序,都能够使用. NET 框架进行开发。

## 7.2.2 公共语言运行时

在前文中可以看出,无论开发人员使用何种编程语言(如 C♯ 或 Visual Basic)都能够使用. NET 应用程序框架进行应用程序的开发。那么何种原因使得开发人员使用任何. NET 应用程序框架的支持的语言都能够使用. NET 应用程序框架并实现相应的应用程序功能,这就要了解. NET 中的公共语言运行库(CLR)。

公共语言运行时(Common Language Runtime,CLR)为托管代码提供各种服务,如跨语言集成、代码访问安全性、对象生存期管理、调试和分析支持。CLR 和 Java 虚拟机一样也是一个运行时环境,它负责资源管理(内存分配和垃圾收集),并保证应用和底层操作系统之间必要的分离。同时,为了提高. NET 平台的可靠性,以及为了达到面向事务的电子商务应用所要求的稳定性和安全性级别,CLR 还要负责其他一些任务。

在公共语言运行时中运行的程序被称为托管程序。顾名思义,托管程序就是被公共语言运行时所托管的应用程序,公共语言运行时会监视应用程序的运行并在一定程度上监视应用程序的运行。当开发人员进行应用程序开发和运行时,例如出现了数组越界等错误都会被公共语言运行库所监控和捕获。

当开发人员进行应用程序的编写时,编写完成的应用程序将会被翻译成一种中间语言,中间语言在公共语言运行时中被监控并被解释成为计算机语言,解释后的计算机语言能够被计算机所理解并执行相应的程序操作。在程序开发中,使用的编程语言如果在 CLR 监控下就被称为托管语言,而语言的执行不需要 CLR 的监控就不是托管语言,被称为非托管语言。托管语言在解释时的效率没有非托管语言迅速,因为托管的语言首先需要被解释成计算机语言,这也造成了性能问题。

虽然如此,但是 CLR 所带来的性能问题越来越不足以成为问题,因为随着计算机硬件的发展,当代计算机已经能够适应和解决托管程序所带来的效率问题。

### 7.2.3　.NET Framework 类库

.NET Framework 是支持生成和运行下一代应用程序和 XML Web services 的内部 Windows 组件。.NET Framework 类库包含了.NET 应用程序开发中所需要的类和方法,开发人员可以使用.NET Framework 类库提供的类和方法进行应用程序的开发。

.NET Framework 类库中的类和方法将 Windows 底层的 API 进行封装和重新设计,开发人员能够使用.NET Framework 类库提供的类和方法方便地进行 Windows 应用程序开发,.NET Framework 还意图实现一个通用的编程环境。.NET Framework 想要实现的功能如下:

(1) 提供一个一致的面向对象的编程环境,无论这个代码是在本地执行还是在远程执行。

(2) 提供一个将软件部署和版本控制冲突最小化的代码执行环境以便于应用程序的部署和升级。

(3) 提供一个可提高代码执行安全性的代码执行环境,就算软件是来自第三方不可信任的开发商也能够提供可信赖的开发环境。

(4) 提供一个可消除脚本环境或解释环境的性能问题的代码执行环境,.NET Framework 将应用程序甚至是 Web 应用相关类编译成 DLL 文件。

(5) 使开发人员的经验在面对类型大不相同的应用程序时保持应用程序和数据的一致性,特别是使用面向服务开发和敏捷开发。

(6) 提供一个可以确保基于.NET Framework 的代码可与任何其他代码开发、集成、移植的可靠环境。

.NET Framework 类库用于实现基于.NET Framework 的应用程序所需要的功能,例如实现音乐的播放和多线程开发等技术都可以使用.NET Framework 现有的类库进行开发。.NET Framework 类库相比 MFC 具有较好的命名方法,开发人员能够轻易阅读和使用.NET Framework 类库提供的类和方法。

无论是基于何种平台或设备的应用程序都可以使用.NET Framework 类库提供的类和方法。无论是基于 Windows 的应用程序和基于 Web 的 ASP.NET 应用程序还是移动应用程序,都可以使用现有的.NET Framework 中的类和方法进行开发。在开发过程中,.NET Framework 类库中对不同的设备和平台提供类和方法基本相同,开发人员不需要进行重复学习就能够进行不同设备的应用程序的开发。

## 7.3 安装 Visual Studio 2008

使用. NET 框架进行应用程序开发的最好的工具莫过于 Visual Studio，Visual Studio 系列产品被认为是世界上最好的开发环境之一。使用 Visual Studio 能够快速构建 ASP .NET应用程序并为 ASP. NET 应用程序提供所需要的类库、控件和智能提示等支持,本节会介绍如何安装 Visual Studio 2008 并介绍 Visual Studio 2008 中的窗口的使用和操作方法。

### 7.3.1 安装 Visual Studio 2008

在安装 Visual Studio 2008 之前,首先确保 IE 浏览器版本为 6.0 或更高,同时,可安装 Visual Studio 2008 开发环境的计算机配置要求如下：

➢ 支持的操作系统:Windows Server 2003；Windows Vista；Windows xp。

➢ 最低配置:1.6 GHz CPU,384 MB 内存,1 024×768 显示分辨率,5 400 RPM 硬盘。

➢ 建议配置:2.2 GHz 或更快的 CPU,1 024 MB 或更大的内存,1 280×1 024 显示分辨率,7200 RPM 或更快的硬盘。

➢ 在 Windows Vista 上运行的配置要求:2.4 GHz CPU,768 MB 内存。

Visual Studio 2008 在硬件方面对计算机的配置要求如下：

➢ CPU:600 MHz Pentium 处理器或 AMD 处理器或更高配置的 CPU。

➢ 内存:至少需要 128 M 内存,推荐 256 M 或更高。

➢ 硬盘:要求至少有 5 GB 空间进行应用程序的安装,推荐 10 GB 或更高。

➢ 显示器:推荐使用 800×600 分辨率或更高。

当开发计算机满足以上条件后就能够安装 Visual Studio 2008,安装 Visual Studio 2008 的过程如下：

(1) 单击 Visual Studio 2008 的光盘或 MSDN 版的 Visual Studio 2008(90 天试用版)中的 setup. exe 安装程序进入安装程序。

(2) 进入 Visual Studio 2008 界面后,用户可以选择进行 Visual Studio 2008 的安装,单击【安装 Visual Studio 2008】按钮进行 Visual Studio 2008 的安装,如图 7-3 所示。

图 7-3　Visual Studio 2008 安装界面　　　　图 7-4　加载安装组件

在进行 Visual Studio 2008 的安装前，Visual Studio 2008 安装程序首先会加载安装组件，如图 7-4 所示这些组件为 Visual Studio 2008 的顺利安装提供了基础保障，安装程序在完成组件的加载前用户不能够进行安装步骤的选择。

　　（3）在安装组件加载完毕后，用户可以单击【下一步】按钮进行 Visual Studio 2008 的安装，用户将进行 Visual Studio 2008 的安装路径的选择，如图 7-5 所示。

　　当用户选择安装路径后就能够进行 Visual Studio 2008 的安装。用户在选择路径前，可以选择相应的安装功能，用户可以选择"默认值"、"完全"和"自定义"。选择"默认值"将会安装 Visual Studio 2008 提供的默认组件，选择"完全"将安装 Visual Studio 2008 的所有组件，而如果用户只需要安装几个组件，可以选择自定义进行组件的选择安装。

　　（4）选择后，单击【安装】按钮就能够进行 Visual Studio 2008 的安装，如图 7-6 所示。

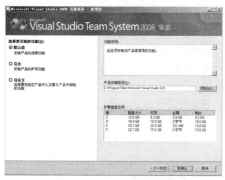

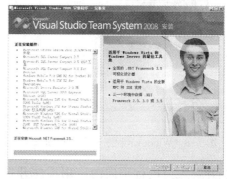

　图 7-5　选择 Visual Studio 2008 安装路径　　　图 7-6　Visual Studio 2008 的安装窗口

　　等待图 7-6 中的安装界面中左侧的安装列表的进度，当安装完毕后就会出现安装成功界面，说明已经在本地计算机中成功地安装了 Visual Studio 2008。

### 7.3.2　主窗口

　　在安装完成 Visual Studio 2008 后就能够进行 .NET 应用程序的开发，Visual Studio 2008 极大地提高了开发人员对 .NET 应用程序的开发效率，为了能够快速地进行 .NET 应用程序的开发，就需要熟悉 Visual Studio 2008 开发环境。当启动 Visual Studio 2008 后，就会呈现 Visual Studio 2008 主窗口，如图 7-7 所示。

　　在图 7-7 中所示，Visual Studio 2008 主窗口包括其他多个窗口，最左侧的是工具箱，用于服务器控件的存放；中间是文档窗口，用于应用程序代码的编写和样式控制；中下方是错误列表窗口，用于呈现错误信息；右侧是资源管理器窗口和属性窗口，用于呈

图 7-7　Visual Studio 2008 主窗口

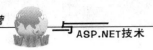

现解决方案,以及页面及控件的相应的属性。

### 7.3.3 文档窗口

文档窗口用于代码的编写和样式控制。当用户开发的是基于 Web 的 ASP.NET 应用程序时,文档窗口是以 Web 的形式呈现给用户,而代码视图则是以 HTML 代码的形式呈现给用户的,而如果用户开发的是基于 Windows 的应用程序,则文档窗口将会呈现应用程序的窗口或代码,如图 7-8 和图 7-9 所示。

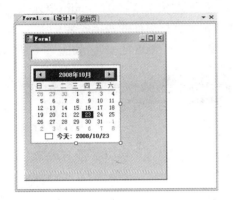

图 7-8　Windows 程序开发文档窗口

图 7-9　Web 程序开发文档窗口

当开发人员进行不同的应用程序开发时,文档窗口也会呈现不同的样式以便开发人员进行应用程序开发。在 ASP.NET 应用程序中,其文档窗口包括三个部分,如图 7-10 所示。

主文档窗口包括三个部分,开发人员可以通过使用这三个部分进行高效开发,这三个部分的主要功能如下:

(1) 页面标签。当进行多个页面进行开发时,会呈现多个页面标签,当开发人员需要进行不同页面的交替时可以通过页面标签进行页面替换。

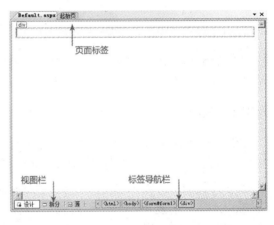

图 7-10　文档主窗口

(2) 视图栏。用户可以通过视图栏进行视图的切换,Visual Studio 2008 提供"设计","拆分"和"源代码"三种视图,开发人员可以选择不同的视图进行页面样式控制和代码的开发。

(3) 标签导航栏。标签导航栏能够进行不同的标签的选择,当用户需要选择页面代码中的<body>标签时,可以通过标签导航栏进行标签或标签内内容的选择。

开发人员可以灵活运用主文档窗口进行高效的应用程序开发,相比 Visual Studio 2005 而言,Visual Studio 2008 的视图栏窗口提供了拆分窗口,拆分窗口允许开发人员一边进行页面样式开发和代码编写。

## 7.3.4 工具箱

Visual Studio 2008 主窗口的左侧为开发人员提供了工具箱,工具箱中包含了 Visual Studio 2008 对 .NET 应用程序所支持的控件。对于不同的应用程序开发而言,在工具箱中所呈现的工具也不同。工具箱是 Visual Studio 2008 中的基本窗口,开发人员可以使用工具箱中的控件进行应用程序开发,如图 7-11 和图 7-12 所示。

图 7-11　工具箱　　　　　　　　　图 7-12　选择类别

正如图 7-11 中所示,系统默认为开发人员提供了数十种服务器控件用于系统的开发,用户也可以添加工具箱选项卡进行自定义组件的存放。Visual Studio 2008 为开发人员提供了不同类别的服务器控件,这些控件被归为不同的类别,开发人员可以按照需求进行相应类别的控件的使用。开发人员还能够在工具箱中添加现有的控件。右击工具箱空白区域,在下拉菜单中选择【选择项】选项,系统会弹出窗口用于开发人员对自定义控件的添加,如图 7-13 所示。

组件添加完毕后就能够在工具箱中显示,开发人员能够将自定义组件拖放在主窗口中进行应用程序中相应的功能的开发而无需通过复杂编程实现。

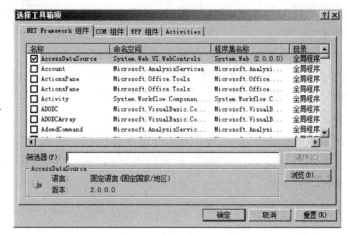

图 7-13　添加自定义组件

### 7.3.5　解决方案管理器

在 Visual Studio 2008 的开发中,为了能够方便开发人员进行应用程序开发,在 Visual Studio 2008 主窗口的右侧会呈现一个解决方案管理器。开发人员能够在解决方案管理器中进行相应的文件的选择,双击后相应文件的代码就会呈现在主窗口,开发人员还能够单击解决方案管理器下方的服务器资源管理器窗口进行服务器资源的管理,服务器资源管理器还允许开发人员在 Visual Studio 2008 中进行表的创建和修改,如图 7-14 和图 7-15 所示。

图 7-14　解决方案管理器窗口

图 7-15　服务器资源管理器窗口

解决方案管理器就是对解决方案进行管理,解决方案可以想象成是一个软件开发的整体方案,这个方案包括程序的管理、类库的管理和组件的管理。开发人员可以在解决方案管理器中双击文件进行相应的文件的编码工作,在解决方案管理器中也能够进行项目的添加和删除等操作,如图 7-16 所示。

图 7-16　解决方案管理器

在应用程序开发中,通常需要进行不同的组件的开发,例如某程度员开发用户界面,而另一个同事进行后台开发,在开发中,如果将不同的模块分开开发或打开多个 Visual Studio 2008 进行开发是非常不方便的。解决方案管理器就能够解决这个问题。将一个项目看成是一个“解决方案”,不同的项目之间都在一个解决方案中进行互相协调和调用。

### 7.3.6　属性窗口

Visual Studio 2008 提供了非常多的控件,开发人员能够使用 Visual Studio 2008 提供

的控件进行应用程序的开发。每个服务器控件都有自己的属性,通过配置不同的服务器控件的属性可以实现复杂的功能。服务器控件属性如图 7-17 和图 7-18 所示。

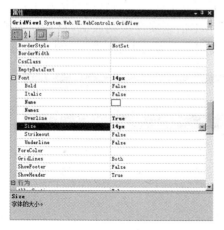
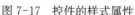

图 7-17 控件的样式属性

图 7-18 控件的数据属性

控件的属性配置中,可以为控件进行样式属性的配置,包括配置字体的大小、字体的颜色、字体的粗细、CSS 类等相关的控件所需要使用的样式属性,有些控件还需要进行数据属性的配置。这里使用了 GirdView 控件进行数据呈现并将 PageSize 属性(分页属性)设置为 30,则如果数据条目数大于 30 则该控件会自动按照 30 条条目进行分页,免除了复杂的分页编程。

## 7.3.7 错误列表窗口

在应用程序的开发中,通常会遇到错误,这些错误会在错误列表窗口中呈现,开发人员可以单击相应的错误进行错误的跳转。如果应用程序中出现编程错误或异常,系统会在错误列表窗口呈现,如图 7-19 所示。

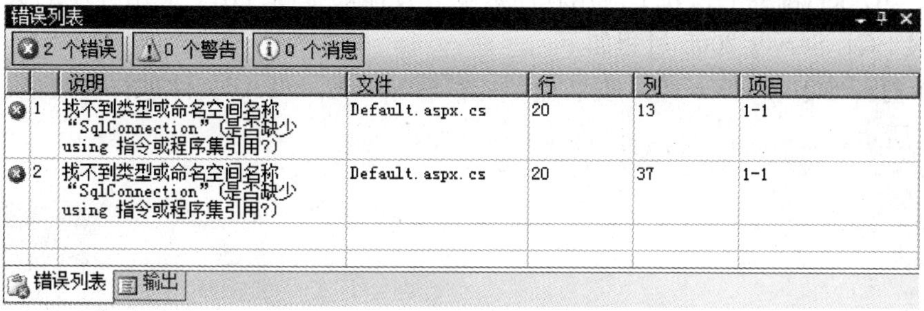

图 7-19 错误列表窗口

相对于传统的 ASP 应用程序编程而言,ASP 应用程序出现错误并不能良好地将异常反馈给开发人员。这在一方面是由于开发环境的原因,因为 Dreamware 等开发环境并不能原生的支持 ASP 应用程序的开发,另一方面也是由于 ASP 本身是解释型编程语言而无法进行良好的异常反馈。

对于 ASP.NET 应用程序而言,在应用程序运行前 Visual Studio 2008 会编译现有的应用程序并进行程序中错误的判断。如果 ASP.NET 应用程序出现错误,则 Visual Studio

2008 不会让应用程序运行起来，只有修正了所有的错误后才能够运行。

在错误列表窗口中包含错误、警告和消息选项卡，这些选项卡中的错误的安全级别不尽相同。对于错误选项卡中的错误信息，通常是语法上的错误，如果存在语法上的错误则不允许应用程序的运行，而对于警告和消息选项卡中信息安全级别较低，只是作为警告而存在的，通常情况下不会危害应用程序的运行和使用。警告选项卡如图 7-20 所示。

错误列表

0 个错误 | 5 个警告 | 0 个消息

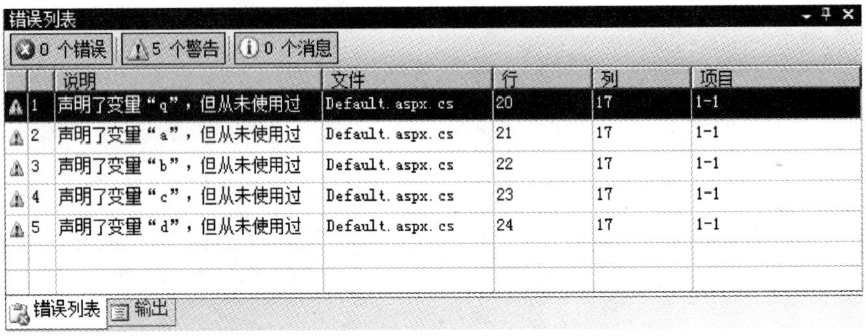

| | 说明 | 文件 | 行 | 列 | 项目 |
|---|---|---|---|---|---|
| 1 | 声明了变量“q”，但从未使用过 | Default.aspx.cs | 20 | 17 | 1-1 |
| 2 | 声明了变量“a”，但从未使用过 | Default.aspx.cs | 21 | 17 | 1-1 |
| 3 | 声明了变量“b”，但从未使用过 | Default.aspx.cs | 22 | 17 | 1-1 |
| 4 | 声明了变量“c”，但从未使用过 | Default.aspx.cs | 23 | 17 | 1-1 |
| 5 | 声明了变量“d”，但从未使用过 | Default.aspx.cs | 24 | 17 | 1-1 |

错误列表 | 输出

图 7-20　警告选项卡

在应用程序中如果出现了变量未使用或者在页面布局中出现了布局错误，都可能会在警告选项卡中出现警告信息。双击相应的警告信息会跳转到应用程序中相应的位置，方便开发人员对于错误的检查。

## 7.4　安装 SQL Server 2005

Visual Studio 2008 和 SQL Server 2005 都是微软公司为开发人员提供的开发工具和数据库工具，所以微软将 Visual Studio 2008 和 SQL Server 2005 紧密地集成在一起，使用微软的 SQL Server 进行.NET 应用程序数据开发能够提高.NET 应用程序的数据存储效率。安装 SQL Server 2005 过程如下：

(1) 打开 SQL Server 2005 安装盘，单击“SPLASH.HTA”文件进行安装，安装界面如图 7-21 所示。

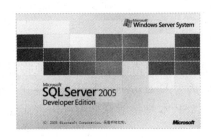

图 7-21　SQL Server 2005 安装界面

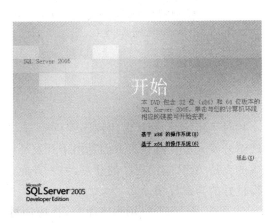

图 7-22　选择安装平台

（2）进入 SQL Server 2005 安装界面后就能够选择相应的平台选择，开发人员可以为相应的开发平台选择安装环境，如图 7-22 所示。

（3）开发人员可以选择相应的平台进行安装，现在大部分的操作系统都是基于 X86 平台进行应用，而 X64 平台虽然少，但是却有长足的发展前景。选择相应的开发平台后就能够进行进入安装选择界面，如图 7-23 所示。

在安装选择界面中开发人员可以进行安装准备，安装准备包括检查硬件和软件要求、阅读发行说明和安装 SQL Server 升级说明。在安装准备界面中的准备选项中开发人员可以检查自己所在的系统能否进行 SQL Server 2005 的安装，以及安装 SQL Server 2005 所需要遵守的协议。

（4）在安装选择界面中需要选择【安装】连接可以进行 SQL Server 2005 应用程序的安装，可以选择【服务器组件、工具、联机丛书和示例】连接进行 SQL Server 2005 组件和应用程序的安装。单击【服务器组件、工具、联机丛书和示例】后如图 7-24 所示。

图 7-23　安装选择界面

图 7-24　检查安装组件

（5）在安装 SQL Server 2005 之前首先需要安装 SQL Server 2005 所必备的组件，这些组件包括 .NET Framework 2.0 语言包，以及相应 SQL Server 2005 客户端组件，安装完成后就能够正式进入安装步骤，如图 7-25 所示。

SQL Server 2005 会进行应用程序的检查，检查包括系统的最低配置、IIS 功能要求、挂起的重新启动要求、ASP. NET 版本注册要求等，这些要求系统会自行检查，如果 SQL Server 2005 安装程序提示安装成功则能够进行 SQL Server 2005 进一步的安装。

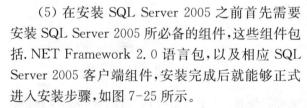

图 7-25　系统配置检查

（6）单击【下一步】按钮进行系统组件的安装，如图 7-26 所示。

（7）选择相应的组件后单击【下一步】按钮就可以进行实例的选择，对于普通用户而言可以选择【默认实例】复选框进行 SQL Server 2005 的安装，如图 7-27 所示。

图 7-26　选择安装组件

图 7-27　选择实例名称

（8）在选择了【默认实例】复选框后就需要进行服务账户的配置，如果用户需要使用域用户账户可以选择【使用域用户账户】选项进行域配置，否则可以选择使用内置用户账户进行 SQL Server 2005 的安装并进行密码配置，如图 7-28 所示。

图 7-28　选择服务账户

图 7-29　身份验证模式

（9）单击【下一步】按钮进行身份验证模式选择，开发人员可以选择"Windows 身份验证模式"和"混合模式"，为了数据库服务器的安全，推荐使用"混合模式"进行身份验证，如图 7-29 所示。

（10）在选择了身份验证模式后单击【下一步】按钮进行错误信息的配置和字符的配置，普通用户可以直接单击【下一步】按钮进行默认配置直至安装程序安装完毕。

## 7.5　ASP. NET 应用程序基础

使用 Visual Studio 2008 和 SQL Server 2005 能够快速地进行应用程序的开发，同时使用 Visual Studio 2008 和 SQL Server 2005 能够创建负载高的 ASP. NET 应用程序。通常情况下，Visual Studio 2008 负责 ASP. NET 应用程序的开发，而 SQL Server 2005 负责应用数据的存储。

### 7.5.1　创建 ASP.NET 应用程序

使用 Visual Studio 2008 能够进行 ASP.NET 应用程序的开发,微软提供了数十种服务器控件能够快速地进行应用程序开发。创建步骤如下:

(1) 打开 Visual Studio 2008 应用程序,如图 7-30 所示。

(2) 打开 Visual Studio 2008 初始界面后,可以单击菜单栏上的【文件】按钮,选择【新建项目】按钮创建 ASP.NET 应用程序,如图 7-31 所示。

图 7-30　Visual Studio 2008 初始界面

图 7-31　创建 ASP.NET Web 应用程序

(3) 选择【ASP.NET Web 应用程序】选项,单击【确定】就能够创建一个最基本的 ASP.NET Web 应用程序。创建完成后系统会创建 Default.aspx、Default.aspx.cs、Default.aspx.designer.cs、以及 Web.config 等文件用于应用程序的开发。

### 7.5.2　运行 ASP.NET 应用程序

创建 ASP.NET 应用程序后就能够进行 ASP.NET 应用程序的开发,开发人员可以在【资源管理器】中添加相应的文件和项目进行 ASP.NET 应用程序和组件开发。Visual Studio 2008 提供了数十种服务器控件以便开发人员进行应用程序的开发。

在完成应用程序的开发后,可以运行应用程序,单击【调试】按钮或选择【启动调试】按钮就能够调试 ASP.NET 应用程序。调试应用程序的快捷键为【F5】,开发人员也可以单击【F5】进行应用程序的调试,调试前 Visual Studio 2008 会选择是否启用 Web.config 进行调试,默认选择使用即可,如图 7-32 所示。

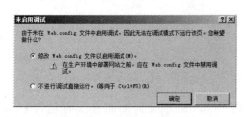

图 7-32　启用调试配置

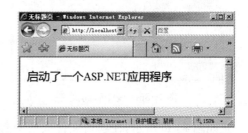

图 7-33　运行 ASP.NET 应用程序

选择"修改 Web.config 文件以启动调试"进行应用程序的运行。在 Visual Studio 2008 中包含虚拟服务器,所以开发人员可以无需安装 IIS 进行应用程序的调试。但是一旦进入调试状态,就无法在 Visual Studio 2008 中进行 cs 页面,以及类库等源代码的修改,如图 7-33 所示。

### 7.5.3 编译 ASP.NET 应用程序

与传统的 ASP 应用程序开发不同的是,ASP.NET 应用程序能够将相应的代码编译成 DLL(动态链接库)文件,这样不仅能够提高 ASP.NET 应用程序的安全性,还能够提高 ASP.NET 应用程序的速度。在现有的项目中,打开相应的项目文件,其项目源代码都可以进行读取,如图 7-34 所示。

开发人员能够将源代码文件放置在服务器中进行运行,但是将源代码直接运行会产生潜在的风险,例如用户下载 Default.aspx 或其他页面进行源代码的查看,这样就有可能造成源代码的泄露和漏洞的发现,这样是非常不安全的。将 ASP.NET 应用程序代码编译成动态链接库能够提高安全性,就算非法用户下载了相应的页面也无法看到源代码。

图 7-34 源代码文件

图 7-35 发布 Web

单击项目然后右击【项目图标】,选择【发布】按钮发布 ASP.NET 应用程序,系统会弹出对话窗用户应用程序的发布,如图 7-35 所示。

单击【发布】按钮后,Visual Studio 2008 就能够将网站编译并生成 ASP.NET 应用程序,如图 7-36 所示。编译后的 ASP.NET 应用程序没有 cs 源代码,因为编译后的文件会存放在 bin 目录下并编译成动态链接库文件,如图 7-37 所示。

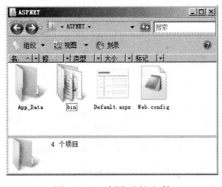

图 7-36 编译后的文件

图 7-37 动态链接库文件

正如图 7-36 所示,在项目文件夹中只包含 Default.aspx 页面而并没有包含 Default.aspx 页面的源代码 Default.aspx.cs 等文件,因为这些文件都被编译成为动态链接库文件。编译后的 ASP.NET 应用程序在第一次应用时会有些慢,在运行后,每次对 ASP.NET 应用程序的请求都可以直接从 DLL 文件中请求,能够提高应用程序的运行速度。

# 第 8 章 ▶ Web 窗体的基本控件

## 8.1 简单控件

ASP. NET 提供了大量的控件,这些控件能够轻松地实现一个交互复杂的 Web 应用功能。ASP. NET 提供了诸多控件,这些控件包括简单控件、数据库控件、登录控件等强大的控件。在 ASP. NET 中,简单控件是最基础也是经常被使用的控件,简单控件包括标签控件(Label)、超链接控件(HyperLink)以及图像控件(Image)等。

### 8.1.1 标签控件(Label)

在 Web 应用中,希望显示的文本不能被用户更改,或者当触发事件时,某一段文本能够在运行时更改,则可以使用标签控件(Label)。开发人员可以非常方便地将标签控件拖放到页面,拖放到页面后,该页面将自动生成一段标签控件的声明代码,示例代码如下:

```
<asp:Label ID="Label1" runat="server" Text="Label"></asp:Label>
```

上述代码中,声明了一个标签控件,并将这个标签控件的 ID 属性设置为默认值 Label1。由于该控件是服务器端控件,所以在控件属性中包含 runat="server"属性。该代码还将标签控件的文本初始化为 Label,开发人员能够配置该属性进行不同文本内容的呈现。

同样,标签控件的属性能够在相应的.cs 代码中初始化,示例代码如下:

```
protected void Page_PreInit(object sender, EventArgs e)
{
    Label1.Text = "Hello World";                              //标签赋值
}
```

上述代码在页面初始化时为 Label1 的文本属性设置为"Hello World"。值得注意的是,对于 Label 标签,同样也可以显示 HTML 样式,示例代码如下:

```
protected void Page_PreInit(object sender, EventArgs e)
{
    Label1.Text = "Hello World<hr/><span style=\"color:red\">A Html
Code</span>";                                                //输出 HTML
    Label1.Font.Size = FontUnit.XXLarge;                     //设置字体大小
```

```
        }
```

上述代码中,Label1 的文本属性被设置为一串 HTML 代码,当 Label 文本被呈现时,会以 HTML 效果显示,运行结果如图 8-1 所示。

图 8-1　Label 的 Text 属性的使用

如果开发人员只是为了显示一般的文本或者 HTML 效果,不推荐使用 Label 控件,因为当服务器控件过多,会导致性能问题,使用静态的 HTML 文本能够让页面解析速度更快。

### 8.1.2　超链接控件(HyperLink)

超链接控件相当于实现了 HTML 代码中的"＜a href＝""＞＜/a＞"效果,当然,超链接控件有自己的特点,当拖动一个超链接控件到页面时,系统会自动生成控件声明代码,示例代码如下:

```
＜asp:HyperLink ID＝"HyperLink1" runat＝"server"＞HyperLink＜/asp:Hyper-
Link＞
```

上述代码声明了一个超链接控件,相对于 HTML 代码形式,超链接控件可以通过传递指定的参数来访问不同的页面。当触发了一个事件后,超链接的属性可以被改变。超链接控件通常使用的两个属性如下:

➢ ImageUrl:要显示图像的 URL。

➢ NavigateUrl:要跳转的 URL。

**1. ImageUrl 属性**

设置 ImageUrl 属性可以设置这个超链接是以文本形式显示还是以图片文件显示,示例代码如下:

```
＜asp:HyperLink ID＝"HyperLink1" runat＝"server"
    ImageUrl＝"http://www.shangducms.com/images/cms.jpg"＞
    HyperLink
＜/asp:HyperLink＞
```

上述代码将文本形式显示的超链接变为了图片形式的超链接,虽然表现形式不同,但是不管是图片形式还是文本形式,全都实现相同的效果。

**2. Navigate 属性**

Navigate 属性可以为无论是文本形式还是图片形式的超链接设置超链接属性,即将跳转的页面,示例代码如下:

```
<asp:HyperLink ID="HyperLink1" runat="server"
    ImageUrl="http://www.shangducms.com/images/cms.jpg"
    NavigateUrl="http://www.shangducms.com">
    HyperLink
</asp:HyperLink>
```

上述代码使用了图片超链接的形式。其中图片来自"http://www.shangducms.com/images/cms.jpg",当点击此超链接控件后,浏览器将跳到 URL 为"http://www.shangducms.com"的页面。

**3. 动态跳转**

前文讲解了超链接控件的优点在于能够对控件进行编程,来按照用户的意愿自己跳转到页面。以下代码实现了当用户选择"qq"时,会跳转到腾讯网站,如果选择"sohu",则会跳转到 SOHU 页面,示例代码如下:

```
protected void DropDownList1_SelectedIndexChanged(object sender, EventArgs e)
{
    if (DropDownList1.Text == "qq")          //如果选择 qq
    {
        HyperLink1.Text = "qq";              //文本为 qq
        HyperLink1.NavigateUrl = "http://www.qq.com";     //URL 为 qq.com
    }
    else                                     //选择 sohu
    {
        HyperLink1.Text = "sohu";            //文本为 sohu
        HyperLink1.NavigateUrl = "http://www.sohu.com";
                                             //URL 为 sohu.com
    }
}
```

上述代码使用了 DropDownList 控件,当用户选择不同的值时,对 HyperLink1 控件进行操作。当用户选择"qq",则为 HyperLink1 控件配置连接为 http://www.qq.com。

## 8.1.3 图像控件

图像控件(Image)用来在 Web 窗体中显示图像,图像控件常用的属性如下:

➤ AlternateText:在图像无法显示时显示的备用文本。

> ImageAlign:图像的对齐方式。
> ImageUrl:要显示图像的 URL。

当图片无法显示的时候,图片将被替换成 AlternateText 属性中的文字,ImageAlign 属性用来控制图片的对齐方式,而 ImageUrl 属性用来设置图像连接地址。同样,HTML 中也可以使用<img src="" alt="">来替代图像控件,图像控件具有可控性的优点,就是通过编程来控制图像控件,图像控件基本声明代码如下:

```
<asp:Image ID="Image1" runat="server" />
```

除了显示图形以外,Image 控件的其他属性还允许为图像指定各种文本,各属性如下:

> ToolTip:浏览器显示在工具提示中的文本。
> GenerateEmptyAlternateText:如果将此属性设置为"true",则呈现的图片的 alt 属性将设置为空。

开发人员能够为 Image 控件配置相应的属性以便在浏览时呈现不同的样式,创建一个 Image 控件也可以直接通过编写 HTML 代码进行呈现,示例代码如下:

```
<asp:Image ID="Image1" runat="server"
AlternateText="图片连接失效" ImageUrl="http://www.shangducms.com/images/cms.jpg" />
```

上述代码设置了一个图片,并当图片失效的时候提示图片连接失效。

# 8.2 文本框控件

在 Web 开发中,Web 应用程序通常需要和用户进行交互,例如用户注册、登录、发帖等,那么就需要文本框控件(TextBox)来接受用户输入的信息。开发人员还可以使用文本框控件制作高级的文本编辑器用于 HTML,以及文本的输入输出。

## 8.2.1 文本框控件的属性

通常情况下,默认的文本控件(TextBox)是一个单行的文本框,用户只能在文本框中输入一行内容。通过修改该属性,则可以将文本框设置为多行/或者是以密码形式显示,文本框控件常用的控件属性如下:

> AutoPostBack:在文本修改以后,是否自动重传。
> Columns:文本框的宽度。
> EnableViewState:控件是否自动保存其状态以用于往返过程。
> MaxLength:用户输入的最大字符数。
> ReadOnly:是否为只读。
> Rows:作为多行文本框时所显示的行数。
> TextMode:文本框的模式,设置单行,多行或者密码。
> Wrap:文本框是否换行。

**1. AutoPostBack(自动回传)属性**

在网页的交互中,如果用户提交了表单,或者执行了相应的方法,那么该页面将会发送到服务器上,服务器将执行表单的操作或者执行相应方法后,再呈现给用户,如按钮控件、下拉菜单控件等。如果将某个控件的 AutoPostBack 属性设置为 true 时,则如果该控件的属性被修改,那么同样会使页面自动发回到服务器。

**2. EnableViewState(控件状态)属性**

ViewState 是 ASP. NET 中用来保存 Web 控件回传状态的一种机制,它是由 ASP. NET 页面框架管理的一个隐藏字段。在回传发生时,ViewState 数据同样将回传到服务器,ASP. NET 框架解析 ViewState 字符串并为页面中的各个控件填充该属性。而填充后,控件通过使用 ViewState 将数据重新恢复到以前的状态。

在使用某些特殊的控件时,如数据库控件,来显示数据库。每次打开页面执行一次数据库往返过程是非常不明智的。开发人员可以绑定数据,在加载页面时仅对页面设置一次,在后续的回传中,控件将自动从 ViewState 中重新填充,减少了数据库的往返次数,从而不使用过多的服务器资源。在默认情况下,EnableViewState 的属性值通常为 true。

**3. 其他属性**

上面的两个属性是比较重要的属性,其他的属性也经常使用:

➤ MaxLength:在注册时可以限制用户输入的字符串长度。

➤ ReadOnly:如果将此属性设置为 true,那么文本框内的值是无法被修改的。

➤ TextMode:此属性可以设置文本框的模式,例如单行、多行和密码形式。默认情况下,不设置 TextMode 属性,那么文本框默认为单行。

## 8.2.2 文本框控件的使用

在默认情况下,文本框为单行类型,同时文本框模式也包括多行和密码,示例代码如下:

```
<asp:TextBox ID="TextBox1" runat="server"></asp:TextBox>
<br />
<br />
<asp:TextBox ID="TextBox2" runat="server" Height="101px" TextMode=
"MultiLine"
        Width="325px"></asp:TextBox>
<br />
<br />
<asp:TextBox ID="TextBox3" runat="server" TextMode="Password">
</asp:TextBox>
```

上述代码演示了三种文本框的使用方法,上述代码运行后的结果如图 8-2 所示。

文本框无论是在 Web 应用程序开发还是 Windows 应用程序开发中都是非常重要的。文本框在用户交互中能够起到非常重要的作用。在文本框的使用中,通常需要获取用户在文本框中输入的值或者检查文本框属性是否被改写。当获取用户的值的时候,必须通过一段代码来控制。文本框控件 HTML 页面示例代码如下:

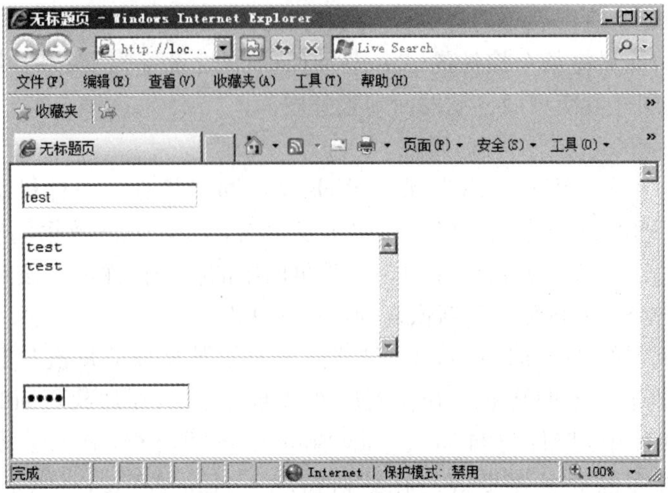

图 8-2　文本框的三种形式

```
<form id="form1" runat="server">
<div>
  <asp:Label ID="Label1" runat="server" Text="Label"></asp:Label>
  <br />
  <asp:TextBox ID="TextBox1" runat="server"></asp:TextBox>
  <br />
  <asp:Button ID="Button1" runat="server" onclick="Button1_Click" Text="Button" />
  <br />
</div>
</form>
```

上述代码声明了一个文本框控件和一个按钮控件,当用户单击按钮控件时,就需要实现标签控件的文本改变。为了实现相应的效果,可以通过编写 cs 文件代码进行逻辑处理,示例代码如下:

```
namespace _5_3                                          //页面命名空间
{
    public partial class _Default : System.Web.UI.Page
    {
        protected void Page_Load(object sender, EventArgs e)    //页面加载时触发
        {
        }
        protected void Button1_Click(object sender, EventArgs e)
                                                       //双击按钮时触发的事件
        {
            Label1.Text = TextBox1.Text;
                                    //标签控件的值等于文本框中控件的值
```

```
        }
    }
}
```

上述代码中,当双击按钮时,就会触发一个按钮事件,这个事件就是将文本框内的值赋值到标签内,运行结果如图8-3所示。

图8-3　文本框控件的使用

同样,双击文本框控件,会触发 TextChange 事件。而当运行时,当文本框控件中的字符变化后,并没有自动回传,是因为默认情况下,文本框的 AutoPostBack 属性被设置为"false"。当 AutoPostBack 属性被设置为"true"时,文本框的属性变化,则会发生回传,示例代码如下:

```
protected void TextBox1_TextChanged(object sender, EventArgs e)
                                                        //文本框事件
{
    Label1.Text = TextBox1.Text;                        //控件相互赋值
}
```

上述代码中,为 TextBox1 添加了 TextChanged 事件。在 TextChanged 事件中,并不是每一次文本框的内容发生了变化之后,就会重传到服务器,这一点和 WinForm 是不同的,因为这样会大大地降低页面的效率。而当用户将文本框中的焦点移出导致 TextBox 失去焦点时,才会发生重传。

# 8.3　按钮控件

在 Web 应用程序和用户交互时,常常需要提交表单、获取表单信息等操作。在这其间,按钮控件是非常必要的。按钮控件能够触发事件,或者将网页中的信息回传给服务器。在 ASP.NET 中,包含三类按钮控件,分别为 Button、LinkButton、ImageButton。

## 8.3.1　按钮控件的通用属性

按钮控件用于事件的提交,按钮控件包含一些通用属性,按钮控件的常用通用属性如下:
➢ Causes Validation:按钮是否导致激发验证检查。

> CommandArgument：与此按钮管理的命令参数。
> CommandName：与此按钮关联的命令。
> ValidationGroup：使用该属性可以指定单击按钮时调用页面上的哪些验证程序。如果未建立任何验证组，则会调用页面上的所有验证程序。

下面的语句声明了三种按钮，示例代码如下：

```
<asp:Button ID="Button1" runat="server" Text="Button" />    //普通的按钮
<br />
<asp:LinkButton ID="LinkButton1" runat="server">LinkButton</asp:LinkButton
>                                                    //Link 类型的按钮
<br />
<asp:ImageButton ID="ImageButton1" runat="server" />         //图像类型的按钮
```

对于三种按钮，他们起到的作用基本相同，主要是表现形式不同，如图 8-4 所示。

图 8-4　三种按钮类型

## 8.3.2　Click 单击事件

这三种按钮控件对应的事件通常是 Click 单击和 Command 命令事件。在 Click 单击事件中，通常用于编写用户单击按钮时所需要执行的事件，示例代码如下：

```
protected void Button1_Click(object sender, EventArgs e)
{
    Label1.Text = "普通按钮被触发";                          //输出信息
}
protected void LinkButton1_Click(object sender, EventArgs e)
{
    Label1.Text = "连接按钮被触发";                          //输出信息
}
protected void ImageButton1_Click(object sender, ImageClickEventArgs e)
{
    Label1.Text = "图片按钮被触发";                          //输出信息
}
```

上述代码分别为三种按钮生成了事件,其代码都是将 Label1 的文本设置为相应的文本,运行结果如图 8-5 所示。

图 8-5 按钮的 Click 事件

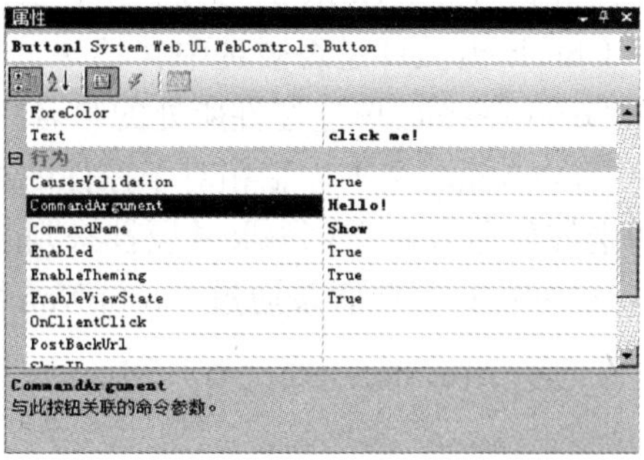

图 8-6 CommandArgument 和 CommandName 属性

### 8.3.3 Command 命令事件

按钮控件中,Click 事件并不能传递参数,所以处理的事件相对简单。而 Command 事件可以传递参数,负责传递参数的是按钮控件的 CommandArgument 和 CommandName 属性,如图 8-6 所示。

将 CommandArgument 和 CommandName 属性分别设置为"Hello!"和"Show",单击 <img> 创建一个 Command 事件并在事件中编写相应代码,示例代码如下:

```
protected void Button1_Command(object sender, CommandEventArgs e)
    {
        if (e.CommandName == "Show")
                            //如果 CommandNmae 属性的值为 Show,则运行下面代码
        {
            Label1.Text = e.CommandArgument.ToString();
                                //CommandArgument 属性的值赋值给 Label1
        }
    }
```

Command 有一些 Click 不具备的好处,就是传递参数。可以对按钮的 CommandArgument 和 CommandName 属性分别设置,通过判断 CommandArgument 和 CommandName 属性来执行相应的方法。这样一个按钮控件就能够实现不同的方法,使得多个按钮与一个处理代码关联或者一个按钮根据不同的值进行不同的处理和响应。相比 Click 单击事件而言,Command 命令事件具有更高的可控性。

## 8.4 单选控件和单选组控件

在投票等系统中,通常需要使用单选控件和单选组控件。顾名思义,在单选控件和单选组控件的项目中,只能在有限种选择中进行一个项目的选择。在进行投票等应用开发并且只能在选项中选择单项时,单选控件和单选组控件都是最佳的选择。

### 8.4.1 单选控件

单选控件(RadioButton)可以为用户选择某一个选项,单选控件常用属性如下:

➤ Checked:控件是否被选中。

➤ GroupName:单选控件所处的组名。

➤ TextAlign:文本标签相对于控件的对齐方式。

单选控件通常需要 Checked 属性来判断某个选项是否被选中,多个单选控件之间可能存在着某些联系,这些联系通过 GroupName 进行约束和联系,示例代码如下:

```
<asp:RadioButton ID="RadioButton1" runat="server" GroupName="choose"
    Text="Choose1" />
<asp:RadioButton ID="RadioButton2" runat="server" GroupName="choose"
    Text="Choose2" />
```

上述代码声明了两个单选控件,并将 GroupName 属性都设置为"choose"。单选控件中最常用的事件是 CheckedChanged,当控件的选中状态改变时,则触发该事件,示例代码如下:

```
protected void RadioButton1_Checked-
Changed(object sender, EventArgs e)
    {
        Label1.Text = "第一个被选中";
    }
    protected void RadioButton2_Checked-
Changed(object sender, EventArgs e)
    {
        Label1.Text = "第二个被选中";
    }
```

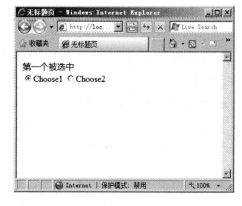

图 8-7 单选控件的使用

上述代码中,当选中状态被改变时,则触发相应的事件。运行结果如图 8-7 所示。

与 TextBox 文本框控件相同的是,单选控件不会自动进行页面回传,必须将 AutoPost-Back 属性设置为"true"时才能在焦点丢失时触发相应的 CheckedChanged 事件。

### 8.4.2 单选组控件

与单选控件相同,单选组控件(RadioButtonList)也是只能选择一个项目的控件,而与单选控件不同的是,单选组控件没有 GroupName 属性,但是却能够列出多个单选项目。另外,单选组控件所生成的代码也比单选控件实现的相对较少。单选组控件添加项如图 8-8 所示。

添加项目后,系统自动在.aspx 页面声

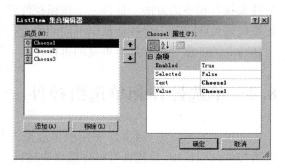

图 8-8 单选组控件添加项

明服务器控件代码,代码如下:

```
<asp:RadioButtonList ID="RadioButtonList1" runat="server">
    <asp:ListItem>Choose1</asp:ListItem>
    <asp:ListItem>Choose2</asp:ListItem>
    <asp:ListItem>Choose3</asp:ListItem>
</asp:RadioButtonList>
```

上述代码使用了单选组控件进行单选功能的实现,单选组控件还包括一些属性用于样式和重复的配置。单选组控件的常用属性如下:

> DataMember:在数据集用做数据源时做数据绑定。
> DataSource:向列表填入项时所使用的数据源。
> DataTextFiled:提供项文本的数据源中的字段。
> DataTextFormat:应用于文本字段的格式。
> DataValueFiled:数据源中提供项值的字段。
> Items:列表中项的集合。
> RepeatColumn:用于布局项的列数。
> RepeatDirection:项的布局方向。
> RepeatLayout:是否在某个表或者流中重复。

同单选控件一样,双击单选组控件时系统会自动生成该事件的声明,同样可以在该事件中确定代码。当选择一项内容时,提示用户所选择的内容,示例代码如下:

```
protected void RadioButtonList1_SelectedIndexChanged(object sender, EventArgs e)
{
    Label1.Text = RadioButtonList1.Text;
                    //文本标签段的值等于选择的控件的值
}
```

# 8.5 复选框控件和复选组控件

当一个投票系统需要用户能够选择多个选择项时,则单选框控件就不符合要求了。ASP. NET还提供了复选框控件和复选组控件来满足多选的要求。复选框控件和复选组控件同单选框控件和单选组控件一样,都是通过 Checked 属性来判断是否被选择。

## 8.5.1 复选框控件

同单选框控件一样,复选框控件(CheckBox)也是通过 Check 属性判断是否被选择,而不同的是,复选框控件没有 GroupName 属性,示例代码如下:

```
<asp:CheckBox ID="CheckBox1" runat="server" Text="Check1" AutoPostBack="true" />
    <asp:CheckBox ID="CheckBox2" runat="server" Text="Check2" AutoPost-
```

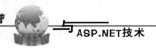
Back="true"/>

上述代码中声明了两个复选框控件。对于复选框空间，并没有支持的 GroupName 属性，当双击复选框控件时，系统会自动生成方法。当复选框控件的选中状态被改变后，会激发该事件。示例代码如下：

```
protected void CheckBox1_CheckedChanged(object sender, EventArgs e)
{
    Label1.Text = "选框 1 被选中";                          //当选框 1 被选中时
}
protected void CheckBox2_CheckedChanged(object sender, EventArgs e)
{
    Label1.Text = "选框 2 被选中,并且字体变大";              //当选框 2 被选中时
    Label1.Font.Size = FontUnit.XXLarge;
}
```

上述代码分别为两个选框设置了事件，设置了当选择选框 1 时，则文本标签输出"选框 1 被选中"，如图 8-9 所示。当选择选框 2 时，则输出"选框 2 被选中，并且字体变大"，运行结果如图 8-10 所示。

图 8-9　选框 1 被选中

图 8-10　选框 2 被选中

对于复选框而言，用户可以在复选框控件中选择多个选项，所以就没有必要为复选框控件进行分组。在单选框控件中，相同组名的控件只能选择一项用于约束多个单选框中的选项，而复选框就没有约束的必要。

### 8.5.2　复选组控件(CheckBoxList)

同单选组控件相同，为了方便复选控件的使用，.NET 服务器控件中同样包括了复选组控件，拖动一个复选组控件到页面可以同单选组控件一样添加复选组列表。添加在页面后，系统生成代码如下：

```
<asp:CheckBoxList ID="CheckBoxList1" runat="server" AutoPostBack="True"
    onselectedindexchanged="CheckBoxList1_SelectedIndexChanged">
    <asp:ListItem Value="Choose1">Choose1</asp:ListItem>
```

```
<asp:ListItem Value="Choose2">Choose2</asp:ListItem>
    <asp:ListItem Value="Choose3">Choose3</asp:ListItem>
</asp:CheckBoxList>
```

上述代码中,同样增加了3个项目提供给用户选择,复选组控件最常用的是SelectedIndexChanged事件。当控件中某项的选中状态被改变时,则会触发该事件。示例代码如下:

```
protected void CheckBoxList1_SelectedIndexChanged(object sender, EventArgs e)
{
    if (CheckBoxList1.Items[0].Selected)            //判断某项是否被选中
    {
        Label1.Font.Size = FontUnit.XXLarge;        //更改字体大小
    }
    if (CheckBoxList1.Items[1].Selected)            //判断是否被选中
    {
        Label1.Font.Size = FontUnit.XLarge;         //更改字体大小
    }
    if (CheckBoxList1.Items[2].Selected)
    {
        Label1.Font.Size = FontUnit.XSmall;
    }
}
```

上述代码中,CheckBoxList1.Items[0].Selected是用来判断某项是否被选中,其中Item数组是复选组控件中项目的集合,其中Items[0]是复选组中的第一个项目。上述代码用来修改字体的大小,当选择不同的选项时,字体的大小也不相同。运行结果如图8-12所示。

图8-11　选择大号字体

图8-12　选择小号字体

正如图8-11、图8-12所示,当用户选择不同的选项时,Label标签的字体的大小会随之改变。

# 8.6 列表控件

在 Web 开发中,经常会需要使用列表控件,让用户的输入更加简单。例如,在用户注册时,用户的所在地是有限的集合,而且用户不喜欢经常键入,这样就可以使用列表控件。同样列表控件还能够简化用户输入并且防止用户输入在实际中不存在的数据,如性别的选择等。

## 8.6.1 DropDownList 列表控件

列表控件能在一个控件中为用户提供多个选项,同时又能够避免用户输入错误的选项。例如,在用户注册时,可以选择性别是男,或者女,就可以使用 DropDownList 列表控件,同时又避免了用户输入其他的信息。因为性别除了男就是女,输入其他的信息说明这个信息是错误或者是无效的。下列语句声明了一个 DropDownList 列表控件,示例代码如下:

```
<asp:DropDownList ID="DropDownList1" runat="server">
    <asp:ListItem>1</asp:ListItem>
    <asp:ListItem>2</asp:ListItem>
    <asp:ListItem>3</asp:ListItem>
    <asp:ListItem>4</asp:ListItem>
    <asp:ListItem>5</asp:ListItem>
    <asp:ListItem>6</asp:ListItem>
    <asp:ListItem>7</asp:ListItem>
</asp:DropDownList>
```

上述代码创建了一个 DropDownList 列表控件,并手动增加了列表项。同时 DropDownList 列表控件也可以绑定数据源控件。DropDownList 列表控件最常用的事件是 SelectedIndexChanged,当 DropDownList 列表控件选择项发生变化时,则会触发该事件,示例代码如下:

```
protected void DropDownList1_SelectedIndexChanged1(object sender, EventArgs e)
{
    Label1.Text = "你选择了第" + DropDownList1.Text + "项";
}
```

上述代码中,当选择的项目发生变化时则会触发该事件,如图 8-13 所示。当用户再次进行选择时,系统会更改标签 1 中的文本,如图 8-14 所示。

当用户选择相应的项目时,就会触发 SelectedIndexChanged 事件,开发人员可以通过捕捉相应的用户选中的控件进行编程处理,这里就捕捉了用户选择的数字进行字体大小的更改。

图 8-13　选择第 3 项　　　　　　　　　　图 8-14　选择第 1 项

### 8.6.2　ListBox 列表控件

相对于 DropDownList 控件而言，ListBox 控件可以指定用户是否允许多项选择。设置 SelectionMode 属性为 Single 时，表明只允许用户从列表框中选择一个项目，而当 Selection-Mode 属性的值为"Multiple"时，用户可以按住 Ctrl 键或者使用 Shift 组合键从列表中选择多个数据项。当创建一个 ListBox 列表控件后，开发人员能够在控件中添加所需的项目，添加完成后示例代码如下：

```
<asp:ListBox ID="ListBox1" runat="server" Width="137px" AutoPostBack="True">
        <asp:ListItem>1</asp:ListItem>
        <asp:ListItem>2</asp:ListItem>
        <asp:ListItem>3</asp:ListItem>
        <asp:ListItem>4</asp:ListItem>
        <asp:ListItem>5</asp:ListItem>
        <asp:ListItem>6</asp:ListItem>
</asp:ListBox>
```

从结构上看，ListBox 列表控件的 HTML 样式代码和 DropDownList 控件十分相似。同样，SelectedIndexChanged 也是 ListBox 列表控件中最常用的事件，双击 ListBox 列表控件，系统会自动生成相应的代码。同样，开发人员可以为 ListBox 控件中的选项改变后的事件做编程处理，示例代码如下：

```
protected void ListBox1_SelectedIndexChanged(object sender, EventArgs e)
{
    Label1.Text = "你选择了第" + ListBox1.Text + "项";
}
```

上述代码中，当 ListBox 控件选择项发生改变后，该事件就会被触发并修改相应 Label 标签中文本，如图 8-15 所示。

上面的程序同样实现了 DropDownList 中程序的效果。不同的是，如果需要实现让用户选择多个 ListBox 项，只需要设置 SelectionMode 属性为"Multiple"即可，如图 8-16 所示。

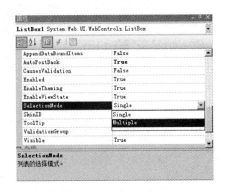

图 8-15    ListBox 单选                图 8-16    SelectionMode 属性

当设置了"SelectionMode"属性后，用户可以按住 Ctrl 键或者使用 Shift 组合键选择多项。同样，开发人员也可以编写处理选择多项时的事件，示例代码如下：

```
protected void ListBox1_SelectedIndexChanged1(object sender, EventArgs e)
{
    Label1.Text += ",你选择了第" + ListBox1.Text + "项";
}
```

上述代码使用了"＋＝"运算符，在触发 SelectedIndexChanged 事件后，应用程序将为 Label1 标签赋值，如图 8-17 所示。当用户每选一项的时候，就会触发该事件，如图 8-18 所示。

图 8-17    单选效果                    图 8-18    多选效果

从运行结果可以看出，当单选时，选择项返回值和选择的项相同，而当选择多项的时候，返回值同第一项相同。所以，在选择多项时，也需要使用 Item 集合获取和遍历多个项目。

### 8.6.3    BulletedList 列表控件

BulletedList 与上述列表控件不同的是，BulleteList 控件可呈现项目符号或编号。对

BulleteList 属性的设置为呈现项目符号,则当 BulletedList 被呈现在页面时,列表前端则会显示项目符号或者特殊符号,效果如图 8-19 所示。

BulletedList 可以通过设置 BulletStyle 属性来编辑列表前的符号样式,常用的 BulletStyle 项目符号编号样式如下:

➢ Circle:项目符号设置为○。

➢ CustomImage:项目符号为自定义图片。

➢ Disc:项目符号设置为●。

➢ LowerAlpha:项目符号为小写字母格式,如 a、b、c 等。

➢ LowerRoman:项目符号为罗马数字格式,如 i、ii 等。

图 8-19　BulletedList 显示效果

➢ NotSet:表示不设置,此时将以 Disc 样式为默认样式。

➢ Numbered:项目符号为 1、2、3、4 等。

➢ Square:项目符号为黑方块■。

➢ UpperAlpha:项目符号为大写字母格式,如 A、B、C 等。

➢ UpperRoman:项目符号为大写罗马数字格式如Ⅰ、Ⅱ、Ⅲ等。

同样,BulletedList 控件也同 DropDownList 以及 ListBox 相同,可以添加事件。不同的是生成的事件是 Click 事件,代码如下:

```
protected void BulletedList1_Click(object sender, BulletedListEventArgs e)
{
    Label1.Text += ",你选择了第" + BulletedList1.Items[e.Index].ToString() + "项";
}
```

DropDownList 和 ListBox 生成的事件是 SelectedIndexChanged,当其中的选择项被改变时,则触发该事件。而 BulletedList 控件生成的事件是 Click,用于在其中提供逻辑以执行特定的应用程序任务。

## 8.7　面板控件

面板控件就好像是一些控件的容器,可以将一些控件包含在面板控件内,然后对面板控制进行操作来设置在面板控件内的所有控件是显示还是隐藏,从而达到设计者的特殊目的。当创建一个面板控件时,系统会生成相应的 HTML 代码,示例代码如下:

```
<asp:Panel ID="Panel1" runat="server">
</asp:Panel>
```

面板控件的常用功能就是显示或隐藏一组控件,示例 HTML 代码如下:

```
<form id="form1" runat="server">
```

```
<asp:Button ID="Button1" runat="server" Text="Show" />
<asp:Panel ID="Panel1" runat="server" Visible="False">
        <asp:Label   ID="Label1"   runat="server"   Text="Name:"   style="
font-size: xx-large"></asp:Label>
        <asp:TextBox ID="TextBox1" runat="server"></asp:TextBox>
        <hr />
        This is a Panel!
</asp:Panel>
</form>
```

上述代码创建了一个 Panel 控件，Panel 控件默认属性为"隐藏"，并在控件外创建了一个 Button 控件 Button1，当用户单击外部的按钮控件后将显示 Panel 控件，cs 代码如下：

```
protected void Button1_Click(object sender, EventArgs e)
{
    Panel1.Visible = true;                          //Panel 控件显示可见
}
```

当页面初次被载入时，Panel 控件以及 Panel 控件内部的服务器控件都为隐藏，如图 8-20 所示。当用户单击 Button1 时，则 Panel 控件可见性为可见，则页面中的 Panel 控件以及 Panel 控件中的所有服务器控件也都为可见，如图 8-21 所示。

图 8-20　Panel 控件隐藏

图 8-21　Panel 被显示

将 TextBox 控件和 Button 控件放到 Panel 控件中，可以为 Panel 控件的 DefaultButton 属性设置为面板中某个按钮的 ID 来定义一个默认的按钮。当用户在面板中输入完毕，可以直接按 Enter 键来传送表单。并且，当设置了 Panel 控件的高度和宽度时，当 Panel 控件中的内容高度或宽度超过时，还能够自动出现滚动条。

Panel 控件还包含一个 GroupText 属性，当 Panel 控件的 GroupText 属性被设置时，Panel 将会被创建一个带标题的分组框，效果如图 8-22 所示。

GroupText 属性能够进行 Panel 控件的样式呈现，通过编写 GroupText 属性能够更加清晰地让用户了解 Panel 控件中服务器控件的类别。例如当有一组服务器用于填写用户的信息时，可以将 Panel 控件的 GroupText 属性编写成为"用户信息"，让用户知道该区域是用于填写用户信息的。

## 8.8 占位控件

在传统的 ASP 开发中,通常在开发页面的时候,每个页面有很多相同的元素,例如导航栏、GIF 图片等。使用 ASP 进行应用程序开发通常使用 include 语句在各个页面包含其他页面的代码,这样的方法虽然解决了相同元素的很多问题,但是代码不够美观,而且时常会出现问题。ASP. NET 中可以使用 PlaceHolder 来解决这个问题,与面板控件 Panel 控件相同的是,占位控件 PlaceHolder 也是控件的容器,但是在 HTML 页面呈现中本身并不产生 HTML,创建一个 PlaceHolder 控件代码如下:

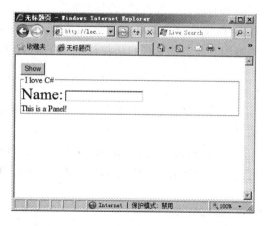

图 8-22 Panel 控件的 GroupText 属性

```
<asp:PlaceHolder ID="PlaceHolder1" runat="server"></asp:PlaceHolder>
```

在 cs 页面中,允许用户动态的在 PlaceHolder 上创建控件,cs 页面代码如下:

```
protected void Page_Load(object sender, EventArgs e)
{
    TextBox text = new TextBox();          //创建一个 TextBox 对象
    text.Text = "NEW";
    this.PlaceHolder1.Controls.Add(text);  //为占位控件动态增加一个控件
}
```

上述代码动态地创建了一个 TextBox 控件并显示在占位控件中,运行效果如图 8-23 所示。

开发人员不仅能够通过编程在 PlaceHolder 控件中添加控件,开发人员同样可以在 PlaceHolder 控件中拖动相应的服务器控件进行控件呈现和分组。

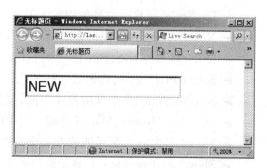

图 8-23 PlaceHolder 控件的使用

## 8.9 日历控件

在传统的 Web 开发中,日历是最复杂也是最难实现的功能,好在 ASP. NET 中提供了强大的日历控件来简化日历控件的开发。日历控件能够实现日历的翻页、日历的选取以及数据的绑定,开发人员能够在博客、OA 等应用的开发中使用日历控件从而减少日历应用的开发。

### 8.9.1 日历控件的样式

日历控件通常在博客、论坛等程序中使用,日历控件不仅仅只是显示了一个日历,用户

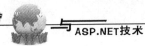

还能够通过日历控件进行时间的选取。在 ASP. NET 中,日历控件还能够和数据库进行交互操作,实现复杂的数据绑定。开发人员能够将日历控件拖动在主窗口中,在主窗口的代码视图下会自动生成日历控件的 HTML 代码,示例代码如下:

```
<asp:Calendar ID="Calendar1" runat="server"></asp:Calendar>
```

ASP. NET 通过上述简单的代码就创建了一个强大的日历控件,其效果如图 8-24 所示。

日历控件通常用于显示月历,日历控件允许用户选择日期和移动到下一页或上一页。通过设置日历控件的属性,可以更改日历控件的外观。常用的日历控件的属性如下:

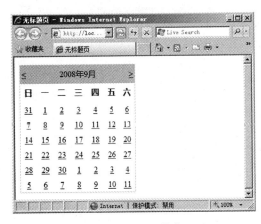

图 8-24　日历控件

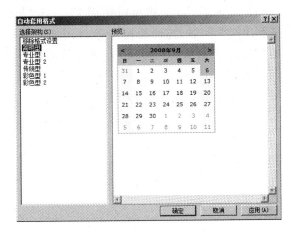

图 8-25　使用系统样式

> DayHeaderStype:月历中显示一周中每一天的名称和部分的样式。
> DayStyle:所显示的月份中各天的样式。
> NextPrevStyle:标题栏左右两端的月导航所在部分的样式。
> OtherMonthDayStyle:上一个月和下一个月的样式。
> SelectedDayStyle:选定日期的样式。
> SelectorStyle:位于月历控件左侧,包含用于选择一周或整个月的连接的列样式。
> ShowDayHeader:显示或隐藏一周中的每一天的部分。
> ShowGridLines:显示或隐藏一个月中的每一天之间的网格线。
> ShowNextPrevMonth:显示或隐藏到下一个月或上一个月的导航控件。
> ShowTitle:显示或隐藏标题部分。
> TitleStyle:位于月历顶部,包含月份名称和月导航连接的标题栏样式。
> TodayDayStyle:当前日期的样式。
> WeekendDayStyle:周末日期的样式。

Visual Studio 还为开发人员提供了默认的日历样式从而能够选择自动套用格式进行样式控制,如图 8-25 所示。

除了上述样式可以设置以外,ASP. NET 还为用户设计了若干样式,若开发人员觉得设置样式非常困难,则可以使用系统默认的样式进行日历控件的样式呈现。

### 8.9.2 日历控件的事件

同所有的控件相同,日历控件也包含自身的事件,常用的日历控件的事件包括:

➤ DayRender:当日期被显示时触发该事件。

➤ SelectionChanged:当用户选择日期时触发该事件。

➤ VisibleMonthChanged:当所显示的月份被更改时触发该事件。

在创建日历控件中每个日期单元格时,则会触发 DayRender 事件。当用户选择月历中的日期时,则会触发 SelectionChanged 事件,同样,当双击日历控件时,会自动生成该事件的代码块。当对当前月份进行切换,则会激发 VisibleMonthChanged 事件。开发人员可以通过一个标签来接受当前事件,当选择月历中的某一天,则此标签显示当前日期,示例代码如下:

```
protected void Calendar1_SelectionChanged(object sender, EventArgs e)
{
    Label1.Text =
    "现在的时间是:" + Calendar1.SelectedDate.Year.ToString() + "年"
    + Calendar1.SelectedDate.Month.ToString() + "月"
    + Calendar1.SelectedDate.Day.ToString() + "号"
    + Calendar1.SelectedDate.Hour.ToString() + "点";
}
```

在上述代码中,当用户选择了月历中的某一天时,则标签中的文本会变为当前的日期文本,如"现在的时间是××"之类。在进行逻辑编程的同时,也需要对日历控件的样式做稍许更改,日历控件的 HTML 代码如下:

```
<asp:Calendar ID="Calendar1" runat="server" BackColor="#FFFFCC"
    BorderColor="#FFCC66" BorderWidth="1px" DayNameFormat="Shortest"
    Font-Names="Verdana" Font-Size="8pt" ForeColor="#663399" Height="200px"
    onselectionchanged="Calendar1_SelectionChanged" ShowGridLines="True"
    Width="220px">
        <SelectedDayStyle BackColor="#CCCCFF" Font-Bold="True" />
        <SelectorStyle BackColor="#FFCC66" />
        <TodayDayStyle BackColor="#FFCC66" ForeColor="White" />
        <OtherMonthDayStyle ForeColor="#CC9966" />
        <NextPrevStyle Font-Size="9pt" ForeColor="#FFFFCC" />
        <DayHeaderStyle BackColor="#FFCC66" Font-Bold="True" Height="1px" />
        <TitleStyle BackColor="#990000" Font-Bold="True" Font-Size="9pt"
            ForeColor="#FFFFCC" />
</asp:Calendar>
```

上述代码中的日历控件选择的是 ASP.NET 的默认样式,如图 8-26 所示。当确定了日历控件样式后,并编写了相应的 SelectionChanged 事件代码后,就可以通过日历控件获取当前时间,或者对当前时间进行编程,如图 8-27 所示。

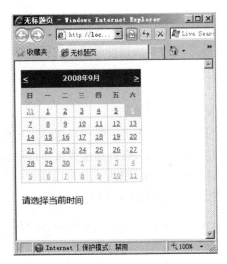

图 8-26    日历控件

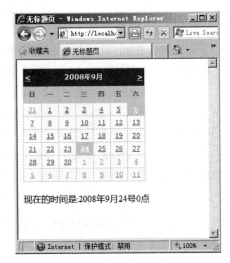

图 8-27    选择一个日期

## 8.10    广告控件

在 Web 应用开发中,广告总是必不可少的。而 ASP. NET 为开发人员提供了广告控件为页面在加载时提供一个或一组广告。广告控件可以从固定的数据源中读取(如 XML 或数据源控件),并从中自动读取出广告信息。当页面每刷新一次时,广告显示的内容也同样会被刷新。

广告控件必须放置在 Form 或 Panel 控件,以及模板内。广告控件需要包含图像的地址的 XML 文件。并且该文件用来指定每个广告的导航连接。广告控件最常用的属性就是AdvertisementFile,使用它来配置相应的 XML 文件,所以必须首先按照标准格式创建一个XML 文件,如图 8-28 所示。

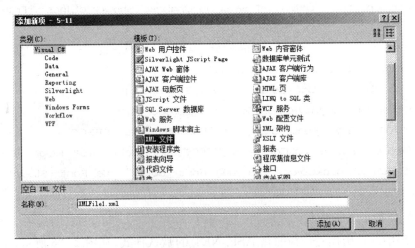

图 8-28    创建一个 XML 文件

创建了 XML 文件之后,开发人员并不能按照自己的意愿进行 XML 文档的编写,如果要正确地被广告控件解析形成广告,就需要按照广告控件要求的标准的 XML 格式来编写代码,示例代码如下:

```
<? xml version="1.0" encoding="utf-8" ? >
<Advertisements>
  [<Ad>
  <ImageUrl></ImageUrl>
  <NavigateUrl></NavigateUrl>
  [<OptionalImageUrl></OptionalImageUrl>] *
  [<OptionalNavigateUrl></OptionalNavigateUrl>] *
  <AlternateText></AlternateText>
  <Keyword></Keyword>
  <Impression></Impression>
  </Ad>] *
</Advertisements>
```

上述代码实现了一个标准的广告控件的 XML 数据源格式,其中各标签意义如下:

➤ ImageUrl:指定一个图片文件的相对路径或绝对路径,当没有 ImageKey 元素与 OptionalImageUrl 匹配时则显示该图片。

➤ NavigateUrl:当用户单击广告时单没有 NaivigateUrlKey 元素与 OptionalNavigateUrl 元素匹配时,会将用户发送到该页面。

➤ OptionalImageUrl:指定一个图片文件的相对路径或绝对路径,对于 ImageKey 元素与 OptionalImageUrl 匹配时则显示该图片。

➤ OptionalNavigateUrl:当用户单击广告时单有 NaivigateUrlKey 元素与 OptionalNavigateUrl 元素匹配时,会将用户发送到该页面。

➤ AlternateText:该元素用来替代 IMG 中的 ALT 元素。

➤ KeyWord:KeyWord 用来指定广告的类别。

➤ Impression:该元素是一个数值,指示轮换时间表中该广告相对于文件中的其他广告的权重。

当创建了一个 XML 数据源之后,就需要对广告控件的 AdvertisementFile 进行更改,如图 8-29 所示。

配置好数据源之后,就需要在广告控件的数据源 XML 文件中加入自己的代码了,XML 广告文件示例代码如下:

```
<? xml version="1.0" encoding="utf-8" ? >
<Advertisements>
  <Ad>
  <ImageUrl>http://www.shangducms.com/images/cms.jpg</ImageUrl>
  <NavigateUrl>http://www.shangducms.com</NavigateUrl>
  <AlternateText>我的网站</AlternateText>
```

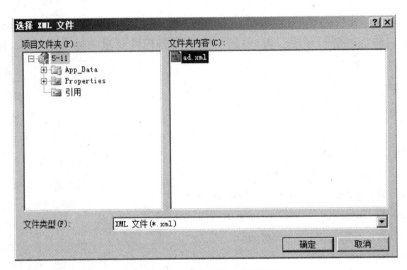

图8-29　指定相应的数据源

```
<Keyword>software</Keyword>
<Impression>100</Impression>
</Ad>
<Ad>
    <ImageUrl>http://www.shangducms.com/images/hello.jpg</ImageUrl>
    <NavigateUrl>http://www.shangducms.com</NavigateUrl>
    <AlternateText>我的网站</AlternateText>
    <Keyword>software</Keyword>
    <Impression>100</Impression>
</Ad>
</Advertisements>
```

　　运行程序,广告对应的图像在页面每次加载的时候被呈现,如图8-30所示。页面每次刷新时,广告控件呈现的广告内容都会被刷新,如图8-31所示。

图8-30　一个广告被呈现

图8-31　刷新后更换广告内容

# 8.11　文件上传控件

在网站开发中,如果需要加强用户与应用程序之间的交互,就需要上传文件。例如在论坛中,用户需要上传文件分享信息或在博客中上传视频分享快乐,等等。上传文件在ASP中是一个复杂的问题,可能需要通过组件才能够实现文件的上传。在 ASP. NET 中,开发环境默认的提供了文件上传控件来简化文件上传的开发。当开发人员使用文件上传控件时,将会显示一个文本框,用户可以键入或通过"浏览"按键浏览和选择希望上传到服务器的文件。创建一个文件上传控件系统生成的 HTML 代码如下:

```
<asp:FileUpload ID="FileUpload1" runat="server" />
```

文件上传控件可视化设置属性较少,大部分都是通过代码控制完成的。当用户选择了一个文件并提交页面后,该文件作为请求的一部分上传,将被完整地缓存在服务器内存中。当文件完成上传,页面才开始运行,在代码运行的过程中,可以检查文件的特征,然后保存该文件。同时,上传控件在选择文件后,并不会立即执行操作,需要其他的控件来完成操作,例如按钮控件(Button)。实现文件上传的 HTML 核心代码如下:

```
<body>
    <form id="form1" runat="server">
        <div>
            <asp:FileUpload ID="FileUpload1" runat="server" />
            <asp:Button ID="Button1" runat="server" Text="选择好了,开始上传" />
        </div>
    </form>
</body>
```

上述代码通过一个 Button 控件来操作文件上传控件,当用户单击按钮控件后就能够将上传控件中选中的控件上传到服务器空间中,示例代码如下:

```
protected void Button1_Click(object sender, EventArgs e)
{
    FileUpload1.PostedFile.SaveAs(Server.MapPath("upload/beta.jpg"));
                                                            //上传文件另存为
}
```

上述代码将一个文件上传到了 upload 文件夹内,并保存为 jpg 格式,如图 8-32 所示。打开服务器文件,可以看到文件已经上传了,如图 8-33 所示。

上述代码将文件保存在 UPLOAD 文件夹中,并保存为 jpg 格式。但是通常情况下,用户上传的并不全部都是 jpg 格式,也有可能是 DOC 等其他格式的文件,在这段代码中,并没有对其他格式进行处理而全部保存为 jpg 格式。同时,也没有对上传的文件进行过滤,存在着极大的安全风险,开发人员可以将相应的文件上传的 cs 更改,以便限制用户上传的文件类型,示例代码如下:

图 8-32　上传文件

图 8-33　文件已经被上传

```
protected void Button1_Click(object sender, EventArgs e)
{
    if (FileUpload1.HasFile)                              //如果存在文件
    {
        string fileExtension = System.IO.Path.GetExtension(FileUpload1.FileName);
                                                          //获取文件扩展名
        if (fileExtension ! = ".jpg")                     //如果扩展名不等于jpg时
        {
            Label1.Text = "文件上传类型不正确,请上传Jpg格式";
                                                          //提示用户重新上传
        }
        else
        {
            FileUpload1.PostedFile.SaveAs(Server.MapPath("upload/beta.jpg"));
                                                          //文件保存
            Label1.Text = "文件上传成功";                  //提示用户成功
        }
    }
}
```

　　上述代码中决定了用户只能上传jpg格式,如果用户上传的文件不是jpg格式,那么用户将被提示上传的文件类型有误并停止用户的文件上传,如果文件的类型为jpg格式,用户就能够上传文件到服务器的相应目录中,如图8-34所示。运行上传控件进行文件上传,运行结果如图8-35所示。

　　值得注意的是,上传的文件在.NET中,默认上传文件最大为4M左右,不能上传超过该限制的任何内容。当然,开发人员可以通过配置.NET相应的配置文件来更改此限制,但是推荐不要更改此限制,否则可能造成潜在的安全威胁。

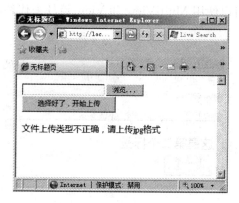

图 8-34　文件类型错误

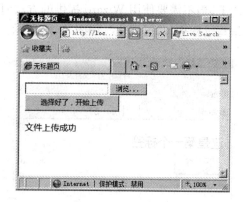

图 8-35　文件类型正确

# 8.12　视图控件

视图控件很像在 WinForm 开发中的 TabControl 控件,在网页开发中,可以使用 Multi-View 控件作为一个或多个 View 控件的容器,让用户体验得到更大的改善。在一个 Multi-View 控件中,可以放置多个 View 控件(选项卡),当用户点击到关心的选项卡时,可以显示相应的内容,很像 Visual Studio 2008 中的设计、视图、拆分等类型的功能。

无论是 MultiView 还是 View,都不会在 HTML 页面中呈现任何标记。而 MultiView 控件和 View 没有像其他控件那样多的属性,惟一需要指定的就是 ActiveViewIndex 属性,视图控件 HTML 代码如下:

```
<asp:MultiView ID="MultiView1" runat="server" ActiveViewIndex="0">
    <asp:View ID="View1" runat="server">
        abc<br />
            <asp:Button ID="Button1" runat="server" CommandArgument="View2"
            CommandName="SwitchViewByID" Text="下一个" />
    </asp:View>
    <asp:View ID="View2" runat="server">
        123<br />
            <asp:Button ID="Button2" runat="server" CommandArgument="View1"
            CommandName="SwitchViewByID" Text="上一个" />
    </asp:View>
</asp:MultiView>
```

上述代码中,使用了 Button 来对视图控件进行选择,通过单击按钮,来选择替换到【下一个】或者是【上一个】按钮,如图 8-36 所示。在用户注册中,这一步能够制作成 Web 向导,让用户更加方便地使用 Web 应用。当标签显示完毕后,会显示【上一个】按钮 8-37 所示。

MultiView 和 View 控件能够实现 Panel 控件的任务,但可以让用户选择其他条件。同时 MultiView 和 View 能够实现 Wizard 控件相似的行为,并且可以自己编写实现细节。相

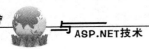

比之下,当不需要使用 Wizard 提供的方法时,可以使用 MultiView 和 View 控件来代替,并且编写过程更加"可视化",如图 8-38 所示。

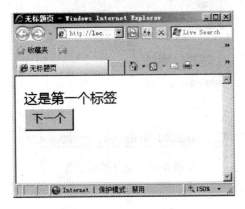

图 8-36  第一个标签

图 8-37  第二个标签

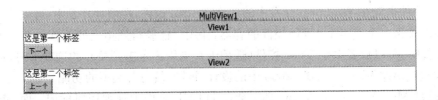

图 8-38  为每个 View 编写不同的应用

MultiView 和 View 控件也可以实现导航效果,可以通过编程指定 MultiView 的 ActiveViewIndex 属性显示相应的 View 控件。

## 8.13  表控件

在 ASP. NET 中,也提供了表控件(Table)来提供可编程的表格服务器控件。表中的行可以通过 TableRow 创建,而表中的列通过 TableCell 来实现,当创建一个表控件时,系统生成代码如下:

```
<asp:Table ID="Table1" runat="server" Height="121px" Width="177px">
</asp:Table>
```

上述代码自动生成了一个表控件代码,但是没有生成表控件中的行和列,必须通过 TableRow 创建行,通过 TableCell 来创建列,示例代码如下:

```
<asp:Table ID="Table1" runat="server" Height="121px" Width="177px">
<asp:TableRow>
  <asp:TableCell>1.1</asp:TableCell>
  <asp:TableCell>1.2</asp:TableCell>
  <asp:TableCell>1.3</asp:TableCell>
```

142

```
    <asp:TableCell>1.4</asp:TableCell>
  </asp:TableRow>
  <asp:TableRow>
    <asp:TableCell>2.1</asp:TableCell>
    <asp:TableCell>2.2</asp:TableCell>
    <asp:TableCell>2.3</asp:TableCell>
    <asp:TableCell>2.4</asp:TableCell>
  </asp:TableRow>
</asp:Table>
```

上述代码创建了一个两行四列的表,如图8-39所示。

Table 控件支持一些控制整个表的外观的属性,例如字体、背景颜色等,如图8-40所示。TableRow 控件和 TableCell 控件也支持这些属性,同样可以用来指定个别的行或单元格的外观,运行后如图8-41所示。

表控件和静态表的区别在于,表控件能够动态地为表格创建行或列,实现一些特定的程序需求。Web 服务器控件中,Table 控件中的行是 TableRow 对象,Table 控件中的列是 TableCell 对象。可以声明这两个对象并初始化,可以为表控件增加行或列,实现动态创建表的程序,HTML 核心代码如下:

图 8-39　表控件

图 8-40　Table 的属性设置

图 8-41　TableCell 控件的属性设置

```
<body style="font-style:italic">
  <form id="form1" runat="server">
  <div>
    <asp:Table ID="Table1" runat="server" Height="121px" Width="177px"
      BackColor="Silver">
    <asp:TableRow>
```

```
            <asp:TableCell>1.1</asp:TableCell>
            <asp:TableCell>1.2</asp:TableCell>
            <asp:TableCell>1.3</asp:TableCell>
            <asp:TableCell BackColor="White">1.4</asp:TableCell>
        </asp:TableRow>
        <asp:TableRow>
            <asp:TableCell>2.1</asp:TableCell>
            <asp:TableCell BackColor="White">2.2</asp:TableCell>
            <asp:TableCell>2.3</asp:TableCell>
            <asp:TableCell>2.4</asp:TableCell>
        </asp:TableRow>
    </asp:Table>
    <br />
    <asp:Button ID="Button1" runat="server" onclick="Button1_Click" Text="增
加一行" />
    </div>
</form>
</body>
```

上述代码中,创建了一个二行一列的表格,同时创建了一个 Button 按钮控件来实现增加一行的效果,cs 核心代码如下:

```
namespace _5_14
{
    public partial class _Default : System.Web.UI.Page
    {
        public TableRow row = new TableRow();        //定义一个 TableRow 对象
        protected void Page_Load(object sender, EventArgs e)
        {
        }
        protected void Button1_Click(object sender, EventArgs e)
        {
            Table1.Rows.Add(row);                    //创建一个新行
            for (int i = 0; i < 4; i++)              //遍历四次创建新列
            {
                TableCell cell = new TableCell();     //定义一个 TableCell 对象
                cell.Text = "3." + i.ToString();      //编写 TableCell 对象的文本
                row.Cells.Add(cell);                  //增加列
            }
        }
    }
```

}

上述代码动态的创建了一行并动态地在该行创建了四列,如图8-42所示。单击【增加一行】按钮,系统会在表格中创建新行,运行效果如图8-43所示。

图8-42　原表格

图8-43　动态创建行和列

在动态创建行和列的时候,也能够修改行和列的样式等属性,创建自定义样式的表格。通常,表不仅用来显示表格的信息,还是一种传统的布局网页的形式,创建网页表格有如下几种形式:

➤ HTML格式的表格:如<table>标记显示的静态表格。

➤ HtmlTable控件:将传统的<table>控件通过添加runat＝server属性将其转换为服务器控件。

➤ Table表格控件:就是本节介绍的表格控件。

虽然创建表格有以上三种创建方法,但是推荐开发人员在使用静态表格,当不需要对表格做任何逻辑事物处理时,最好使用HTML格式的表格,因为这样可以极大地降低页面逻辑、增强性能。

# 8.14　向导控件

在WinForm开发中,安装程序会一步一步地提示用户安装,或者在应用程序配置中,同样也有向导提示用户,让应用程序安装和配置变得更加简单。与之相同的是,在ASP.NET中,也提供了一个向导控件,便于在搜集用户信息、或提示用户填写相关的表单时使用。

## 8.14.1　向导控件的样式

当创建了一个向导控件时,系统会自动生成向导控件的HTML代码,示例代码如下:

```
<asp:Wizard ID="Wizard1" runat="server">
```

```
<WizardSteps>
    <asp:WizardStep runat="server" title="Step 1">
    </asp:WizardStep>
    <asp:WizardStep runat="server" title="Step 2">
    </asp:WizardStep>
</WizardSteps>
</asp:Wizard>
```

上述代码生成了 Wizard 控件,并在 Wizard 控件中自动生成了 WizardSteps 标签,这个标签规范了向导控件中的步骤,如图 8-44 所示。在向导控件中,系统会生成 WizardSteps 控件来显示每一个步骤,如图 8-45 所示。

图 8-44　向导控件　　　　　　　　图 8-45　完成后的向导控件

在 ASP.NET 2.0 之前,并没有 Wizard 向导控件,必须创建自定义控件来实现 Wizard 向导控件的效果,如视图控件。而在 ASP.NET 2.0 之后,系统就包含了向导控件,同样该控件也保留到了 ASP.NET 3.5。向导控件能够根据步骤自动更换选项,如当还没有执行到最后一步时,会出现【上一步】或【下一步】按钮以便用户使用,当向导执行完毕时,则会显示完成按钮,极大地简化了开发人员的向导开发过程。

向导控件还支持自动显示标题和控件的当前步骤。标题使用 HeaderText 属性自定义,同时还可以配置 DisplayCancelButton 属性显示一个取消按钮,如图 8-46 所示。不仅如此,当需要让向导控件支持向导步骤的添加时,只需配置 WizardSteps 属性即可,如图 8-47 所示。

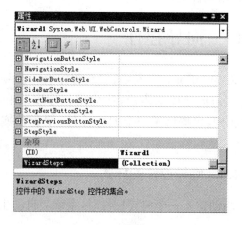

图 8-46　显示"取消"按钮　　　　　　图 8-47　配置步骤

Wizard 向导控件还支持一些模板。用户可以配置相应的属性来配置向导控件的模板。用户可以通过编辑 StartNavigationTemplate 属性、FinishNavigationTemplate 属性、StepNavigationTemplate 属性以及 SideBarTemplate 属性来进行自定义控件的界面设定。这些属性的意义如下：

➤ StartNavigationTemplate：该属性指定为 Wizard 控件的 Start 步骤中的导航区域显示自定义内容。

➤ FinishNavigationTemplate：该属性为 Wizard 控件的 Finish 步骤中的导航区域指定自定义内容。

➤ StepNavigationTemplate：该属性为 Wizard 控件的 Step 步骤中的导航区域指定自定义内容。

➤ SideBarTemplate：该属性为 Wizard 控件的侧栏区域中指定自定义内容。

以上属性都可以通过可视化功能来编辑或修改，如图 8-48 所示。

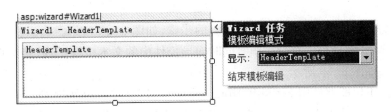

图 8-48　导航控件的模板支持

导航控件还能够自定义模板来实现更多的特定功能，同时导航控件还能够为导航控件的其他区域定义进行样式控制，如导航列表和导航按钮等。

## 8.14.2　导航控件的事件

当双击一个导航控件时，导航控件会自动生成 FinishButtonClick 事件。该事件是当用户完成导航控件时被触发。导航控件页面 HTML 核心代码如下：

```
<body>
    <form id="form1" runat="server">
    <asp:Wizard ID="Wizard1" runat="server" ActiveStepIndex="2"
        DisplayCancelButton="True" onfinishbuttonclick="Wizard1_FinishButtonClick">
        <WizardSteps>
            <asp:WizardStep runat="server" title="Step 1">
                执行的是第一步</asp:WizardStep>
            <asp:WizardStep runat="server" title="Step 2">
                执行的是第二步</asp:WizardStep>
            <asp:WizardStep runat="server" Title="Step3">
                感谢您的使用</asp:WizardStep>
        </WizardSteps>
    </asp:Wizard>
    <div>
```

```
        <asp:Label ID="Label1" runat="server" Text="Label"></asp:Label>
    </div>
    </form>
</body>
```

上述代码为向导控件进行了初始化,并提示用户正在执行的步骤,当用户执行完毕后,会提示"感谢您的使用"并在相应的文本标签控件中显示"向导控件执行完毕"。当单击导航控件时,会触发 FinishButtonClick 事件,通过编写 FinishButtonClick 事件能够为导航控件进行编码控制,示例代码如下:

```
protected void Wizard1_FinishButtonClick(object sender, WizardNavigationEventArgs e)
{
    Label1.Text = "向导控件执行完毕";
}
```

在执行的过程中,标签文本会显示执行的步骤,如图 8-49 所示。当运行完毕时,Label 标签控件会显示"向导控件执行完毕",同时向导控件中的文本也会呈现"感谢您的使用"字样。运行结果如图 8 50 所示。

向导控件不仅能够使用 FinishButtonClick 事件,同样也可以使用 PreviousButtonClick 和 FinishButtonClick 事件来自定义【上一步】按钮和【下一步】按钮的行为,同样也可以编写 CancelButtonClick 事件定义单击【取消】按钮时需要执行的操作。

图 8-49　执行第二步

图 8-50　用户单击完成后执行事件

## 8.15　XML 控件

XML 控件可以读取 XML 并将其写入该控件所在的 ASP.NET 网页。XML 控件能够将 XSL 转换应用到 XML,还能够将最终转换的内容输出呈现在该页中。当创建一个 XML 控件时,系统会生成 XML 控件的 HTML 代码,示例代码如下:

```
<asp:Xml ID="Xml1" runat="server"></asp:Xml>
```

上述代码实现了简单的 XML 控件,XML 控件还包括两个常用的属性,这两个属性分别如下所示：

➢ DocumentSource：应用转换的 XML 文件。

➢ TransformSource：用于转换 XML 数据的 XSL 文件。

开发人员可以通过 XML 控件的 DocumentSource 属性提供的 XML，XSL 文件的路径来进行加载，并将相应的代码呈现到控件上，示例代码如下：

```
<asp:Xml ID="Xml1" runat="server" DocumentSource="~/XMLFile1.xml"></asp:Xml>
```

上述代码为 XML 控件指定了 DocumentSource 属性，通过加载 XML 文档进行相应的代码呈现，运行后如图 8-51 所示。

图 8-51　加载 XML 文档

XML 控件不仅能够呈现 XML 文档的内容，还能够进行相应的 XML 的文本操作。在本书的后面章中，会详细讲解如何使用 ASP.NET 进行操作 XML。

# 8.16　验证控件

ASP.NET 提供了强大的验证控件，它可以验证服务器控件中用户的输入，并在验证失败的情况下显示一条自定义错误消息。验证控件直接在客户端执行，用户提交后执行相应的验证无需使用服务器端进行验证操作，从而减少了服务器与客户端之间的往返过程。

## 8.16.1　表单验证控件（RequiredFieldValidator）

在实际的应用中，如在用户填写表单时，有一些项目是必填项，如用户名和密码。在传统的 ASP 中，当用户填写表单后，页面需要被发送到服务器并判断表单中的某项 HTML 控件的值是否为空，如果为空，则返回错误信息。在 ASP.NET 中，系统提供了 RequiredFieldValidator 验证控件进行验证。使用 RequiredFieldValidator 控件能够指定某个用户在特定的控件中必须提供相应的信息，如果不填写相应的信息，RequiredFieldValidator 控件就会提示错误信息，RequiredFieldValidator 控件示例代码如下：

```
<body>
    <form id="form1" runat="server">
    <div>
        姓名：<asp:TextBox ID="TextBox1" runat="server"></asp:TextBox>
            <asp:RequiredFieldValidator ID="RequiredFieldValidator1" runat="server"
```

```
                        ControlToValidate="TextBox1" ErrorMessage="必填字段不能为空"></
asp:RequiredFieldValidator>
        <br />
        密码:<asp:TextBox ID="TextBox2" runat="server"></asp:TextBox>
        <br />
        <asp:Button ID="Button1" runat="server" Text="Button" />
        <br />
    </div>
    </form>
</body>
```

在进行验证时,RequiredFieldValidator 控件必须绑定一个服务器控件,在上述代码中,验证 RequiredFieldValidator 控件的服务器控件绑定为 TextBox1,当 TextBox1 中的值为空时,则会提示自定义错误信息"必填字段不能为空",如图 8-52 所示。

当姓名选项未填写时,会提示必填字段不能为空,并且该验证在客户端执行。当发生此错误时,用户会立即看到该错误提示而不会立即进行页面提交,当用户填写完成并再次单击按钮控件时,页面才会向服务器提交。

图 8-52　RequiredFieldValidator 验证控件

## 8.16.2　比较验证控件(CompareValidator)

比较验证控件对照特定的数据类型来验证用户的输入。因为当用户输入用户信息时,难免会输入错误信息,如当需要了解用户的生日时,用户很可能输入了其他的字符串。CompareValidator 比较验证控件能够比较控件中的值是否符合开发人员的需要。CompareValidator 控件的特有属性如下:

➢ ControlToCompare:以字符串形式输入的表达式,要与另一控件的值进行比较。

➢ Operator:要使用的比较。

➢ Type:要比较两个值的数据类型。

➢ ValueToCompare:以字符串形式输入的表达式。

当使用 CompareValidator 控件时,可以方便地判断用户是否正确输入,示例代码如下:

```
<body>
    <form id="form1" runat="server">
    <div>
        请输入生日:
        <asp:TextBox ID="TextBox1" runat="server"></asp:TextBox>
        <br />
        毕业日期:
        <asp:TextBox ID="TextBox2" runat="server"></asp:TextBox>
```

```
<asp:CompareValidator ID="CompareValidator1" runat="server"
        ControlToCompare="TextBox2" ControlToValidate="TextBox1"
        CultureInvariantValues="True" ErrorMessage="输入格式错误！请改正！"
        Operator="GreaterThan"
        Type="Date">
</asp:CompareValidator>
    <br />
    <asp:Button ID="Button1" runat="server" Text="Button" />
    <br />
</div>
</form>
</body>
```

上述代码判断 TextBox1 的输入的格式是否正确,当输入的格式错误时,会提示错误,如图 8-53 所示。

CompareValidator 验证控件不仅能够验证输入的格式是否正确,还可以验证两个控件之间的值是否相等。如果两个控件之间的值不相等,CompareValidator 验证控件同样会将自定义错误信息呈现在用户的客户端浏览器中。

图 8-53　CompareValidator 验证控件

### 8.16.3　范围验证控件(RangeValidator)

范围验证控件(RangeValidator)可以检查用户的输入是否在指定的上限与下限之间。通常情况下用于检查数字、日期、货币等。范围验证控件(RangeValidator)的常用属性如下:

- ➤ MinimumValue:指定有效范围的最小值。
- ➤ MaximumValue:指定有效范围的最大值。
- ➤ Type:指定要比较的值的数据类型。

通常情况下,为了控制用户输入的范围,可以使用该控件。当输入用户的生日时,今年是 2008 年,那么用户就不应该输入 2009 年,同样很少有人的寿命会超过 100 岁,所以对输入的日期的下限也需要进行规定,示例代码如下:

```
<div>
    请输入生日:<asp:TextBox ID="TextBox1" runat="server"></asp:TextBox>
    <asp:RangeValidator ID="RangeValidator1" runat="server"
        ControlToValidate="TextBox1" ErrorMessage="超出规定范围,请重新填写"
        MaximumValue="2009/1/1" MinimumValue="1990/1/1" Type="Date">
    </asp:RangeValidator>
    <br />
```

```
<asp:Button ID="Button1" runat="server" Text="Button" />
</div>
```

上述代码将 MinimumValue 属性值设置为 1990/1/1,并能将 MaximumValue 的值设置为 2009/1/1,当用户的日期低于最小值或高于最高值时,则提示错误,如图 8-54 所示。

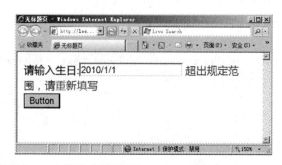

图 8-54　RangeValidator 验证控件

### 8.16.4　正则验证控件

在上述控件中,虽然能够实现一些验证,但是验证的能力是有限的,例如在验证的过程中,只能验证是否是数字,或者是否是日期。也可能在验证时,只能验证一定范围内的数值,虽然这些控件提供了一些验证功能,但却限制了开发人员进行自定义验证和错误信息的开发。为实现一个验证,很可能需要多个控件同时搭配使用。

正则验证控件(RegularExpressionValidator)就解决了这个问题,正则验证控件的功能非常的强大,它用于确定输入的控件的值是否与某个正则表达式所定义的模式相匹配,如电子邮件、电话号码以及序列号等。

正则验证控件常用的属性是 ValidationExpression,它用来指定用于验证的输入控件的正则表达式。客户端的正则表达式验证语法和服务端的正则表达式验证语法不同,因为在客户端使用的是 JSript 正则表达式语法,而在服务器端使用的是 Regex 类提供的正则表达式语法。使用正则表达式能够实现强大字符串的匹配并验证用户的输入的格式是否正确,系统提供了一些常用的正则表达式,开发人员能够选择相应的选项进行规则筛选,如图 8-55 所示。

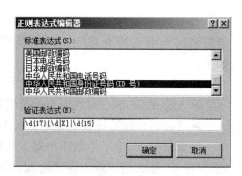

图 8-55　系统提供的正则表达式

当选择了正则表达式后,系统自动生成的 HTML 代码如下:

```
<asp:RegularExpressionValidator ID="RegularExpressionValidator1" runat="server"
    ControlToValidate="TextBox1" ErrorMessage="正则不匹配,请重新输入!"
    ValidationExpression="\d{17}[\d|X]|\d{15}">
</asp:RegularExpressionValidator>
```

运行后当用户单击按钮控件时,如果输入的信息与相应的正则表达式不匹配,则会提示错误信息,如图 8-56 所示。

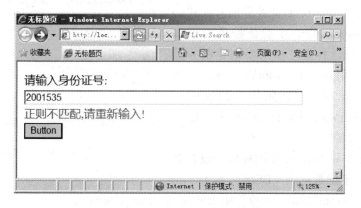

图 8-56 RegularExpressionValidator 验证控件

同样,开发人员也可以自定义正则表达式来规范用户的输入。使用正则表达式能够加快验证速度并在字符串中快速匹配,而另一方面,使用正则表达式能够减少复杂的应用程序的功能开发和实现。

## 8.16.5 自定义逻辑验证控件

自定义逻辑验证控件(CustomValidator)允许使用自定义的验证逻辑创建验证控件。例如,可以创建一个验证控件判断用户输入的是否包含"."号,示例代码如下:

```
protected void CustomValidator1_ServerValidate(object source, ServerValidateEven-
tArgs args)
{
    args.IsValid = args.Value.ToString().Contains(".");
                                                //设置验证程序,并返回布尔值
}
protected void Button1_Click(object sender, EventArgs e)          //用户自定义验证
{
    if (Page.IsValid)                                            //判断是否验证
通过
    {
        Label1.Text = "验证通过";                                //输出验证通过
    }
    else
    {
        Label1.Text = "输入格式错误";                            //提交失败信息
    }
}
```

上述代码不仅使用了验证控件自身的验证,也使用了用户自定义验证,运行结果如图

8-57所示。

从 CustomValidator 验证控件的验证代码可以看出，CustomValidator 验证控件可以在服务器上执行验证检查。如果要创建服务器端的验证函数，则处理 CustomValidator 控件的 ServerValidate 事件。使用传入的 ServerValidateEventArgs 的对象的 IsValid 字段来设置是否通过验证。

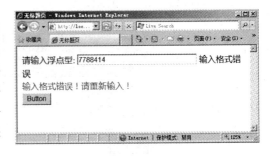

图 8-57　CustomValidator 验证控件

而 CustomValidator 控件同样也可以在客户端实现，该验证函数可用 VBScript 或 Jscript来实现，而在 CustomValidator 控件中需要使用 ClientValidationFunction 属性指定与 CustomValidator 控件相关的客户端验证脚本的函数名称进行控件中的值的验证。

### 8.16.6　验证组控件

验证组控件(ValidationSummary)能够对同一页面的多个控件进行验证。同时，验证组控件通过 ErrorMessage 属性为页面上的每个验证控件显示错误信息。验证组控件的常用属性如下：

> DisplayMode：摘要可显示为列表，项目符号列表或单个段落。
> HeaderText：标题部分指定一个自定义标题。
> ShowMessageBox：是否在消息框中显示摘要。
> ShowSummary：控制是显示还是隐藏 ValidationSummary 控件。

验证控件能够显示页面的多个控件产生的错误，示例代码如下：

```
<body>
    <form id="form1" runat="server">
    <div>
        姓名：
        <asp:TextBox ID="TextBox1" runat="server"></asp:TextBox>
        <asp:RequiredFieldValidator ID="RequiredFieldValidator1" runat="server"
            ControlToValidate="TextBox1" ErrorMessage="姓名为必填项">
        </asp:RequiredFieldValidator>
        <br />
        身份证：
        <asp:TextBox ID="TextBox2" runat="server"></asp:TextBox>
        <asp:RegularExpressionValidator ID="RegularExpressionValidator1" runat="
server"
            ControlToValidate="TextBox1" ErrorMessage="身份证号码错误"
ValidationExpression="\d{17}[\d|X]|\d{15}"></asp:RegularExpressionValidator>
        <br />
        <asp:Button ID="Button1" runat="server" Text="Button" />
```

```
        <asp:ValidationSummary ID="ValidationSummary1" runat="server" />
    </div>
    </form>
</body>
```

运行结果如图8-58所示。

当有多个错误发生时，ValidationSummary控件能够捕获多个验证错误并呈现给用户，这样就避免了一个表单需要多个验证时需要使用多个验证控件进行绑定，使用ValidationSummary控件就无需为每个需要验证的控件进行绑定。

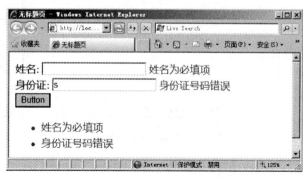

图8-58 ValidationSummary 验证控件

# 8.17 导航控件

在网站制作中，常常需要制作导航来让用户能够更加方便快捷地查阅到相关的信息和资讯，或能跳转到相关的版块。在 Web 应用中，导航是非常重要的。ASP. NET 提供了站点导航的一种简单的方法，即使用站点图形站点导航控件 SiteMapPath、TreeView、Menu 等控件。

导航控件包括 SiteMapPath、TreeView、Menu 三个控件，这三个控件都可以在页面中轻松建立导航。这三个导航控件的基本特征如下：

➤ SiteMapPath：检索用户当前页面并显示层次结构的控件。这使用户可以导航回到层次结构中的其他页面。SiteMap 控件专门与 SiteMapProvider 一起使用。

➤ TreeView：提供纵向用户界面以展开和折叠网页上的选定节点，以及为选定像提供复选框功能。并且 TreeView 控件支持数据绑定。

➤ Menu：提供在用户将鼠标指针悬停在某一项时弹出附加子菜单的水平或垂直用户界面。

这三个导航控件都能够快速地建立导航，并且能够调整相应的属性为导航控件进行自定义。

SiteMapPath 控件使用户能够从当前导航回站点层次结构中较高的页，但是该控件并不允许用户从当前页面向前导航到层次结构中较深的其他页面。相比之下，使用 TreeView 或 Menu 控件，用户可以打开节点并直接选择需要跳转的特定页。这些控件不会像 SiteMapPath 控件一样直接读取站点地图。TreeView 和 Menu 控件不仅可以自定义选项，也可以绑定一个 SiteMapDataSource。Menu 和 TreeView 控件的基本样式如图8-59和图8-60所示。

Menu 和 TreeView 控件生成的代码并不相同，因为 Menu 和 TreeView 控件所实现的功能也不尽相同。Menu 和 TreeView 控件的代码分别如下：

图 8-59　Menu 导航控件　　　　　　　图 8-60　TreeView 导航控件

```
<asp:Menu ID="Menu1" runat="server">
    <Items>
        <asp:MenuItem Text="新建项" Value="新建项"></asp:MenuItem>
        <asp:MenuItem Text="新建项" Value="新建项">
            <acp:MenuItem Text="新建项" Value="新建项"></asp:MenuItem>
        </asp:MenuItem>
        <asp:MenuItem Text="新建项" Value="新建项">
            <asp:MenuItem Text="新建项" Value="新建项"></asp:MenuItem>
        </asp:MenuItem>
        <asp:MenuItem Text="新建项" Value="新建项">
            <asp:MenuItem Text="新建项" Value="新建项">
                <asp:MenuItem Text="新建项" Value="新建项"></asp:MenuItem>
            </asp:MenuItem>
        </asp:MenuItem>
        <asp:MenuItem Text="新建项" Value="新建项"></asp:MenuItem>
    </Items>
</asp:Menu>
```

上述代码声明了一个 Menu 控件，并添加了若干节点。

```
<asp:TreeView ID="TreeView1" runat="server">
    <Nodes>
        <asp:TreeNode Text="新建节点" Value="新建节点"></asp:TreeNode>
        <asp:TreeNode Text="新建节点" Value="新建节点">
            <asp:TreeNode Text="新建节点" Value="新建节点"></asp:TreeNode>
        </asp:TreeNode>
        <asp:TreeNode Text="新建节点" Value="新建节点">
            <asp:TreeNode Text="新建节点" Value="新建节点"></asp:TreeNode>
        </asp:TreeNode>
        <asp:TreeNode Text="新建节点" Value="新建节点">
```

```
            <asp:TreeNode Text="新建节点" Value="新建节点"></asp:TreeNode>
        </asp:TreeNode>
        <asp:TreeNode Text="新建节点" Value="新建节点"></asp:TreeNode>
    </Nodes>
</asp:TreeView>
```

上述代码声明了一个 TreeView 控件,并添加了若干节点。

从上面的代码和运行后的实例图可以看出,TreeView 和 Menu 控件有一些区别,这些具体区别如下:

➢ Menu 展开时,是弹出形式的展开,而 TreeView 控件则是就地展开。

➢ Menu 控件并不是按需下载,而 TreeView 控件则是按需下载的。

➢ Menu 控件不包含复选框,而 TreeView 控件包含复选框。

➢ Menu 控件允许编辑模板,而 TreeView 控件不允许模板编辑。

➢ Menu 在布局上是水平和垂直,而 TreeView 只是垂直布局。

➢ Menu 可以选择样式,而 TreeView 不行。

开发人员在网站开发的时候,可以通过使用导航控件来快速地建立导航,为浏览者提供方便,也为网站做出信息指导。在用户的使用中,通常情况下导航控件中的导航值是不能被用户所更改的,但是开发人员可以通过编程的方式让用户也能够修改站点地图的节点。

# 第 9 章▶ASP.NET 数据库操作

## 9.1 ADO.NET 操作数据库

使用 ADO.NET 能够极大地方便开发人员对数据库进行操作而无需关心数据库底层之间的运行,ADO.NET 不仅包括多个对象,同样包括多种方法,这些方法都可以用来执行开发人员指定的 SQL 语句,但是这些方法实现过程又不尽相同。

### 9.1.1 使用 ExecuteReader()操作数据库

使用 ExecuteReader()操作数据库,ExecuteReader()方法返回的是一个 SqldataReader 对象或 OleDbDataReader 对象。当使用 DataReader 对象时,不会像 DataSet 那样提供无连接的数据库副本,DataReader 类被设计为产生只读、只进的数据流,这些数据流都是从数据库返回的。所以,每次的访问或操作只有一个记录保存在服务器的内存中。

相比与 DataSet 而言,DataReader 具有较快的访问能力,并且能够使用较少的服务器资源。DataReader 对象提供了"游标"形式的读取方法,当从结果中读取了一行,则"游标"会继续读取到下一行。通过 Read 方法可以判断数据是否还有下一行,如果存在数据,则继续运行并返回 true,否则返回 false。示例代码如下:

```
string str = "server='(local)';database='mytable';uid='sa';pwd='sa'";
SqlConnection con = new SqlConnection(str);
con.Open();                                          //打开连接
string strsql = "select * from mynews";              //SQL 查询语句
SqlCommand cmd = new SqlCommand(strsql, con);        //初始化 Command 对象
SqlDataReader rd = cmd.ExecuteReader();              //初始化 DataReader 对象
while (rd.Read())
{
        Response.Write(rd["title"].ToString());      //通过索引获取列
}
```

DataReader 可以提高执行效率,有两种方式可以提高代码的性能,一种是基于序号的查询;第二种情况则是使用适当的 Get 方法来查询。一般来说,在数据库的设计中,需要设计索引键或主键来标识,在主键的设计中,自动增长类型是经常使用的,自动增长类型通常

为整型,所以基于序号的查询可以使用DataReader,示例代码如下:

```
string str = "server='(local)';database='mytable';uid='sa';pwd='sa'";
                                                    //设置连接字串
SqlConnection con = new SqlConnection(str);          //创建连接对象
con.Open();                                          //打开连接
string strsql = "select * from mynews where id=1 order by id desc";
                                                    //按标识查询
SqlCommand cmd = new SqlCommand(strsql, con);        //创建 Command 对象
SqlDataReader rd = cmd.ExecuteReader();              //创建 DataReader 对象
while (rd.Read())                                    //遍历数据库
{
    Response.Write(rd["title"].ToString());          //读取相应行的信息
}
```

当使用ExecuteReader()操作数据库时,会遇到知道某列的名称而不知道某列的号的情况,这种情况可以通过使用DataReader对象的GetOrdinal()方法获取相应的列号。此方法接收一个列名并返回此列名所在的列号,示例代码如下:

```
string str = "server='(local)';database='mytable';uid='sa';pwd='sa'";
                                                    //创建连接字串
SqlConnection con = new SqlConnection(str);          //创建连接对象
con.Open();                                          //打开连接
string strsql = "select * from mynews where id=1 order by id desc";
                                                    //创建执行 SQL 语句
SqlCommand cmd = new SqlCommand(strsql, con);        //创建 Command 对象
SqlDataReader rd = cmd.ExecuteReader();              //创建 DataReader 对象
int id = rd.GetOrdinal("title");          //使用 GetOrdinal 方法获取 title 列的列号
while (rd.Read())                                    //遍历 DataReader 对象
{
    Label1.Text = "新闻 id 是" + rd["id"];           //输出对象的值
}
```

当完成数据库操作时,需要关闭数据库连接,DataReader对象在调用Close()方法即关闭与数据库的连接,如果在没有关闭之前又打开另一个连接,系统会抛出异常。示例代码如下:

```
rd.Close();                                          //关闭 DataReader 对象
```

ExecuteReader()可以执行相应的SQL语句,例如插入、更新以及删除等,当需要执行插入、更新或删除时,可以使用ExecuteReader()进行数据操作,示例代码如下:

```
string str = "server='(local)';database='mytable';uid='sa';pwd='sa'";
                                                    //创建连接字串
```

```
SqlConnection con = new SqlConnection(str);                    //创建连接对象
con.Open();                                                    //打开连接
string strsql = "insert into mynews values ('执行更新后的标题')";
                                                               //创建执行 SQL 语句
SqlCommand cmd = new SqlCommand(strsql, con);                 //创建 Command 对象
SqlDataReader rd = cmd.ExecuteReader();                       //使用 ExcuteReader()方法
while (rd.Read())                                              //读取数据库
{
    Response.Write(rd["title"].ToString() + "<hr/>");
}
rd.Close();                                                    //关闭 DataReader 对象
Response.Redirect("ExecuteReader.aspx");
```

当执行了插入、删除等数据库操作时，ExecuteReader 返回为空的 DataReader 对象。当使用 Read 方法遍历读取数据库时，并不会显示相应的数据信息，因为不是查询语句，则返回一个没有任何数据的 System.Data.OleDb.OleDbDataReader 类型的集（EOF），但是 ExecuteReader 方法可以执行 SQL 语句，如图 9-1 所示。

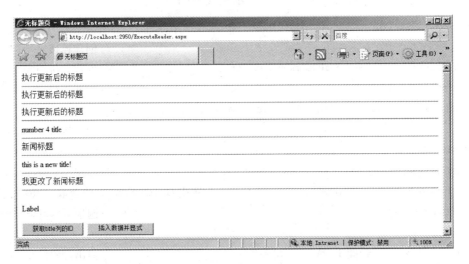

图 9-1　ExecuteReader()执行查询和事务处理

使用 ExecuteReader()操作数据库，通常情况下是使用 ExecuteReader()进行数据库查询操作，使用 ExecuteReader()查询数据库能够提升查询效率，而如果需要进行数据库事务处理的话，ExecuteReader()方法并不是理想的选择。

### 9.1.2　使用 ExecuteNonQuery()操作数据库

使用 ExecuteNonQuery()操作数据库时，ExecuteNonQuery()并不返回 DataReader 对象，返回的是一个整型的值，代表执行某个 SQL 语句后，在数据库中影响的行数，示例代码如下：

```
string str = "server='(local)';database='mytable';uid='sa';pwd='sa'";
                                                               //创建连接字串
```

```
SqlConnection con = new SqlConnection(str);                         //创建连接对象
con.Open();                                                        //打开连接
string strsql = "select top 5 * from mynews order by id desc";
SqlCommand cmd = new SqlCommand(strsql, con);                       //使用 ExecuteNonQuery
Label1.Text="该操作影响了"+cmd.ExecuteNonQuery()+"行";
                                                                   //执行 SQL 语句并返回行
```

上述代码使用了 SELECT 语句，并执行语句，返回受影响的行数。运行后，发现返回的结果为"－1"，说明，当使用 SELECT 语句时，并没有对任何行有任何影响。ExecuteNonQuery()通常情况下为数据库事务处理的首选，当需要执行插入、删除、更新等操作时，首选ExecuteNonQuery()。

对于更新、插入和删除的 SQL 句，ExecuteNonQuery()方法的返回值为该命令所影响的行数。对于"CREATE TABLE"和"DROP TABLE"语句，返回值为"0"，而对于所有其他类型的语句，返回值为"－1"。ExecuteNonQuery()操作数据时，可以不使用 DataSet 直接更改数据库中的数据，示例代码如下：

```
protected void Button1_Click(object sender, EventArgs e)
{
    string str = "server='(local)';database='mytable';uid='sa';pwd='sa'";
                                                                   //创建连接字串
    SqlConnection con = new SqlConnection(str);                     //创建连接对象
    con.Open();                                                    //打开连接
    string strsql = "delete from mynews where id>4";               //编写执行删除的 SQL 语句
    SqlCommand cmd = new SqlCommand(strsql, con);                   //创建 Command 对象
    Label1.Text = "该操作影响了" + cmd.ExecuteNonQuery() + "行";
                                                                   //返回影响行数
}
```

运行上述代码后，会执行删除 id 号大于 4 的数据事务，当执行删除并删除完毕后，则ExecuteNonQuery()方法返回受影响的行数，如图 9-2 所示。

ExecuteNonQuery()操作主要进行数据库操作，包括更新、插入和删除等操作，并返回相应的行数。在进行数据库事务处理时或不需要 DataSet 为数据库进行更新时，ExecuteNonQuery()方法是数据操作的首选。因为 ExecuteNonQuery()支持多种数据库语句的执行。

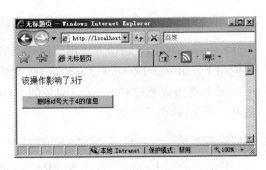

图 9-2　ExecuteNonQuery()方法

### 9.1.3　使用 ExecuteScalar()操作数据库

ExecuteScalar()方法也用来执行 SQL 语句，但是 ExecuteScalar()执行 SQL 语句后的

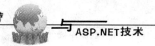

返回值与 ExecuteNonQuery()并不相同,ExecuteScalar()方法的返回值的数据类型是 Object 类型。如果执行的 SQL 语句是一个查询语句(SELECT),则返回结果是查询后的第一行的第一列,如果执行的 SQL 语句不是一个查询语句,则会返回一个未实例化的对象,必须通过类型转换来显示,示例代码如下:

```
string str = "server='(local)';database='mytable';uid='sa';pwd='sa'";
                                                    //创建连接字串
SqlConnection con = new SqlConnection(str);         //创建连接对象
con.Open();                                         //打开连接
string strsql = "select * from mynews order by id desc";
SqlCommand cmd = new SqlCommand(strsql, con);
Label1.Text = "查询出了 Id 为" + cmd.ExecuteScalar() \;    //使用 ExecuteScalar 查询
```

通常情况下 ExecuteNonQuery()操作后返回的是一个值,而 ExecuteScalar()操作后则会返回一个对象,ExecuteScalar()经常使用于当需要返回单一值时的情况。例如当插入一条数据信息时,常常需要马上知道刚才插入的值,则可以使用 ExecuteScalar()方法。示例代码如下:

```
string str = "server='(local)';database='mytable';uid='sa';pwd='sa'";
                                                    //创建连接字串
SqlConnection con = new SqlConnection(str);         //创建连接对象
con.Open();                                         //打开连接
string strsql = "insert into mynews values ('刚刚插入的 id 是多少?')
SELECT  @@IDENTITY  as  'bh'";                       //插入语句
SqlCommand cmd = new SqlCommand(strsql, con);       //执行语句
Label1.Text = "刚刚插入的行的 id 是" + cmd.ExecuteScalar();   //返回赋值
```

上述代码使用了 SELECT @@IDENTITY 语法获取刚刚执行更新后的 id 值,然后通过使用 ExecuteScalar()方法来获取刚刚更新后第一行第一列的值。

### 9.1.4  使用 ExecuteXmlReader()操作数据库

ExecuteXmlReader()方法用于操作 XML 数据库,并返回一个 XmlReader 对象,若需要使用 ExecuteXmlReader()方法,则必须添加引用 System. Xml。XmlReader 类似于 DataReader,都需要通过 Command 对象的 ExecuteXmlReader()方法来创建 XmlReader 的对象并初始化,示例代码如下:

```
XmlReader xdr = cmd.ExecuteXmlReader();             //创建 XmlReader 对象
```

ExecuteXmlReader()返回 XmlReader 对象,XmlReader 特性如下所示:
- XMLReader 是面向流的,它把 XML 文档看作是文本数据流。
- XMLReader 是一个抽象类。
- XMLReader 使用 pull 模式处理流。
- 三个派生类:XMLTextReader、XMLNodeReader 和 XMLValidatingReader。
下面代码实现了获取当前节点中属性的个数。

```
string str = "server='(local)';database='mytable';uid='sa';pwd='sa'";
                                                  //创建连接字串
SqlConnection con = new SqlConnection(str);       //创建连接对象
con.Open();                                       //打开连接
string strsql = "select * from mynews order by id desc FOR XML AUTO, XMLDATA";
SqlCommand cmd = new SqlCommand(strsql, con);     //创建 Command 对象
XmlReader xdr = cmd.ExecuteXmlReader();           //创建 XmlReader 对象
Response.Write(xdr.AttributeCount);               //读取节点个数
```

上述代码使用了 SQL 语言中的 FOR XML AUTO、XMLDATA 关键字,当执行 ExecuteXmlReader()方法时,会返回 XmlReader 对象,若不指定 FOR XML AUTO、XMLDATA 关键字,则系统会抛出异常。

# 9.2 ASP.NET 创建和插入记录

在数据库操作中,经常需要对数据库中的内容进行插入操作。例如当有一个用户发布了评论,或者一个用户要购买某个商品,都需要插入记录来保存用户的相应的信息,以便当用户再次登录网站或应用时,能够及时获取自己购买的信息。

## 9.2.1 SQL INSERT 数据插入语句

使用 SQL INSERT 语句能够实现数据库的插入,SQL 语句必须遵照一些规范,SQL INSERT 语句的一般语法形式如下:

```
INSERT [INTO]
{table_name}
{
[(column_list)]
{
VALUES({DEFAULT|NULL|expression} [,...n])
}
}
```

上述代码规范了 INSERT 语句的编写规范,其中:

➢ INSERT 是 SQL 插入关键字。

➢ [INTO]是表名称之前能够包含的可选关键字。

➢ Table_name 是相关的表名称。

➢ column_list 是列的集合,如果有多个列可用都好隔开。

➢ VALUES 是相应的列的值。

如果需要向表 mytables 插入数据,而 mytables 里包括自动增长的主键 id 和 title 两列,则 INSERT 语句可以编写代码如下:

```
INSERT INTO mytables VALUES ('新的新闻标题')
```

上述代码向表 mytables 中插入了一条新记录,并将 title 赋值为"新的新闻标题"。值得注意的是,在这条语句中,并没有编写列的集合,是因为当不编写 column_list 时,则默认为每一个列插入数值。

如果需要插入数据时,需要指定插入相应的列的值,则可以将 SQL 语句代码编写如下:

```
INSERT INTO mytables (title) VALUES ('新的新闻标题')
```

上述代码指定了列 title,并对应了相应的值。若在表中存在多个列,列的顺序和列相应的值的顺序必须匹配。例如有 3 列并分别为 number1,string2,datetime3,当需要向其中插入数据时,则可以编写以下 SQL 语句:

```
INSERT INTO examtable (number1,string2,datetime3) VALUES (1,'this is a string',
'2008/9/18')
```

上述代码编写了 INSERT 语句以便数据的插入,同样在插入语句中如果需要插入所有的列,可以简化 INSERT 语句以便快速进行数据插入,示例代码如下:

```
INSERT INTO examtable VALUES (1,'this is a string','2008/9/18')
```

值得注意的是,无论按照何种方法编写 SQL 语句,值和列都应该相互匹配。

### 9.2.2　使用 Command 对象更新记录

编写了 SQL 语句后,必须执行 SQL 语句,在 ADO. NET 中,执行 SQL 语句有很多方法,其中推荐使用 Command 命令的 ExecuteNonQuery()。执行 SQL 语句的命令的必要步骤如下:

> 打开数据连接。
> 创建一个新的 Command 对象。
> 定义一个 SQL 命令。
> 执行 SQL 命令。
> 关闭连接。

从上面的步骤可以发现执行 SQL 语句是非常容易的,首先必须打开到数据库的连接,示例代码如下:

```
string str = "server='(local)';database='mytable';uid='sa';pwd='sa'";
SqlConnection con = new SqlConnection(str);          //创建连接对象
con. Open();                                          //打开连接
```

其中,str 是数据连接字串,用来初始化 Connection 对象,说明如何连接数据库,当数据库连接完毕后,可以使用 Open 方法打开数据连接。完成数据库连接后,需创建一个新的 Command 对象,示例代码如下:

```
SqlCommand cmd = new SqlCommand("insert into mynews value ('插入一条新数据')", con);
```

Command 对象的构造函数的参数有两个,一个是需要执行的 SQL 语句,另一个是数据库连接对象。创建 Command 对象后,就可以执行 SQL 命令,执行后完成并关闭数据连接,示例代码如下:

```
cmd.ExecuteNonQuery();                                              //执行 SQL 命令
con.Close();                                                        //关闭连接
```

上述代码使用了 ExecuteNonQuery() 方法执行了 SELECT 语句的操作,当执行完毕后就需要对现有的连接进行关闭,以释放系统资源。

### 9.2.3　使用 DataSet 数据集插入记录

使用 INSERT 语句能够完成数据插入,使用 DataSet 对象也可以完成数据插入。为了将数据库的数据填充到 DataSet 中,则必须先使用 DataAdapter 对象的方法实现填充,当数据填充完成后,开发人员可以将记录添加到 DataSet 对象中,然后使用 Update 方法将记录插入数据库中。使用 DataSet 更新记录的步骤如下:

- ➤ 创建一个 Connection 对象。
- ➤ 创建一个 DataAdapter 对象。
- ➤ 初始化适配器。
- ➤ 使用数据适配器的 Fill 方法执行 SELECT 命令,并填充 DataSet。
- ➤ 使用 DataTable 对象提供的 NewRow 方法创建新行。
- ➤ 将数据行的字段设置为插入的值。
- ➤ 使用 DataRowAdd 类的 Add 方法将数据行添加到数据表中。
- ➤ 把 DataAdapter 类的 InsertCommand 属性设置成需要插入记录的 INSERT 语句。
- ➤ 使用数据适配器提供的 Update 方法将新记录插入数据库。
- ➤ 使用 DataSet 类提供的 AcceptChanges 方法将数据库与内存中的数据保持一致。

当使用 DataSet 插入记录前,需要创建 Connection 对象以保证数据库连接,示例代码如下:

```
string str = "server='(local)';database='mytable';uid='sa';pwd='sa'";
                                                                   //创建连接字串
SqlConnection con = new SqlConnection(str);                        //创建连接对象
con.Open();                                                        //打开连接
```

上述代码创建了一个数据库连接,并打开了数据库连接。完成数据连接后,就需要查询表中的数据并使用 DataAdapter 对象初始化适配器,示例代码如下:

```
string strsql = "select * from mynews";                           //编写 SQL 语句
SqlDataAdapter da = new SqlDataAdapter(strsql, con);               //创建适配器
```

DataAdapter 对象默认构造函数包括两个参数,其中一个参数是需要执行的 SQL 语句,另一个是 Connection 对象。在初始化适配器后,需要对适配器的相应的属性做设置,使用 SqlCommandBuilder 对象可以让系统构造 InsertCommand 属性,示例代码如下:

```
SqlCommandBuilder build = new SqlCommandBuilder(da);               //构造 SQL 语句
```

使用适配器的 Fill 方法能够填充 DataSet 数据集,示例代码如下:

```
DataSet ds = new DataSet();                                        //创建数据集
da.Fill(ds, "datatable");                                          //填充数据集
DataTable tb = ds.Tables["datatable"];                             //创建表
```

```
tb.PrimaryKey = new DataColumn[] { tb.Columns["id"] };                    //创建表的主键
```

上述代码创建了一个 DataSet 数据集对象,被填充数据后,数据集中表的名称被命名为 datatable,该命名与数据库中的表的名称并不冲突。填充了 DataSet 数据对象后,需要使用 DataRow 对象为 DataSet 添加数据,示例代码如下:

```
DataRow row = ds.Tables["datatable"].NewRow();                    //创建 DataRow
row["title"] = "使用 DataSet 插入新行";                            //赋值新列
row["id"] = "15";
```

上述代码使用了 NewRow 方法创建新行返回 DataRow 对象,当 DataRow 对象中的相应的元素被赋值后,则需要使用 Rows. Add 方法增加新行,因为只对 DataRow 对象赋值,并不能自动地在数据库中增加新行。示例代码如下:

```
ds.Tables["datatable"].Rows.Add(row);                            //添加新行
```

上述代码将数据更新到 DataSet 数据集中,为了保持数据集中的数据和数据库的数据的一致性,需使用 Update 方法,示例代码如下:

```
da.Update(ds, "datatable");                                        //更新数据
```

当执行了 Update 方法后,数据库中的数据就会同步 DataSet 数据集中的数据进行数据更新。

# 9.3 ASP. NET 更新数据库

在应用程序的开发中,常常会需要对数据库中现有的内容进行更新操作。ADO. NET 提供了若干不同的更新数据库中记录的方法,如果需要更新数据库中的某列的值或者某几列的值,则需要使用 SQL UPDATE 命令进行数据库更新。

## 9.3.1 SQL UPDATE 数据更新语句

使用 SQL UPDATE 语句能够实现数据库中数据的更新,SQL UPDATE 语句的一般语法格式如下:

```
UPDATE
{table_name}
{
 SET column1_name = expression1,
     column2_name = expression2,
     .
     .
     columnN_name = expressionN
{WHERE condition1 AND|OR condition2}
}
```

上述代码规范了 UPDATE 语句的编写规范,其中:

➤ UPDATE 是 SQL 更新关键字。

➤ table_name 是需要更新的表的名称。

➤ columnN_name 是需要更新的列的名称。

➤ expression 是列相应的值。

➤ WHERE 是 SQL 语句的关键字。

➤ condition 是条件。

如果需要更新表 mytable 中的某行的数据,则可以编写 SQL UPDATE 语句进行更新,示例代码如下:

```
UPDATE mytable SET title = '修改后的数据' where id = 3
```

上述代码更新了 id 为 3 的数据中的 title,并将 title 字段的值修改为"修改后的数据"。

### 9.3.2 使用 Command 对象更新记录

如需要执行 UPDATE 语句时,同样可以使用 Command 对象执行语句。Command 对象基本上能够执行所有需要进行数据更新的 SQL 语句。使用 Command 对象进行数据库操作的步骤基本如下:

➤ 创建数据库连接。

➤ 创建一个 Command 对象,并指定一个 SQL UPDATE(或存储过程)。

➤ 使用 Command 对象的 ExecuteNonQuery()方法执行 UPDATE(或存储过程)。

➤ 关闭数据库连接。

当需要执行 UPDATE 语句时,首先必须要打开到数据库的连接,打开连接后,使用 Command 对象执行 SQL 语句,示例代码如下:

```
string str = "server = '(local)';database = 'mytable';uid = 'sa';pwd = 'sa'";
SqlConnection con = new SqlConnection(str);                    //创建连接对象
con.Open();                                                   //打开连接
```

其中,str 同样是数据连接字串,用来初始化 Connection 对象,说明如何连接数据库,当数据库连接完毕后,可以使用 Open 方法打开数据连接。完成数据库连接后,需创建一个新的 Command 对象进行数据更新,示例代码如下:

```
SqlCommand cmd = new SqlCommand("UPDATE mynews SET title = '修改后的数据'
where id = 3", con);                                         //创建 Command 对象
```

Command 对象的构造函数的参数有两个,一个是需要执行的 SQL 语句,令一个是数据库连接对象。创建 Command 对象后,就可以执行 SQL 命令,执行后完成并关闭数据连接,示例代码如下:

```
cmd.ExecuteNonQuery();                                        //执行 SQL 命令
con.Close();                                                  //关闭连接
```

上述代码使用了 ExecuteNonQuery()方法进行 SQL UPDATE 语句的执行,从而能够

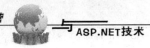

更新数据库中的相应数据。

### 9.3.3 使用 DataSet 数据集更新记录

ADO. NET 的 DataSet 对象提供了更好的编程实现数据库的更新功能。因为 DataSet 对象与数据库始终不是连接的,开发人员可以向脱离数据库的 DataSet 对象中增加列、删除列或更新列。当完成了修改后,则可以通过将 DataSet 对象连接到 DataAdapter 对象来将记录传输给数据库。DataSet 更新记录的步骤如下:

➢ 创建一个 Connection 对象。

➢ 创建一个 DataAdapter 对象。

➢ 初始化适配器。

➢ 使用数据适配器的 Fill 方法执行 SELECT 命令,并填充 DataSet。

➢ 执行 SqlCommandBuilder 方法生成 UpdataCommand 方法。

➢ 创建 DataTable 对象并指定相应的 DataSet 中的表。

➢ 创建 DataRow 对象并查找需要修改的相应行。

➢ 更改 DataRow 对象中的列的值。

➢ 使用 Update 方法进行数据更新。

在更新记录前,首先需要查询出相应的数据,查询相应的数据后才能够填充 DataSet,示例代码如下:

```
string str = "server='(local)';database='mytable';uid='sa';pwd='sa'";
                                                    //创建连接字串
SqlConnection con = new SqlConnection(str);         //创建连接对象
con.Open();                                         //打开连接
string strsql = "select * from mynews";             //执行查询
SqlDataAdapter da = new SqlDataAdapter(strsql, con);//使用 DataAdapter
DataSet ds = new DataSet();                         //使用 DataSet
da.Fill(ds, "datatable");                           //使用 Fill 方法填充 DataSet
```

上述代码将查询出来的数据集保存在表为 datatable 的 DataSet 记录集中,DataSet 记录集的表的名称可以按照开发人员的喜好来编写,从而区分内存中表的数据和真实的数据库的区别。当需要处理数据时,只需要处理相应名称的表即可,示例代码如下:

```
DataTable tb = ds.Tables["datatable"];
```

当需要执行更新时,可直接使用 DataSet 对象进行更新操作来修改其中的一行或多行记录,示例代码如下:

```
DataTable tb = ds.Tables["datatable"];
tb.PrimaryKey = new DataColumn[] { tb.Columns["id"] };
DataRow row = tb.Rows.Find(1);
row["title"] = "新标题";
```

当需要更新某个记录时,必须在更新之前查找到该行的记录。可以使用 Rows.Find 方法查找到相应的行,然后将数据集表中的该行的列值进行更新。使用 DataAdapter 的 Update 方法可以更新 DataSet 数据集,并保持数据集和数据库中数据的一致性,示例代码如下:

```
da.Update(ds, "datatable");
```

在执行以上代码,可能会抛出异常提示:"当传递具有已修改行的 DataRow 集合时,更新要求有效的 UpdateCommand"。这是因为在更新时,并没有为 DataAdapter 对象配置 UpdateCommand 方法,可以通过 SqlCommandBuilder 对象配置 UpdateCommand 方法,示例代码如下:

```
SqlCommandBuilder build = new SqlCommandBuilder(da);
```

上述代码为 DataAdapter 对象自动配置了 UpdateCommand,DeleteCommand 等方法,当执行更新时,无需手动配置 UpdateCommand 方法。

# 9.4 ASP.NET 删除数据

当数据库中的数据过多,或需要对数据库进行数据优化时,则可能需要对数据库中的数据进行删除,例如用户的操作,长期不上线的用户资料,都可以删除。ADO.NET 提供多种数据库的删除方法,并且同样支持 DataSet 方法删除数据库。

## 9.4.1 SQL DELETE 数据删除语句

使用 SQL DELETE 语句能够实现数据库中数据的更新,SQL DELETE 语句的一般语法格式如下:

```
DELETE [FROM]
{table_name}
[WHERE condition1 AND|OR condition2]
```

上述代码规范了 DELETE 语句的编写规范,其中:
➤ DELETE 是 SQL 删除关键字。
➤ FORM 是一个可以选择的关键字。
➤ table_name 是表的名称。
➤ WHERE 是一个 SQL 关键字。
➤ conditionN 是执行 DELETE 命令中需要达成的若干条件。

SQL DELETE 相对来说比较简单,当需要对某个表中的数据进行删除时,可以使用 DELETE 语句来执行删除操作,在编写 DELETE 语句时,需要指定表,并且指定相应的条件,示例代码如下:

```
DELETE FROM mynews WHERE ID=3
```

上述代码指定删除了 mynews 表中 ID 为 3 的行。如果不编写 WHERE 子句,则该表中所有的行都能够达成删除的条件,则会删除表中所有的行,示例代码如下:

DELETE FROM mynews

在编写删除语句时,可以通过编写相应的条件来提高执行的效率。

### 9.4.2　使用 Command 对象删除记录

当需要执行删除语句,可以使用 Command 对象来删除数据库中的记录。Command 对象的使用方法在前面的 SQL 语句介绍中已经讲得比较多了,在删除记录时,其使用方法基本相同。使用 Command 对象进行数据库操作的步骤基本如下:

➢ 创建数据库连接。

➢ 创建一个 Command 对象,并指定一个 SQL DELETE(或存储过程)。

➢ 使用 Command 对象的 ExecuteNonQuery()方法执行 DELETE(或存储过程)。

➢ 关闭数据库连接。

当需要执行 DELETE 语句时,首先必须要打开到数据库的连接,打开连接后,使用 Command 对象执行 SQL 语句,示例代码如下:

```
string str = "server='(local)';database='mytable';uid='sa';pwd='sa'";
SqlConnection con = new SqlConnection(str);
con.Open();                                        //打开连接
```

完成数据库连接后,需创建一个新的 Command 对象,示例代码如下:

```
SqlCommand cmd = new SqlCommand("Delete mynews where id=3", con);
```

Command 对象的构造函数的参数有两个,一个是需要执行的 SQL 语句,另一个是数据库连接对象。

创建 Command 对象后,就可以执行 SQL 命令,执行后完成并关闭数据连接,示例代码如下:

```
cmd.ExecuteNonQuery();                             //执行 SQL 命令
con.Close();                                       //关闭连接
```

### 9.4.3　使用 DataSet 数据集删除记录

使用 DataSet 删除记录和使用 DataSet 更新记录非常相似,DataSet 删除记录的步骤如下:

➢ 创建一个 Connection 对象。

➢ 创建一个 DataAdapter 对象。

➢ 初始化适配器。

➢ 使用数据适配器的 Fill 方法执行 SELECT 命令,并填充 DataSet。

➢ 执行 SqlCommandBuilder 方法生成 UpdataCommand 方法。

➢ 创建 DataTable 对象并指定相应的 DataSet 中的表。

➢ 创建 DataRow 对象并查找需要修改的相应行。

➢ 使用 Delete 方法删除该行。

➢ 使用 Updata 方法进行数据更新。

在删除记录前,首先需要创建连接,示例代码如下:

```
string str = "server='(local)';database='mytable';uid='sa';pwd='sa'";
    SqlConnection con = new SqlConnection(str);
    con.Open();
    string strsql = "select * from mynews";
```

上述代码创建了与数据库的连接,并编写 SQL 查询语句来填充 DataSet。填充 Data-Set 对象需使用 DataAdapter,示例代码如下:

```
SqlDataAdapter da = new SqlDataAdapter(strsql, con);
SqlCommandBuilder build = new SqlCommandBuilder(da);
DataSet ds = new DataSet();
da.Fill(ds, "datatable");
```

编写完成后,需要创建 DataTable 对象对 DataSet 中相应的数据进行操作,其代码和更新记录基本相同,示例代码如下:

```
DataTable tb = ds.Tables["datatable"];
tb.PrimaryKey = new DataColumn[] { tb.Columns["id"] };
DataRow row = tb.Rows.Find(3);
```

在进行删除之前,同样需要找到相应的行,来指定删除语句所需要删除的行,示例代码如下:

```
row.Delete();
```

读者可以看到,DataSet 删除方法与更新方法不同的地方只是操作语句的不同,在更新中使用的是 Update()方法,而在删除中使用的是 Delete()方法。

在删除完毕后,同样需要保持 DataSet 中的数据和数据库中的数据的一致性,示例代码如下:

```
da.Update(ds, "datatable");
```

使用 Update 方法能够使 DataSet 中的数据和数据库中的数据保持一致性,在 ASP 中,这种方法也比较常见。

# 9.5 使用存储过程

存储过程在开发过程中经常被使用,因为存储过程能够将数据操作和程序操作在代码上分离,而且存储过程相对于 SQL 语句而言,具有更好的性能和安全性,使用存储过程能够提高应用程序的性能和安全性。

## 9.5.1 存储过程的优点

在数据库操作中,已经有了 SQL 语句,为何还需要存储过程。因为存储过程有 SQL 语句不能具备的特点和优点,以至于存储过程能在严格的数据库驱动的应用程序中起到重要的作用。存储过程优点包括:

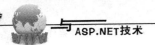

> 事务处理。
> 速度和性能。
> 过程控制。
> 安全性。
> 减少网络流量和通信。
> 模块化。

**1. 事务处理**

存储过程中,包括多个 SQL 语句,存储过程中的 SQL 语句属于事务处理的范畴。也就是说,存储过程类似于一个函数,当执行存储过程时,存储过程中的 SQL 语句要不都执行,要不都不执行。

**2. 速度和性能**

存储过程由数据库服务器编译和优化,优化包括使用存储过程在运行时所必须的特定数据库的结构信息,这样在执行过程中会节约很多时间。存储过程完全在数据库服务器上执行,避免了大量的 SQL 语句代码的传递,对于循环使用 SQL 语句而言,存储过程在速度和性能上都被优化。

**3. 过程控制**

在编写存储过程中,可以使用 IF ELSE、FOR 以及 WHILE 循环,这些语句并不能在 SQL 语句中编写,但是可以在存储过程中编写。当需要进行大量的和复杂的操作时,SQL 语句需要通过和编程语言一同编写才能实现,而且实现复杂。相比之下,存储过程可以对过程进行控制。

**4. 安全性**

存储过程也可以作为额外的安全层。开发人员或者用户,都只能对数据库中的存储过程进行使用,而无法直接对表进行数据操作,这样封装了数据操作,提高安全性。

**5. 减少网络流量和通信**

存储过程是在数据库服务器上运行的,在使用存储过程中,无需将大量的 SQL 语句代码传递给数据库服务器,而只需告诉数据库服务器执行哪个存储过程即可,而数据库服务器则会自行执行中间处理操作,而不会通过网络传递不必要的数据。

**6. 模块化**

正如代码编写规范和设计模式一样,通常情况下,开发团队或者公司需要严谨的代码编写风格和良好的协调能力,例如一个团队有人专门负责编码,有人专门负责数据库开发,那么可以让数据库开发人员负责数据库的开发,而编码的程序员只需要使用数据库开发人员设计的存储过程即可。在这种情况下,数据库操作和应用程序编码的操作被分开,维护、管理也非常方便,如果数据库存储过程的代码出现问题,则只需要修改存储过程中的代码即可。

### 9.5.2 创建存储过程

存储过程可以通过 SQL Server Management Studio 创建,也可以使用. NET 框架通过编程实现 SQL Server Management Studio 创建存储过程比较方便,右击【对象资源管理器】中的相应的数据库,在下拉菜单中选择【可编程性】选项并选择【存储过程】选项。单击右键,选择【新建存储过程】选项,系统会自动创建一个新的标签(tab)窗口,以提供输入存储过程语句,如图 9-3 所示。

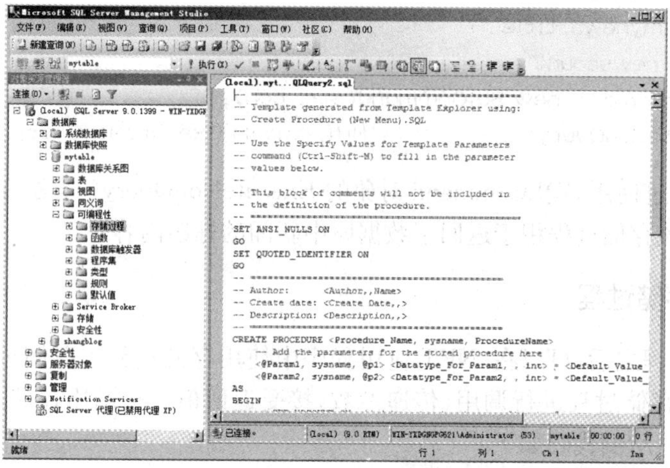

图 9-3  使用 SQL Server Management Studio 创建存储过程

在 tab 窗口中输入存储过程,代码如下:

```
CREATE PROC myproc
(
@id int,
@title varchar(50) OUTPUT
)
AS
SET NOCOUNT ON
DECLARE @newscount int
SELECT @title = mynews.title, @newscount = COUNT(mynews.id)
FROM mynews
WHERE (id = @id)
GROUP BY mynews.title
RETURN @newscount
```

上述存储过程返回了数据库中新闻的标题内容。"@id"表示新闻的 id,@title 表示新闻的标题,此存储过程将返回"@title"的值,并且返回新闻的总数。在 C♯中同样可以使用编程实现存储过程的创建,示例代码如下:

```
string str = "CREATE PROCmyproc" +
"(" +
"@id int," +
"@title varchar(50) OUTPUT" +
")" +
"AS" +
"SET NOCOUNT ON" +
"DECLARE @newscount int" +
"SELECT @title = mynews.title, @newscount = COUNT(mynews.id)" +
```

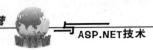

```
"FROM mynews" +
"WHERE (id = @id)" +
"GROUP BY mynews.title" +
"RETURN @newscount";
SqlCommand cmd = new SqlCommand(str, con);
cmd.ExecuteNonQuery();                //使用 cmd 的 ExecuteNonQuery 方法创建存储过程
```

上述代码通过使用 SQLCommand 对象的 ExecuteNonQuery() 方法在数据库中创建了一个存储过程,该存储过程用于返回了数据库中新闻的标题内容。

### 9.5.3　调用存储过程

创建存储过程之后,可以在 .NET 应用程序中使用存储过程。存储过程可以看成是一个函数,可以对存储过程进行调用,传递参数,接受返回值。在调用存储过程前,首先要与数据库建立连接,示例代码如下:

```
string str = "server = '(local)';database = 'mytable';uid = 'sa';pwd = 'Sa'";
SqlConnection con = new SqlConnection(str);
con.Open();                                                      //打开连接
```

建立与数据库连接后,需要使用 Command 对象使用存储过程,Command 对象接受的两个参数分别为 SQL 语句和 Connection 对象,在使用存储过程时,其中表示 SQL 语句的参数可以直接编写为存储过程名,代码如下:

```
SqlCommand cmd = new SqlCommand("getdetail", con);              //使用存储过程
```

默认情况下,Command 对象的类型是 SQL 语句,必须将 Command 对象的 CommandType 属性设置为"存储过程",系统才会调用存储过程,示例代码如下:

```
cmd.CommandType = CommandType.StoredProcedure;
                                                    //设置 Command 对象的类型
```

设置执行类型后,需要为存储过程增加参数,示例代码如下:

```
SqlParameter spr;                                      //表示执行一个存储过程
spr = cmd.Parameters.Add("@id", SqlDbType.Int);        //增加参数 id
spr = cmd.Parameters.Add("@title", SqlDbType.NChar,50);    //增加参数 title
spr.Direction = ParameterDirection.Output;             //该参数是输出参数
spr = cmd.Parameters.Add("@count", SqlDbType.Int);     //增加 count 参数
spr.Direction = ParameterDirection.ReturnValue;        //该参数是返回值
cmd.Parameters["@id"].Value = 1;                       //为参数初始化
cmd.Parameters["@title"].Value = null;                 //为参数初始化
```

参数设置完毕后,执行 ExecuteNonQuery 方法能够执行存储过程,就相当于开始调用函数,示例代码如下:

```
cmd.ExecuteNonQuery();                                          //执行存储过程
```

当存储过程执行完毕后,能够获取参数和返回值,示例代码如下:

```
Label1.Text = cmd.Parameters["@count"].Value.ToString();        //获取返回值
```

使用 SQL Server Management Studio 同样能够执行存储过程,单击存储过程,单击右键,选择执行存储过程,系统会提示输入参数,如图 9-4 所示。输入相应的参数,单击确定,系统会执行存储过程并返回相应的值,如图 9-5 所示。

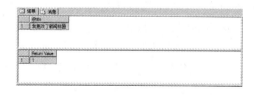

图 9-4　为存储过程传递参数　　　　　图 9-5　执行完成

使用 SQL Server Management Studio 能够快速地创建和使用存储过程,同样,能够通过编程的方法实现存储过程的创建、参数的传递以及执行。存储过程的优点就在于速度比较快,能够控制过程、减少网络通信和模块化,熟练地使用存储过程能够提高应用程序的性能和复用性。

# 9.6　ASP.NET 数据库操作实例

在了解了数据源控件和数据绑定控件的功能和使用方法,并且了解了 ADO.NET 的基本知识后,就可以使用控件和 ADO.NET 来操作数据库。ASP.NET 提供了强大的数据源控件和数据绑定控件,能够迅速地对数据库进行操作,同时,使用 ADO.NET 对数据进行操作,能够加深对 ADO.NET 的认识。

## 9.6.1　制作用户界面

使用数据控件和数据源控件显示数据,则需要为控件制作相应的用户界面(UI),让数据控件对用户呈现的效果更好。首先,需要使用创建数据绑定控件 GridView 和数据源控件,并配置数据源控件,如图 9-6 所示。

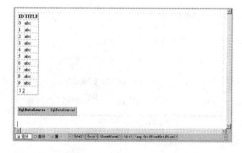

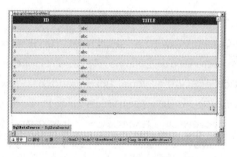

图 9-6　配置数据源控件和数据绑定控件　　　　图 9-7　编辑数据绑定控件界面

显然,对于用户而言,该数据源控件和数据绑定控件显然很不友好,这里就需要对数据绑定控件的界面进行修改。通过配置数据绑定控件的相应格式可以修改数据绑定控件的外观,如图 9-7 所示。

开发人员能够自定义数据绑定控件的样式,并且修改某些列的顺序,这里使用了自动套用格式,并将数据绑定控件的 width 属性设置为 100%,这样编写宽度就能够适应浏览器的大小,从而随着浏览器的大小而改变。数据绑定控件配置完成后,值得注意的是,需要勾选 SQL 语句的高级选项,让数据绑定控件支持编辑、删除和选择,如图 9-8 所示。

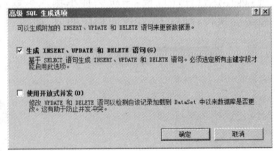

图 9-8　SQL 高级选项

配置 SQL 高级选项后,数据源控件就会自动生成 INSERT、UPDATE、DELETE 语句,示例代码如下:

```
<asp:SqlDataSource ID="SqlDataSource1" runat="server"
    ConnectionString="<%$ ConnectionStrings:mytableConnectionString %>"
    DeleteCommand="DELETE FROM [mynews] WHERE [ID] = @ID"
    InsertCommand="INSERT INTO [mynews] ([TITLE]) VALUES (@TITLE)"
    SelectCommand="SELECT * FROM [mynews]"
    UpdateCommand="UPDATE [mynews] SET [TITLE] = @TITLE WHERE [ID] = @ID">
    <DeleteParameters>
        <asp:Parameter Name="ID" Type="Int32" />
    </DeleteParameters>
    <UpdateParameters>
        <asp:Parameter Name="TITLE" Type="String" />
        <asp:Parameter Name="ID" Type="Int32" />
    </UpdateParameters>
    <InsertParameters>
        <asp:Parameter Name="TITLE" Type="String" />
    </InsertParameters>
</asp:SqlDataSource>
```

在完成用户界面的配置后,系统生成的 HTML 代码如下:

```
<asp:GridView ID="GridView1" runat="server" AllowPaging="True"
    AutoGenerateColumns="False" BackColor="White" BorderColor="#E7E7FF"
    BorderStyle="None" BorderWidth="1px" CellPadding="3" DataKeyNames="ID"
    DataSourceID="SqlDataSource1" GridLines="Horizontal" Width="100%">
    <FooterStyle BackColor="#B5C7DE" ForeColor="#4A3C8C" />
    <RowStyle BackColor="#E7E7FF" ForeColor="#4A3C8C" />
    <Columns>
```

```
<asp:BoundField DataField="ID" HeaderText="ID" InsertVisible="False"
    ReadOnly="True" SortExpression="ID" />
<asp:BoundField DataField="TITLE" HeaderText="TITLE" SortExpression="TI-
TLE" />
</Columns>
<PagerStyle BackColor="#E7E7FF" ForeColor="#4A3C8C" HorizontalAlign="
Right" />
<SelectedRowStyle BackColor="#738A9C" Font-Bold="True" ForeColor="#
F7F7F7" />
<HeaderStyle BackColor="#4A3C8C" Font-Bold="True" ForeColor="#F7F7F7" />
<AlternatingRowStyle BackColor="#F7F7F7" />
</asp:GridView>
```

开发人员可以编写以上 HTML 实现更多的效果,当确定用户界面编写完毕后,就可以为数据绑定控件选择操作了。

### 9.6.2 使用 GridView 显示、删除、修改数据

配置完成用户界面,则需要选择 GridView 控件的属性并配置 GridView 任务,如图9-9和图 9-10 所示。

图 9-9 默认 GridView 任务　　图 9-10 选择 GridView 任务

GridView 控件支持分页、排序、编辑、删除和选定内容等操作。在 GridView 控件中,首先必须勾选【分页】复选框,然后再配置 PageSize 属性才能够让 GridView 控件支持分页功能。在 GridView 控件属性中如果勾选了【分页】复选框而不配置 PageSize 属性,则默认按 10 条数据分页。勾选了以启用分页、启用编辑、启用删除和启用选定内容后,GridView 控件的界面如图 9-11 所示。

因为在数据源控件配置的过程中,已经配置了支持编辑、删除和选择,所以在数据绑定控件中可以选择启用编辑,启用删除和选定内容等操作,并且系统默认支持更新、插入、删除等操作,运行后如图 9-12 所示。

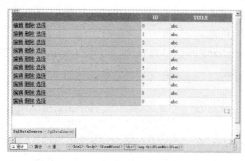

图 9-11 编辑数据绑定控件界面

图 9-12 GridView 控件显示

GridView 控件支持编辑、删除和选择,当单击编辑时,能够对选择的行进行数据编辑,如图 9-13 所示。编辑完成后,单击更新按钮则可以执行更新操作,而无需手动编写 UP-DATE 操作,如图 9-14 所示。

图 9-13 编辑数据

图 9-14 执行更新操作

当单击删除时,则会执行 DELETE 命令,而无需手动编写 DELETE 命令。GridView 控件支持分页、排序、编辑、删除和选定内容,开发人员无需手动编写更新、删除、编辑,也无需手动编写分页,对 GridView 控件进行缓存设置能够提高应用程序性能,在对数据库的操作、编辑及更新中,GridView 控件能够方便开发人员,简化代码。

### 9.6.3 使用 DataList 显示数据

DataList 控件需要编辑 HTML 模板来显示数据,虽然在开发上,DataList 控件比 Grid-View 更加复杂,但是 DataList 控件能够实现更多效果。相比之下,DataList 控件比 Grid-View 控件更加灵活,能够进行复杂的事件编写和样式控制。选择【自动套用格式】复选框并将 DataList 控件的宽度设置为 100%,编辑基本的用户界面,如图 9-15 所示。

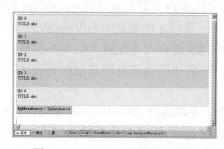

图 9-15 DataList 控件显示数据

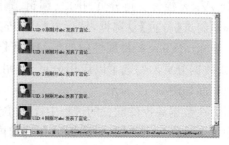

图 9-16 编写 ItemTemplate 模板

通过编辑 ItemTemplate 能够实现自定义模板，而无需像 GridView 一样，以表格形式呈现，编辑后运行如图 9-16 所示。

DataList 控件执行数据操作基本上同 GridView 一样，DataList 控件与 GridView 相比之下，有着更灵活的模板方案，能够实现更多的显示效果。

### 9.6.4 DataList 分页实现

DataList 控件本身并不带分页实现，如果需要 DataList 能够实现分页效果，则需要通过代码实现 DataList 控件的分页。DataList 控件分页需要增加若干标签（Label）控件来显示"上一页"，"下一页"等分页所需要的连接，示例代码如下：

```
<asp:Label ID="Label4" runat="server" Text="Label"></asp:Label>
<asp:Label ID="Label3" runat="server" Text="Label"></asp:Label>
<asp:Label ID="Label2" runat="server" Text="Label"></asp:Label>
```

上述代码创建了三个 Label 控件，这三个控件并无需初始化，这三个控件通过编程实现上一页，下一页的分页形式。如果需要执行分页，则需要编写 cs 页面代码，cs 页面代码如下：

```
PagedDataSource objPds = new PagedDataSource();
objPds.DataSource = this.SqlDataSource1.Select(new DataSourceSelectArguments());
objPds.AllowPaging = true;                         //设置是否允许分页
objPds.PageSize = 3;                               //设置分页条目数
int CurPage;                                       //设置当前页码
Label2.Visible = false;                            //隐藏标签
Label4.Visible = false;
```

上述代码初始化 PagedDataSource 对象，并将分页控件默认初始化属性 Visible 为"false"。其中 PagedDataSource 是封装分页相关属性的类。

```
if (Request.QueryString["Page"] != null)           //如果传递的页面不为空
{
    CurPage = Convert.ToInt32(Request.QueryString["Page"]);
                                                   //获取传递的参数
}
else
{
    CurPage = 1;                                   //页面的值为1
}
objPds.CurrentPageIndex = CurPage - 1;             //设置索引
Label2.Visible = true;                             //显示标签
Label4.Visible = true;
Label3.Text = "<a href=\"datalist.aspx\">首页</a>";  //编写分页
Label2.Text = "<a href=\"datalist.aspx? page=" + Convert.ToString(CurPage + 1)
```

```
+ "\">下一页</a>";
Label4.Text = "<a href=\"datalist.aspx? page=" + Convert.ToString(CurPage - 1)
+ "\">上一页</a>";
```

上述代码通过传递的 Page 的值进行分页操作，如果传递的 Page 的值为不为空，则从数据源控件中读取相应的数据，并显示到数据绑定控件中。

```
if (CurPage == 1)                                //如果只有一个页面
{
    Label4.Visible = false;                      //隐藏标签
}
if (objPds.IsLastPage)
{
    Label2.Visible = false;
}
DataList1.DataSourceID = "";                      //重新绑定数据
DataList1.DataSource = objPds;                    //编写 DataList 的数据源
DataList1.DataBind();                             //绑定数据源
```

上述代码通过 PagedDataSource 对象实现了分页效果，并且将分页条目数设置为 3，当数据超过 3 条时，则会实现分页。运行后如图 9-17 和图 9-18 所示。

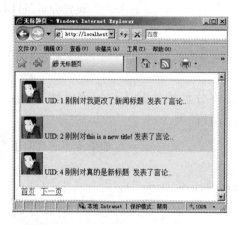

图 9-17　实现"下一页"效果

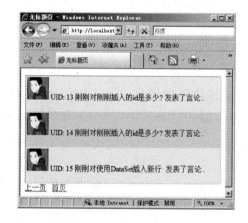

图 9-18　实现"上一页"效果

DataList 控件虽然不支持分页，但是能够通过编程实现 DataList 控件的分页效果。DataList 控件在模板编辑和代码开发上虽然没有 GridView 方便，但是却提高了灵活性，能够自定义分页和数据显示。

### 9.6.5　使用 SQLHelper 操作数据库

使用控件，能够方便开发人员的开发和使用，但是很多情况下，不能使用控件来实现，所以很多情况都需要使用 ADO.NET 操作数据库中的数据，SQLHelper 是将 ADO.NET 中对数据操作的类和对象进行的封装的一个类库，使用 SQLHelper 能够提高数据库操作的效率。

### 1. 创建 SQLHelper

SQLHelper 类经常在数据库开发中使用，不仅封装了数据库操作，也提高了数据库操作的安全性，SQLHelper 在微软的开发中和 DEMO 中经常被使用，SQLHelper 通常用于多层设计，如果需要使用 SQLHelper 类，可以到微软官方下载最新的 SQLHelper 类，也可以自行编写 SQLHelper 类。如果自行创建 SQLHelper 类，则在解决方案管理器中新建一个类库，如图 9-19 所示。

创建类库后，删除自动生成的 Class1 类，并创建一个新类，类名为 SQLHelper，如图 9-20 所示。

图 9-19　添加类库

图 9-20　创建 SQLHelper 类

如果使用下载的 SQLHelper 类，则可以单击解决方案管理器，单击右键，选择添加现有项，然后选择现有项目添加即可。在 SQLHelper 类下对数据操作进行封装，开发人员能够使用自己封装的类进行数据操作，示例代码如下：

```
#region //数据库连接串
private static readonly string database = "数据库";            //配置数据库信息
private static readonly string uid = "用户名";                 //配置用户名信息
private static readonly string pwd = "密码";                   //配置密码信息
private static readonly string server = "服务器";              //配置服务器信息
private static readonly string condb = "server='" + server +"';database='" + data-
base + "';uid=
'" + uid + "';pwd='" + pwd + "';Max Pool Size=100000;Min Pool Size=0;
Connection Lifetime=0;packet size=32767;Connection Reset=false; async=true";
                                                              //设置连接字串

#endregion
#region//DataAdapter方法 返回 DataSet 数据集
/// <summary>
/// DataAdapter方法 返回 DataSet 数据集
/// </summary>
/// <param name="sqlCmd">SQL 语句</param>
/// <param name="command">操作参数 枚举类型</param>
/// <returns></returns>
```

```
public static DataSet DataAdapter(string sqlCmd, SDACmd command,
                                                       //实现适配器
string tabName, params SqlParameter[] paraList)
{
    SqlConnection con = new SqlConnection(condb);         //创建连接对象
    SqlCommand cmd = new SqlCommand();                   //创建 Command 对象
    cmd.Connection = con;                                //使用连接对象
    cmd.CommandText = sqlCmd;                            //配置连接字串
    if (paraList ! = null)
    {
        cmd.CommandType = CommandType.Text;             //配置 Command 类型
        foreach (SqlParameter para in paraList)          //遍历参数
        { cmd.Parameters.Add(para); }                    //添加参数
    }
    SqlDataAdapter sda = new SqlDataAdapter();          //创建适配器
    switch (command)                                     //查找条件
    {
        case SDACmd.select:                             //如果为 select 执行
            sda.SelectCommand = cmd;
            break;
        case SDACmd.insert:                             //如果为 insert 执行
            sda.InsertCommand = cmd;
            break;
        case SDACmd.update:                             //如果为 update 执行
            sda.UpdateCommand = cmd;
            break;
        case SDACmd.delete:                             //如果为 delete 执行
            sda.DeleteCommand = cmd;
            break;
    }
    DataSet ds = new DataSet();                          //创建数据集
    sda.Fill(ds, tabName);                               //填充数据集
    return ds;                                           //返回数据集
}
```

在上述代码中,还需要通过一个枚举类型进行 switch 操作,枚举类型用于判断执行的操作,示例代码如下:

```
public enum SDACmd { select, delete, update, insert }           //定义枚举类型
```

定义的枚举类型用于在程序中进行筛选操作,用于指定 SQL 语句执行的操作。在 SQLHelper 类中,还需要封装 DataReader 方法进行 DataReader 的封装和实现,开发人员能

够使用 SQLHelper 类中的 DataReader 方法进行数据库的读取,示例代码如下:

```
public static SqlDataReader ExecReader(string sqlcmd, params SqlParameter[] pa-
raList)
{
    SqlConnection con = new SqlConnection(condb);            //创建连接对象
    SqlCommand cmd = new SqlCommand();                       //创建 Command 对象
    cmd.Connection = con;                                    //使用连接
    cmd.CommandText = sqlcmd;                                //配置 SQL 语句
    if (paraList ! = null)
    {
        cmd.CommandType = CommandType.Text;                 //配置 Command 类型
        foreach (SqlParameter para in paraList)
        { cmd.Parameters.Add(para); }                       //添加参数
    }
    con.Open();                                              //打开连接
    SqlDataReader sdr = cmd.ExecuteReader(CommandBehavior.CloseConnection);
    return sdr;
}
```

上述代码实现了 DataReader 对象,使用 DataReader 能够填充 SQLDataReader 对象并进行数据的循环输出。在 ADO. NET 中,通常需要执行 SQL 语句进行数据库的操作,在 SQLHelper 类中,同样需要封装执行 SQL 语句的操作以便能够快速执行数据操作。

```
public static void ExecNonQuery(string sqlcmd, params SqlParameter[] paraList)
{
    using (SqlConnection con = new SqlConnection(condb))     //创建连接对象
    {
        SqlCommand cmd = new SqlCommand();                  //创建 Command 对象
        cmd.Connection = con;                               //使用连接
        cmd.CommandText = sqlcmd;                           //配置执行类型
        if (paraList ! = null)
        {
            cmd.CommandType = CommandType.Text;             //配置执行类型
            foreach (SqlParameter para in paraList)
            { cmd.Parameters.Add(para); }                   //添加参数
        }
        con.Open();                                         //打开数据连接
        cmd.ExecuteNonQuery();                              //执行 SQL 语句
    }
}
```

上述代码编写了 SQLHelper 类操作数据库的函数,通过执行函数并传递参数,即可实现数据库的插入、更新和删除。

### 2. 使用 SQLHelper

创建完成 SQLHelper 类后，需要为应用程序配置 SQLHelper 的基本属性，代码如下：

```
private static readonly string database = "mytable";    //配置数据库
private static readonly string uid = "sa";             //配置用户名
private static readonly string pwd = "sa";             //配置用户密码
private static readonly string server = "local";       //配置服务器的值
```

上述代码为 SQLHelper 类配置了属性，当使用 SQLHelper 类时，系统会自动连接数据库，在完成使用后，系统会自动关闭数据库。如果需要在当前项目使用 SQLHelper 类，则需要添加引用来使用 SQLHelper 类，右击现有项目，在下拉菜单中选择【添加】选项，在【添加】选项中选择【现有项】选项，在弹出窗口中选择【项目】标签栏，就可以添加相同项目的类库，如图 9-21 所示。

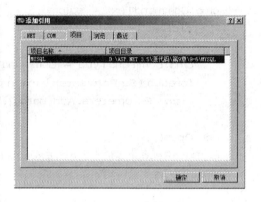

图 9-21　添加引用

引用添加完毕，在使用 SQLHelper 页面的 CS 页面中，需要添加命名空间，命名空间的名称和创建类库的名称相同，如果需要更改名称，可以通过修改类库的属性来修改。示例代码如下：

```
using MYSQL;
```

引用完毕后，就可以执行 SQL 语句，使用 SQLHelper 执行 SQL 语句非常方便，下面代码演示了如何执行插入、删除操作。

```
string strsql = "insert into mynews values ('SQLHelper插入标题')";    //编写 SQL 语句
SQLHelper.ExecNonQuery(strsql);                                      //执行 SQL 语句
```

上述代码运行后，则会执行插入操作，相比于 ADO. NET，封装后的代码更加简便易懂，删除操作代码如下：

```
string strsql2 = "delete form mynews where id = 3";    //编写 SQL 语句
SQLHelper.ExecNonQuery(strsql2);                       //执行 SQL 语句
```

当需要执行 SELECT 语句时，可以通过 SQLHelper. DataAdapter 获取数据，示例代码如下：

```
string strsql = "select * frommynews where id = 3";    //编写 SQL 语句
DataSet ds = SQLHelper.DataAdapter(strsql, SQLHelper.SDACmd.select, "mydatat-
able");
```

上述代码通过 SQLHelper. DataAdapter 获取数据，并创建了一个 mydatatable 虚拟表，填充 DataSet 对象。当需要获取 DataSet 对象中的数据时，和普通的 DataSet 对象一样。SQLHelper 封装了 ADO. NET 中的许多方法，为开发人员提高了效率，同时也增加了安全性和模块化的特性。

# 第 10 章▶ Web 窗体的数据控件

ASP. NET 还提供了一些 Web 窗体的数据控件,开发人员能够智能地配置与数据库的连接,而不需要手动编写数据库连接。ASP. NET 不仅提供了数据源控件,还提供了能够显示数据的控件,简化了数据显示的开发。

## 10.1 数据源控件

数据源控件很像 ADO. NET 中的 Connection 对象,数据源控件用来配置数据源,当数据控件绑定数据源控件时,就能够通过数据库源控件来获取数据源中的数据并显示。而无需通过程序实现数据源代码的编写。

### 10.1.1 SQL 数据源控件

SQL 数据源控件(SqlDataSource)代表一个通过 ADO. NET 连接到 SQL 数据库提供者的数据源控件。并且 SqlDataSource 能够与任何一种 ADO. NET 支持的数据库进行交互,这些数据库包括 SQL Server、ACCESS、Oledb、Odbc 以及 Oracle。

SqlDataSource 控件能够支持数据的检索、插入、更新、删除、排序等,以至于数据绑定控件可以在这些能力被允许的条件下自动地完成该功能,而不需要手动的代码实现。并且 SqlDataSource 控件所属的页面被打开时,SqlDataSource 控件能够自动地打开数据库,执行 SQL 语句或存储过程,返回选定的数据,然后关闭连接。SqlDataSource 控件强大的功能极大地简化了开发人员的开发,缩减了开发中的代码。但是 SqlDataSource 控件也有一些缺点,就是在性能上不太适应大型的开发,而对于中小型的开发,SqlDataSource 控件已经足够了。

**1. 建立 SqlDataSource 控件**

ASP. NET 提供的 SqlDataSource 控件能够方便地添加到页面,当 SqlDataSource 控件被添加到 ASP. NET 页面中时,会生成 ASP. NET 标签,示例代码如下:

```
<asp:SqlDataSource ID="SqlDataSource1" runat="server"></asp:SqlDataSource>
```

切换到视图模式下,点击 SqlDataSource 控件会显示【配置数据源……】,单击【配置数据源……】连接时,系统能够智能地提供 SqlDataSource 控件配置向导,如图 10-1 所示。

在新建数据源后,开发人员可以选择是否保存在 web. config 数据源中以便应用程序进行全局配置,通常情况下选择保存。由于现在没有连接,单击【新建连接】按钮选择或创建

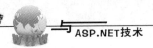

一个数据源。单击后,系统会弹出对话框用于选择数据库文件类型,如图 10-2 所示。

图 10-1　配置 SqlDataSource 控件

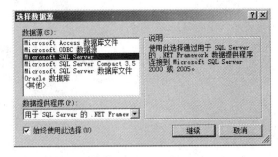

图 10-2　选择数据源

当选择完后,配置信息就会显示在 web.config 中。当需要对用户控件进行维护时,可以直接修改 web.config,而不需要修改每个页面的数据源控件,这样就方便了开发和维护。当选择了数据源后,需要对数据源的连接进行配置,这一步与 ADO.NET 中的 Connection 对象一样,就是要与数据库建立连接,当配置好连接后,可以单击【测试连接】按钮来测试是否连接成功,如图 10-3 和图 10-4 所示。

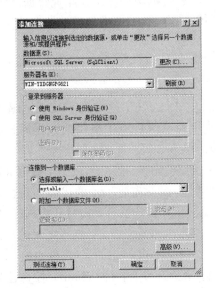

图 10-3　添加连接

图 10-4　测试连接

图 10-5　成功添加连接

连接成功后,单击【确定】按钮,系统会自动添加连接,如图 10-5 所示。连接添加成功后,在 web.config 配置文件中,就有该连接的连接字串,代码如下:

```
<connectionStrings>
    <add name="mytableConnectionString" connectionString="Data
    Source=WIN-YXDGNGPG621;Initial Catalog=mytable; Integrated Security=True"
    providerName="System.Data.SqlClient"/>
</connectionStrings>
```

数据源控件可以指定开发人员所需要使用的 Select 语句或存储过程,开发人员能够在配置 Select 语句窗口中进行 Select 语句的配置和生成,如果开发人员希望手动编写 Select 语句或其他语句,可以单击【指定自定义 SQL 语句或存储过程】按钮进行自定义配置,Select 语句的配置和生成如图 10-6 所示。

图 10-6 配置使用 Select 语句

图 10-7 定义自定义语句或存储过程

对于开发人员,只需要勾选相应的字段,选择 WHERE 条件和 Order By 语句就可以配置一个 Select 语句。但是,通过选择只能够查询一个表,并实现简单的查询语。如果要实现复杂的 SQL 查询语句,可以单击【指定自定义 SQL 语句或存储过程】进行自定义 SQL 语句或存储过程的配置,如图 10-7 所示,开发人员选择了一个 getdetail 的存储过程作为数据源。

单击【下一步】按钮,就需要对相应的字段进行配置,这些字段就像 ADO. NET 中的参数化查询一样。在数据源控件中,也是通过@来表示参数化变量,当需要配置相应的字段,如配置 WHERE 语句等就需要对参数进行配置,如图 10-8 所示。

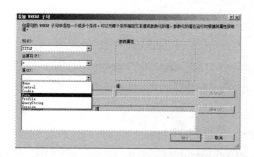

图 10-8 添加 WHERE 子句

图 10-9 测试查询并完成

添加 WHERE 子句时,SQL 语句中的值可以选择默认值、控件、Cookie 或者是 Session 等。当配置完成后,就可以测试查询,如果测试后显示的结果如预期一样,则可以单击完成,如图 10-9 所示。

完成后,SqlDataSource 控件标签代码如下:

```
<asp:SqlDataSource ID="SqlDataSource1" runat="server"
    ConnectionString="<%$ ConnectionStrings:mytableConnectionString %>"
    SelectCommand="Select [TITLE], [ID] FROM [mynews]">
</asp:SqlDataSource>
```

### 2. 配置 SqlDataSource 控件属性

SqlDataSource 控件还包括一些可视化属性,这些属性包括删除查询(DeleteQuery)、插

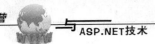

入查询(InsertQuery)、检索查询(SelectQuery)以及更新查询(UpdateQuery)。当需要使用可视化属性时,需选择【使用自定 SQL 语句或存储过程】复选框,在导航中可以使用查询生成器生成查询语句,如图10-10 所示。

图 10-10　自定义语句或存储过程

选择【查询生成器】按钮,系统会提示选择相应的表并通过相应的表来生成查询语句,如图 10-11 和图10-12 所示。

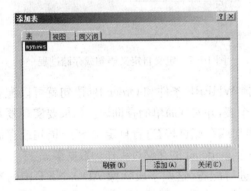

图 10-11　选择相应的表

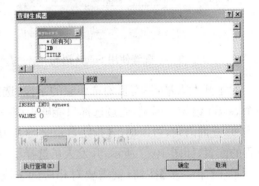

图 10-12　使用查询生成器

配置相应的查询语句后,SqlDataSource 控件的 HTML 代码如下:

```
<asp:SqlDataSource ID="SqlDataSource1" runat="server"
    ConnectionString="<%$ ConnectionStrings:mytableConnectionString %>"
    InsertCommand="INSERT INTO mynews(ID) VALUES ('control title')"
    SelectCommand="Select [TITLE], [ID] FROM [mynews]">
</asp:SqlDataSource>
```

上述代码自动增加了一个 InsertCommand 并指定了 Insert 语句。开发人员可以为 SqlDataSource 控件指定四个命令参数:SelectCommand、UpdateCommand、DelectCommad 和 InsertCommand。每个都是数据源控件的单一属性,开发人员可以配置相应的语句指定 Select、Update、Delete 以及 Insert 方法。

SqlDataSource 控件同时能够使用缓存来降低页面与数据库之间的连接频率,这样可以避免开销很大的查询操作,以及建立连接和关闭连接操作。只要数据库是相对稳定不变的,则可以使用 SqlDataSource 控件的缓存属性(EnableCaching)来进行缓存。在默认情况下,缓存属性(EnableCaching)是关闭的,需要开发人员自行设置缓存属性。

## 10.1.2　Access 数据源控件

在上一章中介绍了如何使用 ADO.NET 中 OleDb 来连接和读取 Access 数据库。Access 数据库是一种桌面级的数据库,当对应用程序性能,以及数据库性能要求不是很高,并且数据量不需很大时,可以考虑选择 Access 数据库。

SqlDataSource 能够与任何一种 ADO.NET 支持的数据源进行交互,这些数据源包括

SQL Server、Access、Oledb、Odbc 以及 Oracle。但是 Access 数据库有专门的数据源控件，就是 Access 数据源控件（AccessDataSource）。AccessDataSource 控件同配置 SqlData-Source 控件基本相同，如图 10-13 所示。

与 SqlDataSource 不同的是，SqlDataSource 主要采用的是 ConnectionString 属性连接数据库，而 Access 则采用的是 AccessDataSource 方式连接数据库。因为 Access 数据库是以文件的形式存在于系统中的，所以主要采用 DataFile 属性直接以文件地址的方式进行连接。要连接 Access 数据库，则必须选择 Access 数据库文件，如图 10-14 所示。

图 10-13　选择数据库　　　　　　　　图 10-14　选择 Access 文件

在选择了 Access 数据库文件后，单击【确定】按钮，系统就会为开发人员配置连接字串，在核对无误后，单击【下一步】按钮进入 Select 语句的配置。同 SqlDataSource 控件一样，同样能够配置 Select 语句或自定义存储过程，如图 10-15 所示。

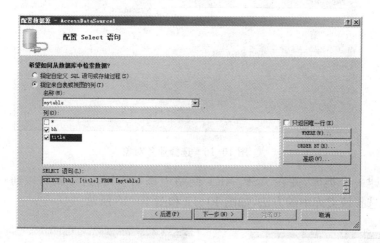

图 10-15　配置 Access 数据库的 Select 语句

其他步骤与 SqlDataSource 相同，当创建完成后，AccessDataSource 控件的 HTML 代码如下：

```
<asp:AccessDataSource ID="AccessDataSource1" runat="server"
    DataFile="~/acc.mdb"
    SelectCommand="SELECT [bh], [title] FROM [mytable]">
</asp:AccessDataSource>
```

当需要使用 Access 数据库，推荐将 Access 数据库文件保存在 App_Data 文件夹中。以保证数据库文件是私有的，因为 ASP.NET 不允许直接请求 App_Data 文件夹。

### 10.1.3 目标数据源控件

大多数 ASP. NET 数据源控件,如 SqlDataSource 都是在两层应用程序层次结构中使用。在该层次结构中,表示层(ASP. NET 网页)可以与数据层(数据库和 XML 文件等)直接进行通信。但是,常用的应用程序设计原则是将表示层与业务逻辑相分离,而将业务逻辑封装在业务对象中。这些业务对象在表示层和数据层之间形成一层,从而生成一种三层应用程序结构。目标数据源控件(ObjectDataSource)通过提供一种将相关页上的数据控件绑定到中间层业务对象的方法,为三层结构提供支持。在不使用扩展代码的情况下,ObjectDataSource 使用中间层业务对象以声明方式对数据执行选择、插入、更新、删除、分页、排序、缓存和筛选操作。

也就是说,SqlDataSource 是两层模型中使用的,页面通过其直接访问数据库。ObjectDataSource 用于三层模型中,也就是将中间业务对象通过其访问数据库的。然后中间层业务对象再用在表示层中,例如在开发中使用的自定义控件。ObjectDataSource 的业务对象是可以用检索或更新数据的业务对象,例如 Bin 或 App_Code 目录中定义的对象,选择业务对象如图 10-16 所示。

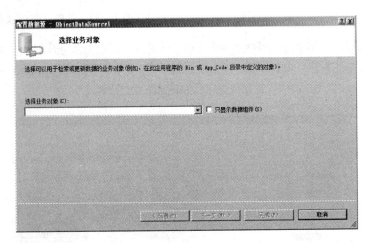

图 10-16  选择业务对象

可以创建一个类库,并在 ASP. NET 网站中添加引用,这样就可以通过 ObjectDataSource 对象选择该类库中的方法,如图 10-17 和图 10-18 所示。

图 10-17  添加类库

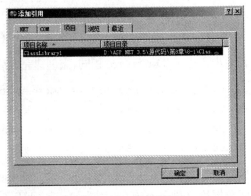

图 10-18  添加引用

ObjectDataSource 控件对象模型类似于 SqlDataSource 控件。ObjectDataSource 公开一个 TypeName 属性，该属性指定要实例化来执行数据操作的对象类型，也就是类的名称。与 SqlDataSource 的命令属性类似，同样 ObjectDataSource 包括四个重要属性，这四个属性分别为 SelectMethod、UpdateMethod、InsertMethod 和 DeleteMethod，分别用于指定要执行这些数据操作关联类型的方法。选择对象后，就可以配置 SelectMethod、UpdateMethod、InsertMethod 和 DeleteMethod 属性的方法。示例代码如下：

```
public class Class1                          //创建类库
{
    public string GetTitle()                 //创建方法
    {
        name = "title";                      //变量赋值
        return name;                         //返回 name
    }
    public void InsertTitle()                //创建方法
    {
        name = "insert";                     //变量赋值
    }
    public string name;                      //创建共有变量 name
}
```

ObjectDataSource 控件可以使用 Class1 中的对象，如图 10-19 所示。

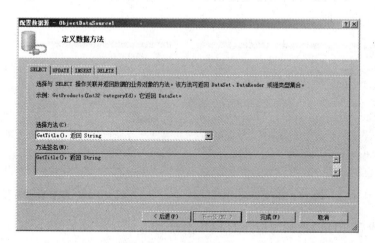

图 10-19　定义数据方法

ObjectDataSource 控件可以使开发人员将诸如 GridView 和 DropDownList 这样的用户界面控件绑定到一个中间层组件。能够无需编写任何代码即可绑定到一个组件，从而极大地简化用户界面。与其他的数据源控件相同，ObjectDataSource 控件在运行时可以接受参数，并在参数集合中对参数进行管理。每一项数据操作都有一个相关的参数集合。对于选择操作，可以使用 SelectParameters 集合，对于更新操作，可以使用 UpdateParameters 集合，而给予 InsertParameters、UpdateParameters、DeleteParameters 集合，需要分别确定相

应操作所需调用的方法。

### 10.1.4 LINQ 数据源控件(LinqDataSource)

语言集成查询(LINQ)是一种查询语法,它可定义一组查询运算符,以便在任何基于.NET 的编程语言中以一种声明性的方式来表示遍历、筛选和投影操作。数据对象可以是内存中的数据集合,或者是表示数据库中数据的对象。无需为每个操作编写 SQL 命令,即可检索或修改数据。

使用 LINQ 数据源控件(LinqDataSource),开发人员可以通过在标记文本中设置属性从而在 ASP.NET 网页中使用 LINQ。LinqDataSource 控件使用 LINQ to SQL 来自动生成数据命令。LINQ 数据源可以是 LINQ 数据库或数组等以集合形式表现的数据库,有关 LINQ 的知识会有专门的章节讲解,在这里使用数组作为数据源,示例代码如下:

```
public string[] arr={"1","2","3","4"};                          //创建数组
```

在 ASP.NET 页面中使用 LINQ 数据源控件可以对 LINQ 数据源进行查询,LINQ 数据源控件代码如下:

```
<asp:LinqDataSource ID="LinqDataSource1" runat="server">
</asp:LinqDataSource>
```

创建了 LINQ 数据源控件,同样单击【配置数据源……】按钮可以进行 LINQ 数据源控件的数据源配置,如图 10-20 所示。

当选择上下文对象后,需要配置数据选择,LINQ 数据源控件同样支持 Group 和 Where 关键字,如图 10-21 所示。

图 10-20  选择上下文对象          图 10-21  配置数据选择

配置完成后,LINQ 数据源控件 HTML 代码如下:

```
<asp:LinqDataSource ID="LinqDataSource1" runat="server"
    ContextTypeName="ClassLibrary1.Class1" Select="new (Length, Chars)"
    TableName="arr">
</asp:LinqDataSource>
```

当完成 LINQ 数据源控件(LinqDataSource)的配置后,就可以通过控件绑定 LINQ 数据源控件来获取 LINQ 数据库中的信息。LinqDataSource 控件按以下顺序应用数据操作:

➢ Where:指定要返回的数据记录。

➤ Order By：排序。

➤ Group By：聚合共享值的数据记录。

➤ Order Groups By：对分组数据进行排序。

➤ Select：指定要返回的字段或属性。

➤ Auto-sort：按用户选定的属性对数据记录进行排序。

➤ Auto-page：检索用户选定的数据记录的子集。

LINQ 是 ASP. NET 3.5 中增加的一种语言集成查询，该控件的高级属性和方法在 ASP. NET 3.5 与 LINQ 中会详细讲解。

### 10.1.5 Xml 数据源控件

Xml 数据源控件（XmlDataSource）可以让数据绑定控件轻易地连接到 XML 数据源。在只读方案下通常使用 XmlDataSource 控件显示分层 XML 数据，但同样可以使用该控件显示分层数据和表格数据。

**1. 建立 XmlDataSource 控件**

与 AccessDataScource 相同的是，XmlDataSource 控件同样使用 DataFile 属性指定 XML 文件并加载 XML 数据，如图 10-22 所示。数据源是 XML 文件，单击【浏览】按钮选择数据文件，如图 10-23 所示。

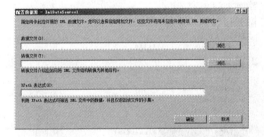

图 10-22　配置数据源

图 10-23　选择 XML 数据源

选择数据源后，单击确定并完成数据源的配置即可，配置完成数据源后，XmlData-Source 控件的 HTML 代码如下：

```
<asp:XmlDataSource
    ID="XmlDataSource1" runat="server" DataFile="~/xmldate.xml">
</asp:XmlDataSource>
```

上述代码指定了 DataFile 属性的所属的文件，当配置完成后，XmlDataSource 控件就可以和数据绑定控件结合使用了。

**2. XmlDataSource 控件的使用**

当配置完成 XmlDataSource 后，就可以和数据绑定控件结合使用。在使用数据绑定控件前，先配置 XML 数据文件，示例代码如下：

```
<? xml version="1.0" encoding="utf-8" ? >
<news>
    <title>新闻标题 1</title>
```

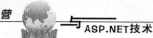

```
<time>2008</time>
<author>guojing</author>
<content>这是新闻正文</content>
<title>新闻标题2</title>
<time>2008</time>
<author>guojing</author>
<content>这是新闻正文</content>
</news>
```

上述代码配置了 XML 数据文件，配置完成后，可以通过数据绑定控件来访问，可以使用 TreeView 控件，示例代码如下：

```
<asp:TreeView ID="TreeView1" runat="server" DataSourceID="XmlDataSource1">
</asp:TreeView>
```

上述代码只能够显示 XML 数据文件中各个节点的名称，并不能显示各个节点的值，必须为显示的节点做配置。在控件侧边单击【TreeNode 数据绑定】选项，并选择相应的列进行节点配置，如图 10-24 所示。

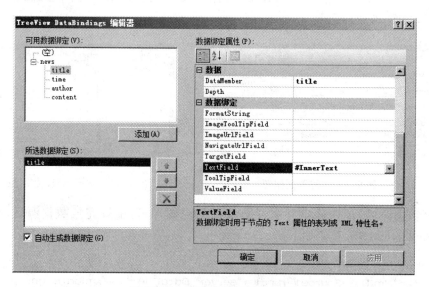

图 10-24　选择列配置 TextFiled

配置 TextFiled 后，各个节点的值会显示为 XML 数据中标签内的值，而 XmlData-Source 控件的 HTML 代码则会被系统自动替换，示例代码如下：

```
<asp:TreeView ID="TreeView1" runat="server" DataSourceID="XmlDataSource1"
    ImageSet="Contacts" NodeIndent="10">
        <ParentNodeStyle Font-Bold="True" ForeColor="#5555DD" />
        <HoverNodeStyle Font-Underline="False" />
        <SelectedNodeStyle Font-Underline="True" HorizontalPadding="0px"
    VerticalPadding="0px" />
```

```
<DataBindings>
    <asp:TreeNodeBinding DataMember="title" Text="title" TextField="#In-
nerText" Value="title" />

</DataBindings>
    <NodeStyle Font-Names="Verdana" Font-
Size="8pt" ForeColor="Black"
    HorizontalPadding="5px" NodeSpacing="
0px" VerticalPadding="0px" />
</asp:TreeView>
```

运行后,相应的节点则会显示为标签的相应的
值,如图 10-25 所示。

XmlDataSource 控件一般用于只读的数据方
案。数据绑定控件显示 XML 数据,还可以通过
XmlDataSource 来编辑 XML 数据。但是当 Xml-
DataSource 控件加载时,必须使用 DataFile 属性加
载,而不能从 Data 属性中指定的 XML 的字符串进
行加载。

图 10-25　XmlDataSource 数据绑定

### 10.1.6　站点导航控件

为了引导用户在站点的各个页面能够流畅跳转,需要在每个页面加入页面导航。
在 ASP 的开发过程中,必须手动为每个页面加入导航,这样不仅加大了开发的复杂度,
也让代码的复用性变低。相对于手动加入导航更好的解决方法则是使用 js 在各个页
面引用导航,但是一旦页面变得很多,可能会导致让 js 页面效率变低。而在 ASP. ENT
2.0 以后的版本,微软提供了导航控件让导航菜单的创建、自定义和维护变得更加
简单。

站点导航控件(SiteMapDataSource)包含来自站点地图的导航数据,这些数据包括有关
网站中的页的信息,例如网站页面的标题、说明信息以及 URL 等。如果将导航数据存储在
一个地方,则可以方便地在网站的导航菜单中添加和删除项。站点地图提供程序中检索导
航数据,然后将数据传递给可显示该数据的数据绑定控件,显示导航菜单。

如果需要使用 SiteMapDataSource 控件,用户必须在 Web. sitemap 文件中描述站点的
结构,示例代码如下:

```
<? xml version="1.0" encoding="utf-8" ? >
<siteMap xmlns="http://schemas.microsoft.com/AspNet/SiteMap-File-1.0">
    <siteMapNode url="" title="根目录" description="根目录">
        <siteMapNode url="SqlDataSource.aspx" title="SqlDataSource.aspx" de-
scription="SQL 数据库" />
        <siteMapNode url="AccessDataSource" title="AccessDataSource" descrip-
tion="Access 数据库" />
```

```
        <siteMapNode url="LinqDataSource" title="LinqDataSource"  description="
Linq" />
        <siteMapNode url="ObjectDataSource" title="ObjectDataSource"  descrip-
tion="Object" />
        <siteMapNode url="XmlDataSource" title="XmlDataSource"  description="
Xml" />
    </siteMapNode>
</siteMap>
```

上述代码描述了网站的目录结构,在文件中,必须有一个根为 siteMapNode 的元素作为 siteMap 元素的自己,并定义以下常用属性:

➤ title:为站点地图节点指定一个标题,该标题将显示为网页的连接文本。

➤ Url:为网页指定 URL。支持相对或绝对路径。

➤ Description:为站点地图的节点添加描述,当用户鼠标移动到该栏目时,则会显示描述信息。

➤ StartFormCurrentNode:当设置为 true 时,则可以从该节点开始检索站点地图结构。

➤ StartingNodeOffset:当属性设置为 2 时可以检索当前地图结构。

图 10-26　配置数据源

SiteMapDataSource 控件无需配置,拖放一个 TreeView 控件和一个 SiteMapDataSource 控件在页面,指定 TreeView 数据源即可,如图 10-26 所示。

配置完成后,数据绑定控件会自动读取 Web. sitmap 文件并生成导航。当使用了 SiteMapData-Source 控件后,数据绑定控件就能够绑定 SiteMapDataSource 控件并自动读取相应的值并生成导航,当需要对导航进行修改时,只需要修改 Web. sitemap 即可,方便了站点导航功能的使用和维护。运行后如图 10-27 所示。

图 10-27　SiteMapDataSource 控件数据显示

# 10.2　重复列表控件

重复列表控件(Repeater)是一个可重复操作的控件。它能够通过使用模板显示一个数据源的内容,而且开发人员可以轻松地配置这些模板,Repeater 控件包括如标题和页脚这样的数据,它可以遍历所有的数据选项并将其应用到模板中。

重复列表控件并不是从 WebControl 派生出来,重复列表控件可以直接操控 HTML 文件或者样式表来编写模板和控制属性。重复列表控件支持五种模板,用来显示相应的界面信息,这五种模板的功能如下:

➤ AlternatingItemTemplate:指定如何显示其他选项。

➤ ItemTemplate:指定如何显示选项。

> ➤ HeaderTemplate：建立如何显示标题。
> ➤ FooterTemplate：建立如何显示页脚。
> ➤ SeparatorTemplate：指定如何显示不同选项之间的分隔符。

在上面五种模板中，唯一需要使用的是 ItemTemplate 模板，其他的模板可以选用。示例代码如下：

```
<asp:Repeater ID="Repeater1" runat="server" DataSourceID="SqlDataSource1">
    <ItemTemplate>
        <%# Eval("title")%>
    </ItemTemplate>
</asp:Repeater>
```

"<%#%>"符号之间的语句表示数据绑定表达式，可以直接使用数据源控件中查询出来字段。在 Repeater 中间，使用 ItemTemplate 制作模板，在 ItemTemplate 模板中可以直接使用 HMTL 制作样式。在数据显示中，可以直接使用"<%#%>"绑定数据库中的列，例如当数据源控件中查询了一个 title 列时，则在 Repeater 控件中直接使用"<%#Eval("title")%>"方式显式 title 字段的值。

显示字段有几种方法，其中"<%#Eval("字段名称")%>"是最方便的显示字段的方法，能够方便地在模板中嵌入，其他方法还有使用"<%#DataBlinder.Eval(Container.DataItem,"字段名称")%>"方式来绑定相关的列。示例代码如下：

```
<asp:Repeater ID="Repeater1" runat="server" DataSourceID="SqlDataSource1">
    <ItemTemplate>
        <div style="border-bottom:1px dashed #ccc; padding:5px 5px 5px 5px;">
            <%# Eval("title")%>
        </div>
    </ItemTemplate>
</asp:Repeater>
```

上述代码自定义了一个 HTML 代码，增加了一个 DIV 标签，该标签设置了 CSS 属性 border-bottom:1px dashed #ccc; padding:5px 5px 5px 5px;。Repeater 控件能够自动地重复该模板。当数据库中的数据完毕后，则不再重复，运行结果如图 10-28 所示。

重复列表控件最常用的事件有 ItemCommand、ItemCreated、ItemDataBound。当创建一个项或者一个项被绑定到数据源时，将触发 ItemCreated 和 ItemDataBound 事件。当重复列表控件中有按钮被激发时，会触发 ItemCommand 事件。

在 ItemCommand 中，为了自定义按钮控件相应事件，开发人员必须指定 RepeaterCommandEventArgs 参数获取 CommandArgument、CommandName 和 CommandSource 三个属性对应的

图 10-28 Repeater 控件

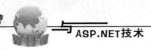

值,示例代码如下:

```
<asp:Repeater ID="Repeater1" runat="server" DataSourceID="SqlDataSource1"
onitemcommand="Repeater1_ItemCommand">
    <ItemTemplate>
        <div style="border-bottom:1px dashed #ccc; padding:5px 5px 5px 5px;">
            <%# Eval("title")%>
            <asp:Button ID="Button1" runat="server" Text="按钮"
            CommandArgument='<%# Eval("title")%>'/>
        </div>
    </ItemTemplate>
</asp:Repeater>
```

上述代码增加了一个按钮控件,并配置按钮控件的命令参数为数据库中的 title 的值。当单击按钮控件时,则会触发 ItemCommand,示例代码如下:

```
protected void Repeater1_ItemCommand(object source, RepeaterCommandEventArgs e)
{
    Label1.Text = "用户选择了" + e.CommandArgument.ToString();        //显式选择项
}
```

上述代码当指定了执行按钮控件触发的事件,运行结果如图 10-29 和图 10-30 所示。

图 10-29　ItemCommand 事件

图 10-30　用户选择单击后

Repeater 控件需要一定的 HTML 知识才能显示数据库的相应信息,虽然增加了一定的复杂度,但是却增加了灵活性。Repeater 控件能够按照用户的想法显示不同的样式,让数据显示更加丰富。

## 10.3　数据列表控件

DataList 控件支持各种不同的模板的样式,通过为 DataList 指定不同的样式,可以自定义 DataList 控件的外观。与 Repeater 控件相同的是,DataList 控件同样也支持自定义

HTML，但是 DataList 控件具备 Repeater 控件不具有的特性，DataList 控件常用属性如下：

> ➤ AltermatingItemStyle：编写交替行的样式。
> ➤ EditItemStyle：正在编辑的项的样式。
> ➤ FooterStyle：列表结尾处的脚注的样式。
> ➤ HeaderStyle：列表头部的标头的样式。
> ➤ ItemStyle：单个项的样式。
> ➤ SelectedItemStyle：选定项的样式。
> ➤ SeparatorStyle：各项之间分隔符的样式。

通过修改 DataList 控件的相应的属性，能够实现复杂的 HTML 样式而不需要通过变成实现。而 DataList 控件能够套用自定义格式实现更多的效果，如图 10-31 所示。

通过属性生成器，同样可以通过勾选相应的项目来生成属性，这些属性能够极大地方便开发人员制作 DataList 控件的界面样式，如图 10-32 所示。

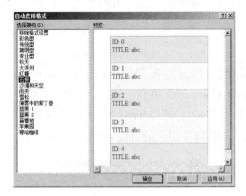

图 10-31 自动套用格式

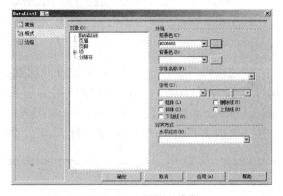

图 10-32 属性生成器

DataList 控件经常在开发中使用，DataList 控件不仅能够支持 Repeater 控件中的 ItemCommand、ItemCreated、ItemDataBound 事件，还支持更多的服务器事件。对项中的按钮进行操作，如果按钮的 CommandName 属性为"edit"，则该按钮则可以引发 Editor-Command 事件，同样也可以配置不同的 CommandName 属性来实现不同的操作。编辑 DataList 控件，并编辑相应的 HTML 代码，让 DataList 控件包括按钮，并为按钮配置相应的 CommandName 属性，示例代码如下：

```
<asp:DataList ID="DataList1" runat="server" BackColor="White"
BorderColor="#E7E7FF" BorderStyle="None" BorderWidth="1px" CellPadding="3"
DataKeyField="ID" DataSourceID="SqlDataSource1" Font-Bold="False"
Font-Italic="False" Font-Overline="False" Font-Strikeout="False"
Font-Underline="False" GridLines="Horizontal" Width="100%"
ondeletecommand="DataList1_DeleteCommand">
    <FooterStyle BackColor="#B5C7DE" ForeColor="#4A3C8C" />
    <AlternatingItemStyle BackColor="#F7F7F7" />
    <ItemStyle BackColor="#E7E7FF" ForeColor="#4A3C8C" />
    <SelectedItemStyle BackColor="#738A9C" Font-Bold="True" ForeColor="#
```

F7F7F7″ />

    &lt; HeaderStyle BackColor =″#4A3C8C″ Font-Bold =″True″ ForeColor =″#F7F7F7″ />

  &lt;ItemTemplate&gt;

    新闻 ID：

    &lt;asp：Label ID =″IDLabel″ runat =″server″ Text =′&lt;%#Eval(″ID″)%&gt;′ /&gt;

    &lt;br /&gt;

    新闻编号：

    &lt;asp：Label ID =″TITLELabel″ runat =″server″ Text =′&lt;%#Eval(″TITLE″)%&gt;′ /&gt;

    &lt;br /&gt;

    &lt;asp：Button ID =″Button1″ runat =″server″ Text =″删除″

    CommandName =″delete″ CommandArgument =′&lt;%#Eval(″ID″)%&gt;′/&gt;

  &lt;/ItemTemplate&gt;

&lt;/asp：DataList&gt;

上述代码创建了一个 DataList 控件并配置了按钮控件，并将按钮控件的 CommandName 属性配置为“Delete”，则触发该按钮则会引发 DeleteCommand 事件。在属性窗口中找到 DeleteCommand 事件，双击【DeleteCommand】连接系统会自动生成 DeleteCommand 事件相应的方法。当生成了 DeleteCommand 事件后，可以在代码段中编写相应的方法，示例代码如下：

```
protected void DataList1_DeleteCommand(object source, DataListCommandEventArgs e)
{
    Label1.Text = e. CommandArgument.ToString() +″被执行″;
}
```

当用户单击了相应的按钮时会触发 DeleteCommand 事件。开发人员能够通过传递过来的参数，可以编写相应的方法，运行结果如图 10-33 所示。

程序运行后，当用户单击了相应的按钮时，开发人员可以通过获取传递的 CommandArgument 参数的值来编写相应的方法从而执行实现不同的应用。

GridView 是 ASP.NET 中功能非常丰富的控件之一，它可以以表格的形式显示数据库的内容并通过数据源控件自动绑定和显示数据。开发人员能够通过配置数据源控件对 Grid-View 中的数据进行选择、排序、分页、编辑和删除功能进行配置。GridView

图 10-33　触发 DeleteCommand 事件

控件还能够指定自定义样式,在没有任何数据时可以自定义无数据时的 UI 样式。

### 1. 建立 GridView 控件

GridView 控件为开发人员提供了强大的管理方案,同样 GridView 也支持内置格式,单击【自动套用格式】连接可以选择 GridView 中的默认格式,如图 10-34 所示。

GridView 是以表格为表现形式,GridView 包括行和列,通过配置相应的属性能够编辑相应的行的样式,同样也可以选择【编辑列】选项来编写相应的列的样式,如图 10-35 所示。

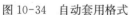

图 10-34　自动套用格式

图 10-35　编辑列

GridView 控件提供两个用户绑定到数据的选项,其一是使用 DataSourceID 进行数据绑定,这种方法通常情况下是绑定数据源控件;而另一种则是使用 DataSource 属性进行数据绑定,这种方法能够将 GridView 控件绑定到包括 ADO. NET 数据和数据读取器内的各种对象。

使用 DataSourceID 进行数据绑定,可以让 GridView 控件能够自动地处理分页、选择等操作,如图 10-36 所示。而使用 DataSource 属性进行数据绑定,则需要开发人员通过编程实现分页等操作。GridView 控件能够自定义字段,单击【添加列】按钮,可以选择相应类型的列。在添加列选项中,GridView 控件支持多种列类型的列,包括复选框、图片、单选框、超链接等,如图 10-37 所示。

图 10-36　可选相应操作

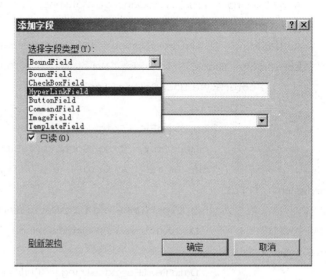

图 10-37　添加字段

添加自定义字段,GridView 控件支持从数据源中读取相应的数据源来配置相应的字段,来让开发人员自定义的读取数据源中的相应字段来自定义开发,如图 10-38 所示。当选择从数据源中获取文本,可以通过 Format 的形式编写相应的文本。例如,从数据源中获取 TITLE 列,而显示文本为"这是一个标题:TITLE 值",则可以编写为"这是一个标题:{0}",如图 10-39 所示。

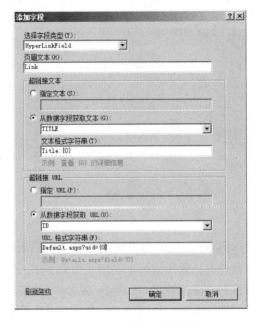

图 10-38　添加字段　　　　　　图 10-39　格式化字符串输出

配置完成后,GridView 控件的 HTML 标签生成代码如下:

```
<asp:GridView ID="GridView1" runat="server" AllowPaging="True"
    AllowSorting="True" AutoGenerateColumns="False"
    BackColor="LightGoldenrodYellow" BorderColor="Tan" BorderWidth="1px"
    CellPadding="2" DataKeyNames="ID" DataSourceID="SqlDataSource1"
    ForeColor="Black" GridLines="None" Width="100%">
        <FooterStyle BackColor="Tan" />
        <Columns>
            <asp:BoundField DataField="ID" HeaderText="ID" InsertVisible="False"
                ReadOnly="True" SortExpression="ID" />
            <asp:BoundField DataField="TITLE" HeaderText="TITLE" SortEx-
pression="TITLE" />
            <asp:HyperLinkField DataNavigateUrlFields="ID"
                DataNavigateUrlFormatString="Default.aspx? uid={0}" DataTe-
xtField="TITLE"
                DataTextFormatString="Title:{0}" HeaderText="Link" />
        </Columns>
```

```
    <PagerStyle BackColor="PaleGoldenrod" ForeColor="DarkSlateBlue"
    HorizontalAlign="Center" />
    <SelectedRowStyle BackColor="DarkSlateBlue" ForeColor="GhostWhite" />
    <HeaderStyle BackColor="Tan" Font-Bold="True" />
<AlternatingRowStyle BackColor="PaleGoldenrod" />
</asp:GridView>
```

上述代码使用了一个默认格式,并新建了一个超链接文本类型的列,当单击超文本链接,则会跳转到另一个页面。

**2. GridView 控件的常用事件**

GridView 支持多个事件,通常对 GridView 控件进行排序、选择等操作时,同样会引发事件,当创建当前行或将当前行绑定至数据时发生的事件,同样,单击一个命令控件时也会引发事件。GridView 控件常用的事件如下:

➤ RowCommand:在 GridView 控件中单击某个按钮时发生。此事件通常用于在该控件中单击某个按钮时执行某项任务。

➤ PageIndexChanging:在单击页导航按钮时发生,但在 GridView 控件执行分页操作之前。此事件通常用于取消分页操作。

➤ PageIndexChanged:在单击页导航按钮时发生,但在 GridView 控件执行分页操作之后。此事件通常用于在用户定位到该控件中不同的页之后需要执行某项任务时。

➤ SelectedIndexChanging:在单击 GridView 控件内某一行的【Select】按钮(其 CommandName 属性设置为【Select】按钮)时发生,但在 GridView 控件执行选择操作之前。此事件通常用于取消选择操作。

➤ SelectedIndexChanged:在单击 GridView 控件内某一行的【Select】按钮时发生,但在 GridView 控件执行选择操作之后。此事件通常用于在选择了该控件中的某行后执行某项任务。

➤ Sorting:在单击某个用于对列进行排序的超链接时发生,但在 GridView 控件执行排序操作之前。此事件通常用于取消排序操作或执行自定义的排序例程。

➤ Sorted:在单击某个用于对列进行排序的超链接时发生,但在 GridView 控件执行排序操作之后。此事件通常用于在用户单击对列进行排序的超链接之后执行某项任务。

➤ RowDataBound:在 GridView 控件中的某个行被绑定到一个数据记录时发生。此事件通常用于在某个行被绑定到数据时修改该行的内容。

➤ RowCreated:在 GridView 控件中创建新行时发生。此事件通常用于在创建某个行时修改该行的布局或外观。

➤ RowDeleting:在单击 GridView 控件内某一行的【Delete】按钮(其 CommandName 属性设置为【Delete】按钮)时发生,但在 GridView 控件从数据源删除记录之前。此事件通常用于取消删除操作。

➤ RowDeleted:在单击 GridView 控件内某一行的【Delete】按钮时发生,但在 GridView 控件从数据源删除记录之后。此事件通常用于检查删除操作的结果。

➤ RowEditing:在单击 GridView 控件内某一行的【Edit】按钮(其 CommandName 属性设置为【Edit】的按钮)时发生,但在 GridView 控件进入编辑模式之前。此事件通常用于取消编辑操作。

➤ RowCancelingEdit：在单击 GridView 控件内某一行的【Cancel】按钮（其 Command-Name 属性设置为【Cancel】的按钮）时发生，但在 GridView 控件退出编辑模式之前。此事件通常用于停止取消操作。

➤ RowUpdating：在单击 GridView 控件内某一行的【Update】按钮（其 Command-Name 属性设置为【Update】的按钮）时发生，但在 GridView 控件更新记录之前。此事件通常用于取消更新操作。

➤ RowUpdated：在单击 GridView 控件内某一行的【Update】按钮时发生，但在 GridView 控件更新记录之后。此事件通常用来检查更新操作的结果。

➤ DataBound：此事件继承自 BaseDataBoundControl 控件，在 GridView 控件完成到数据源的绑定后发生。

需要指定相应的事件，则必须添加一个 RowCommand 事件，GridView 控件 HTML 代码如下：

```
<asp:GridView ID="GridView1" runat="server" AllowPaging="True"
AllowSorting="True" AutoGenerateColumns="False"
BackColor="LightGoldenrodYellow" BorderColor="Tan" BorderWidth="1px"
CellPadding="2" DataKeyNames="ID" DataSourceID="SqlDataSource1"
ForeColor="Black" GridLines="None" onrowcommand="GridView1_RowCommand"
Width="100%">
    <FooterStyle BackColor="Tan" />
        <Columns>
            <asp:BoundField DataField="ID" HeaderText="ID" InsertVisible="False"
            ReadOnly="True" SortExpression="ID" />
            <asp:BoundField DataField="TITLE" HeaderText="TITLE" SortExpres-
sion="TITLE" />
            <asp:HyperLinkField DataNavigateUrlFields="ID"
            DataNavigateUrlFormatString="Default.aspx? uid={0}" DataTextField
="TITLE"
            DataTextFormatString="Title:{0}" HeaderText="Link" />
            <asp:ButtonField ButtonType="Button" CommandName="
            Select" HeaderText="选择按钮" ShowHeader="True" Text="按钮" />
        </Columns>
    <PagerStyle BackColor="PaleGoldenrod" ForeColor="DarkSlateBlue"
        HorizontalAlign="Center" />
    <SelectedRowStyle BackColor="DarkSlateBlue" ForeColor="GhostWhite" />
    <HeaderStyle BackColor="Tan" Font-Bold="True" />
<AlternatingRowStyle BackColor="PaleGoldenrod" />
</asp:GridView>
```

上述代码创建了一个 GridView 控件，并增加了一个按钮控件，并且为按钮控件的 CommandName 属性赋值为 Select，当单击按钮控件时，则会触发 RowCommand 事件，cs 页面代码如下：

```
protected void GridView1_RowCommand(object sender, GridViewCommandEventArgs e)
{
    Label1.Text = e.CommandName + "事件被触发";
}
```

当单击按钮时，GridView 控件会选择相应的行。在 GridView 控件的 RowCommand 事件中，同样可以通过 GridView 控件的中按钮的 CommandArgument 属性获取相应的操作并执行相应代码。GridView 控件运行结果如图 10-40 和图 10-41 所示。

图 10-40　GridView 控件的事件

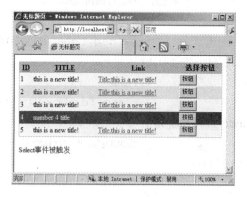

图 10-41　触发 Select 选择事件

# 10.4　数据绑定控件

FormView 控件只能显示数据库中一行的数据，并且提供对数据的分页操作，FormView 控件可以以一种不规则的外观来将数据呈现给用户。FormView 控件同样支持模板，以方便开发人员自定义 FormView 控件的 UI，FormView 控件支持的模板如下：

➢ ItemTemplate：用于在 FormView 中呈现一个特殊的记录。

➢ HeaderTemplate：用于指定一个可选的页眉行。

➢ FooterTemplate：用于指定一个可选的页脚行。

➢ EmptyDataTemplate：当 FormView 的 DataSource 缺少记录的时候，EmptyDataTemplate 将会代替 ItemTemplate 来生成控件的标记语言。

➢ PagerTemplate：如果 FormView 启用了分页的话，这个模板可以用于自定义分页的界面。

➢ EditItemTemplate / InsertItemTemplate：如果 FormView 支持编辑或插入功能，那么这两种模板可以用于自定义相关的界面。

通过编辑 ItmTemplate，能够自定义 HTML 以呈现数据，这种情况很像 Repeater 控件。FormView 控件同样支持自动套用格式，选择【自动套用

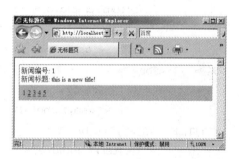

图 10-42　自定义 FormView 控件

格式】选项就能够为 FormView 控件选择默认格式,选择后如图 10-42 所示。

当 FormView 控件界面编写完成后,HTML 代码如下:

```
<asp:FormView ID="FormView1" runat="server" AllowPaging="True"
BackColor="White" BorderColor="#3366CC" BorderStyle="None" BorderWidth="1px"
CellPadding="4" DataKeyNames="ID" DataSourceID="SqlDataSource1"
GridLines="Both" Width="100%">
    <FooterStyle BackColor="#99CCCC" ForeColor="#003399" />
        <RowStyle BackColor="White" ForeColor="#003399" />
        <EditItemTemplate>
            ID:
                <asp:Label ID="IDLabel1" runat="server" Text='<%# Eval
("ID") %>' /><br />
                TITLE:
                <asp:TextBox ID="TITLETextBox" runat="server" Text='<%#
Bind("TITLE") %>' /><br />
                <asp:LinkButton ID="UpdateButton" runat="server" CausesValida-
tion="True"

                CommandName="Update" Text="更新" />
                <asp:LinkButton ID="UpdateCancelButton" runat="server"
                CausesValidation="False" CommandName="Cancel" Text="取消" />
        </EditItemTemplate>
        <InsertItemTemplate>
            TITLE:
                <asp:TextBox ID="TITLETextBox" runat="server" Text='<%#
Bind("TITLE") %>' /> <br />
                <asp:LinkButton ID="InsertButton" runat="server" CausesValida-
tion="True"

                CommandName="Insert" Text="插入" />
                <asp:LinkButton ID="InsertCancelButton" runat="server"
                CausesValidation="False" CommandName="Cancel" Text="取消" />
        </InsertItemTemplate>
        <ItemTemplate>
            新闻编号:
                <asp:Label ID="IDLabel" runat="server" Text='<%# Eval("ID")
%>' /><br />
                新闻标题:
                <asp:Label ID="TITLELabel" runat="server" Text='<%# Bind
("TITLE") %>' /><br />
        </ItemTemplate>
        <PagerStyle BackColor="#99CCCC" ForeColor="#003399" HorizontalAlign="Left" />
```

```
<HeaderStyle BackColor="#003399" Font-Bold="True" ForeColor="#CCCCFF" />
<EditRowStyle BackColor="#009999" Font-Bold="True" ForeColor="#CCFF99" />
</asp:FormView>
```

上述代码创建了 FormView 控件,并为 FormView 控件自定义了若干模板。刚才只是编写了 ItemTemplate 模板,但是 EdititemTemplate 也已经在 HTML 标签中生成。

FormView 控件同样支持对当前数据的更新、删除、选择等操作。当拖放一个按钮控件时,可以选择 DataBindings 来为按钮控件的属性做相应的配置,如图 10-43 所示。

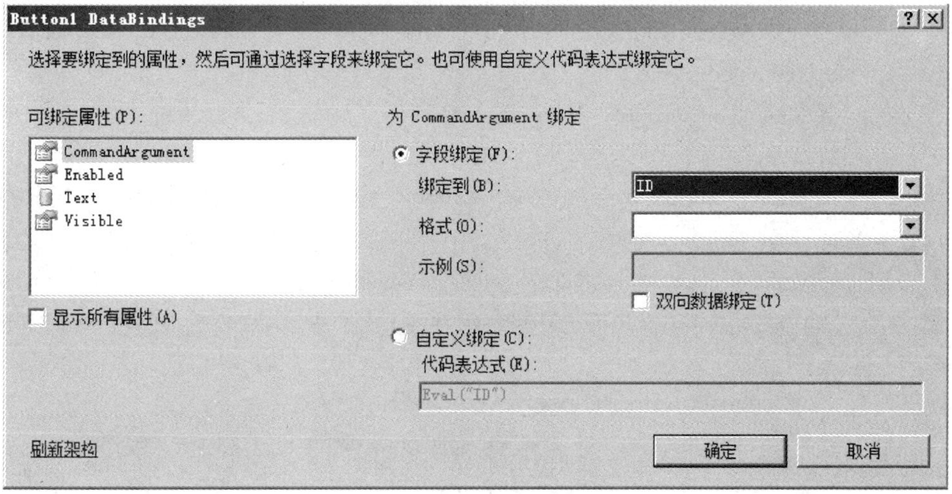

**Button1 DataBindings**

选择要绑定到的属性,然后可通过选择字段来绑定它。也可使用自定义代码表达式绑定它。

可绑定属性(P):
- CommandArgument
- Enabled
- Text
- Visible

☐ 显示所有属性(A)

为 CommandArgument 绑定

◉ 字段绑定(F):

绑定到(B): [ID ▼]

格式(O): [ ▼]

示例(S): [ ]

☐ 双向数据绑定(T)

◯ 自定义绑定(C):

代码表达式(E):

[Eval("ID")]

刷新架构          [确定]  [取消]

图 10-43 DataBindings

当单击 FormView 中的控件时,会触发 Command 事件,要使用 FormView 控件进行更新等操作,必须在相应的模式下更新才行,例如当需要更新操作时,则必须在编辑模式下才能进行更新操作。当执行相应的操作时,例如更新操作,则必须在编辑模式下进行操作,并需要使用 ItemUpdated 事件来编写相应的更新事件。编写 FormView 控件中的 ItemTemplate 和 EditItemTemplate,生成的 HTML 代码如下:

```
<asp:FormView ID="FormView1" runat="server" AllowPaging="True"
    BackColor="White" BorderColor="#3366CC" BorderStyle="None" BorderWidth="1px"
    CellPadding="4" DataKeyNames="ID" DataSourceID="SqlDataSource1"
    GridLines="Both" Width="100%" onitemcommand="FormView1_ItemCommand"
    onitemupdated="FormView1_ItemUpdated">
    <FooterStyle BackColor="#99CCCC" ForeColor="#003399" />
    <RowStyle BackColor="White" ForeColor="#003399" />
    <EditItemTemplate>
        新闻编号:
        <asp:Label ID="IDLabel1" runat="server" Text='<%# Eval("ID") %>'
/>
```

```
<br />
新闻标题：
    <asp:TextBox ID="TITLETextBox" runat="server" Text='<% # Bind
("TITLE") %>' />
        <br />
<asp:LinkButton ID="UpdateButton" runat="server" CausesValidation="True"
    CommandName="Update" Text="更新" />
 <asp:LinkButton ID="UpdateCancelButton" runat="server"
    CausesValidation="False" CommandName="Cancel" Text="取消" />
    </EditItemTemplate>
<InsertItemTemplate>
    TITLE：
        <asp:TextBox ID="TITLETextBox" runat="server" Text='<% # Bind
("TITLE") %>' />
        <br />
        <asp:LinkButton ID="InsertButton" runat="server" CausesValidation=
"True"
            CommandName="Insert" Text="插入" />
        <asp:LinkButton ID="InsertCancelButton" runat="server"
        CausesValidation="False" CommandName="Cancel" Text="取消" />
    </InsertItemTemplate>
<ItemTemplate>
    新闻编号：
        <asp:Label ID="IDLabel" runat="server" Text='<% # Eval("ID") %
>' /><br />
    新闻标题：
        <asp:Label ID="TITLELabel" runat="server" Text='<% # Bind
("TITLE") %>' /><br />
    </ItemTemplate>
    <PagerStyle BackColor="#99CCCC" ForeColor="#003399" HorizontalAlign=
"Left" />
    <HeaderStyle BackColor="#003399" Font-Bold="True" ForeColor="#CCCCFF"
/>
    <EditRowStyle BackColor="#009999" Font-Bold="True" ForeColor="#CCFF99"
/>
</asp:FormView>
```

上述代码编写了 FormView 控件中的 ItemTemplate 和 EditItemTemplate。在页面中，增加了按钮来切换 FormView 控件的编辑模式，按钮控件代码如下：

```
<asp:Button ID="Button2" runat="server" onclick="Button2_Click" Text="Edit" />
```

当单击按钮时,FormView 控件会更改其编辑模式,示例代码如下:

```
protected void Button2_Click(object sender, EventArgs e)
{
    FormView1.ChangeMode(FormViewMode.Edit);              //更改编辑模式
}
```

当更改了编辑模式后,FormView 控件允许在当前页面直接更改数据的值,并通过 ItemUpdated进行更新,示例代码如下:

```
protected void FormView1_ItemUpdated(object sender, FormViewUpdatedEventArgs e)
{
    Label1.Text = "相应值被更新";                        //提示已被更改
    FormView1.ChangeMode(FormViewMode.ReadOnly);         //更改编辑模式
}
```

上述代码允许开发人员能够自定义数据操作,通过对象 e 的值来获取相应的数据字段的值并进行更新,运行结果如图 10-44 和图 10-45 所示。

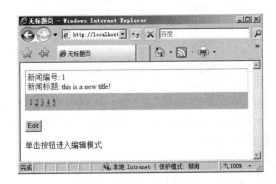

图 10-44　视图模式

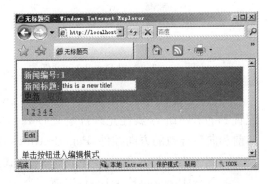

图 10-45　编辑模式

当单击了其中的更新,则会触发 ItemUpdated 事件,开发人员能够通过编写 ItemUpdated 事件来进行相应的更新操作。值得注意的是,通常情况下数据源控件必须支持更新操作才能够执行更新,在配置数据源时,需要为更新语句进行配置。在配置和生成 SQL 语句中必须选择【高级】选项、勾选【生成 INSERT、UPDATE 和 DELETE 语句】复选框才能够让数据源控件支持更新等操作,如图 10-46 所示。

如果数据绑定控件需要使用 Insert 等语句时,则数据源控件需配置高级 SQL 生成选项,开发人员还能够在数据源控件的 HTML 代码中进行相应的 SQL 语句的更改已达到自定义数据源控件的目的。

DetailsView 控件与 Form-

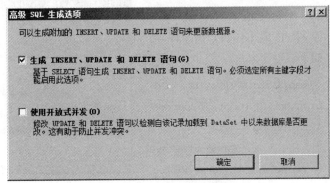

图 10-46　高级数据源配置

View 在很多情况下非常类似，DetailsView 控件通常情况下也只能够显示一行的数据，同 FormView，DetailsView 控件支持对数据源控件中的数据进行插入、删除和更新。但是 DetailsView 控件与 FormView 控件不同的是，DetailsView 控件不支持 ItemTemplate 模板，这也就是说，DetailsView 控件是以一种表格的形式所呈现的。

相比之下，DetailsView 控件能够支持 Ajax，因为 FormView 控件完全由模板驱动，但是 FormView 控件对验证控件的支持较好。而 DetailsView 控件可以通过选择是否包括更新、删除等操作，而无需手动添加相应的事件，比 FormView 控件更加方便，如图 10-47 和图 10-48 所示。

图 10-47　配置 DetailsView 任务　　　　图 10-48　减少任务配置

当选择了【启用分页】选项后 DetailsView 控件就能够自动进行分页。开发人员还可以配置 PagerSettings 属性允许自定义 DetailsView 控件生成分页用户界面的外观，它将呈现向前和向后导航的方向控件，PagerSettings 属性的常用模式有：

➢ NextPrevious：以前一个，下一个形式显示。
➢ NextPreviousFirstLast：以前一个，下一个，最前一个，最后一个形式显示。
➢ Numeric：以数字形式显示。
➢ NumericFirstLast：以数字，最前一个，最后一个形式显示。

当完成配置 DetailsView 控件后，DetailsView 控件无需通过外部控件来转换 DetailsView 控件的编辑模式，DetailsView 控件自动会显示更新、插入、删除等按钮来更改编辑模式，如图 10-49 所示。

编辑完成后，DetailsView 控件生成的 HTML 代码如下：

```
＜asp：DetailsView ID＝"De-
tailsView1" runat＝"server"
AllowPaging＝"True"
    AutoGenerateRows
＝"False" BackColor＝"White"
BorderColor＝"＃999999"
```

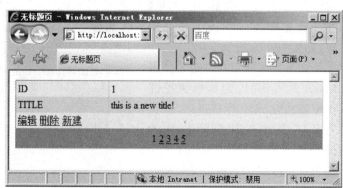

图 10-49　DetailsView 控件

```
        BorderStyle="None" BorderWidth="1px" CellPadding="3" DataKeyNames="ID"
        DataSourceID="SqlDataSource1" GridLines="Vertical" Height="50px" Width
="100%">
    <FooterStyle BackColor="#CCCCCC" ForeColor="Black" />
    <RowStyle BackColor="#EEEEEE" ForeColor="Black" />
        <PagerStyle BackColor="#999999" ForeColor="Black" HorizontalAlign="Cen-
ter" />
            <Fields>
                <asp:BoundField DataField="ID" HeaderText="ID" InsertVisible="
False"
                ReadOnly="True" SortExpression="ID" />
                <asp:BoundField DataField="TITLE" HeaderText="TITLE" SortEx-
pression="TITLE" />
                <asp:CommandField ShowDeleteButton="True" ShowEditButton="
True"
                ShowInsertButton="True" />
            </Fields>
        <HeaderStyle BackColor="#000084" Font-Bold="True" ForeColor="White" />
        <EditRowStyle BackColor="#008A8C" Font-Bold="True" ForeColor="White" />
    <AlternatingRowStyle BackColor="#DCDCDC" />
</asp:DetailsView>
```

如上一节内容所讲,在数据源控件的配置中配置 SQL 语句,需要选择高级,勾选【生成 INSERT、UPDATE 和 DELETE 语句】复选框以支持自动生成更新、删除等语句的生成。当勾选了【生成 INSERT、UPDATE 和 DELETE 语句】复选框后,数据源控件代码如下:

```
<asp:SqlDataSource ID="SqlDataSource1" runat="server"
        ConnectionString="<%$ ConnectionStrings:mytableConnectionString %>"
        DeleteCommand="DELETE FROM [mynews] WHERE [ID] = @ID"
        InsertCommand="INSERT INTO [mynews] ([TITLE]) VALUES (@TITLE)"
        SelectCommand="Select * FROM [mynews]"
        UpdateCommand="UPDATE [mynews] SET [TITLE] = @TITLE WHERE [ID]
= @ID">
    <DeleteParameters>
        <asp:Parameter Name="ID" Type="Int32" />
    </DeleteParameters>
    <UpdateParameters>
        <asp:Parameter Name="TITLE" Type="String" />
        <asp:Parameter Name="ID" Type="Int32" />
    </UpdateParameters>
```

```
        <InsertParameters>
        <asp:Parameter Name="TITLE" Type="String" />
    </InsertParameters>
</asp:SqlDataSource>
```

从上述代码可以看出,数据源控件自动生成了相应的 SQL 语句,如图 10-50 所示。当执行更新、删除等操作时,则会默认执行该语句。运行结果如图 10-51 所示。

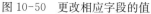

图 10-50　更改相应字段的值

图 10-51　更改后的控件呈现

ListView 控件是 ASP.NET 3.5 中新增的数据绑定控件,ListView 控件是介于 GridView 控件和 Repeater 之间的另一种数据绑定控件,相对于 GridView 来说,它有着更为丰富的布局手段,开发人员可以在 ListView 控件的模板内写任何 HTML 标记或者控件。相比于 GridView 和 Repeater 控件而言,ListView 支持的模板如下:

➢ AlternatingItemTemplate:交替项目模板,用不同的标记显示交替的项目,便于查看者区别连续不断的项目。

➢ EditItemTemplate:编辑项目模板,控制编辑时的项目显示。

➢ EmptyDataTemplate:空数据模板,控制 ListView 数据源返回空数据时的显示。

➢ EmptyItemTemplate:空项目模板,控制空项目的显示。

➢ GroupSeparatorTemplate:组分隔模板,控制项目组内容的显示。

➢ GroupTemplate:组模板,为内容指定一个容器对象,如一个表行、div 或 span 组件。

➢ InsertItemTemplate:插入项目模板,用户插入项目时为其指定内容。

➢ ItemSeparatorTemplate:项目分隔模板,控制项目之间内容的显示。

➢ ItemTemplate 项目模板:控制项目内容的显示。

➢ LayoutTemplate:布局模板,指定定义容器对象的根组件,如一个 table、div 或 span 组件,它们包装 ItemTemplate 或 GroupTemplate 定义的内容。

➢ SelectedItemTemplate:已选择项目模板,指定当前选中的项目内容的显示。

其中最为常用的控件包括 LayoutTemplate 和 ItemTemplate,LayoutTemplate 为 ListView 控件指定了总的标记,而 ItemTemplate 指定的标记用于显示每个绑定的记录,用来编写 HTML 样式。ListView 控件能够自动套用 HTML 格式,如其他控件一样,可以选择默认模板,单击【配置 ListView】连接进行格式套用,如图 10-52 所示。

开发人员能够选择相应的布局并选择相应的样式来确定 ListView 控件的界面,开发人员还可以通过选择【启用编辑】、【启用插入】等选项简化开发。

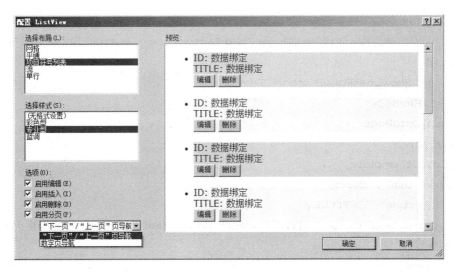

图 10-52　配置 ListView

当选择相应的布局方案和样式后,系统生成的 ListView 控件的 HTML 代码如下:

```
<asp:ListView ID="ListView1" runat="server" DataKeyNames="ID"
    DataSourceID="SqlDataSource1" InsertItemPosition="LastItem">
    <AlternatingItemTemplate>
        <li style="background-color: #FFF8DC;">ID:
            <asp:Label ID="IDLabel" runat="server" Text='<%# Eval("ID") %>' />
            <br />
            TITLE:
             <asp:Label ID="TITLELabel" runat="server" Text='<%# Eval("TI-
TLE") %>' />
            <br />
            <asp:Button ID="EditButton" runat="server" CommandName="Edit" Text
="编辑" />
            <asp:Button ID="DeleteButton" runat="server" CommandName="Delete"
Text="删除" />
        </li>
    </AlternatingItemTemplate>
    <LayoutTemplate>
        <ul ID="itemPlaceholderContainer" runat="server"
        style="font-family: Verdana, Arial, Helvetica, sans-serif;">
            <li ID="itemPlaceholder" runat="server" />
        </ul>
        <div style="text-align: center;background-color: #CCCCCC;font-fami-
ly: Verdana, Arial,
            Helvetica, sans-serif;color: #000000;">
            <asp:DataPager ID="DataPager1" runat="server">
```

```
    <Fields>
        <asp:NextPreviousPagerField ButtonType="Button" ShowFirstPageButton="True"
            ShowLastPageButton="True" />
    </Fields>
</asp:DataPager>
    </div>
</LayoutTemplate>
<InsertItemTemplate>
    <li style="">TITLE:
    <asp:TextBox ID="TITLETextBox" runat="server" Text='<%# Bind("TITLE") %>' />
    <br />
    <asp:Button ID="InsertButton" runat="server" CommandName="Insert" Text="插入" />
        <asp:Button ID="CancelButton" runat="server" CommandName="Cancel" Text="清除" />
    </li>
</InsertItemTemplate>
<SelectedItemTemplate>
    <li style="background-color:#008A8C;font-weight:bold;color:#FFFFFF;">ID:
    <asp:Label ID="IDLabel" runat="server" Text='<%# Eval("ID") %>' />
    <br />
    TITLE:
    <asp:Label ID="TITLELabel" runat="server" Text='<%# Eval("TITLE") %>' />
    <br />
    <asp:Button ID="EditButton" runat="server" CommandName="Edit" Text="编辑" />
    <asp:Button ID="DeleteButton" runat="server" CommandName="Delete" Text="删除" />
    </li>
</SelectedItemTemplate>
<EmptyDataTemplate>
    未返回数据。
</EmptyDataTemplate>
<EditItemTemplate>
    <li style="background-color:#008A8C;color:#FFFFFF;">ID:
        <asp:Label ID="IDLabel1" runat="server" Text='<%# Eval("ID") %>' />
```

```
        <br />
        TITLE:
        <asp:TextBox ID="TITLETextBox" runat="server" Text='<%# Bind("TI-
TLE") %>' />
        <br />
        <asp:Button ID="UpdateButton" runat="server" CommandName="Update"
Text="更新" />
        <asp:Button ID="CancelButton" runat="server" CommandName="Cancel"
Text="取消" />
        </li>
    </EditItemTemplate>
    <ItemTemplate>
    <li style="background-color:#DCDCDC;color:#000000;">ID:
        <asp:Label ID="IDLabel" runat="server" Text='<%# Eval("ID") %>' />
        <br />
        TITLE:
        <asp:Label ID="TITLELabel" runat="server" Text='<%# Eval("TITLE")
%>' />
            <br />
        <asp:Button ID="EditButton" runat="server" CommandName="Edit" Text
="编辑" />
        <asp:Button ID="DeleteButton" runat="server" CommandName="Delete"
Text="删除" />
        </li>
    </ItemTemplate>
    <ItemSeparatorTemplate>
        <br />
    </ItemSeparatorTemplate>
</asp:ListView>
```

　　上述代码定义了 ListView 控件,系统默认创建了相应的模板,开发人员能够编辑相应的模板样式来为不同的编辑模式显示不同的用户界面。同时,用户可以无需代码实现就能够实现删除、更新以及添加等操作,运行结果如图 10-53 所示。

　　LayoutTemplate 和 ItemTemplate 是标识定义控件的主要布局的根模板。通常情况下,它包含一个占位符对象,如表行 tr 或 div 元素。此元素将由 ItemTemplate 模板或GroupTemplate 模板中定义的内容替换。

　　如果需要定义自定义用户界面,则必须使用 LayoutTemplate 模板,可以作为 ListView控件的父容器。LayoutTemplate 模板是 ListView 控件所必需的。相同的是,LayoutTemplate 内容也需要包含一个占位符控件。占位符控件必须将包含 runat="server"属性,并且将 ID 属性设置为 ItemPlaceholderID 或 GroupPlaceholderID 属性的值,示例代码如下:

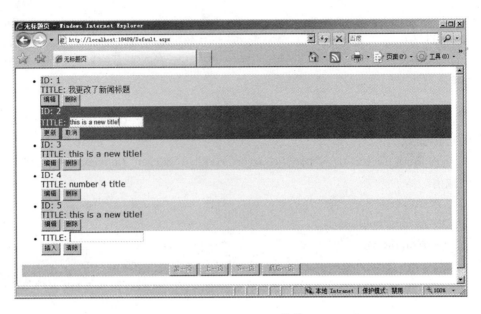

图 10-53 ListView 控件

```
<ItemTemplate>
    <td runat="server" style="background-color:#DCDCDC;color:#000000;">
        ID:
        <asp:Label ID="IDLabel" runat="server" Text='<%# Eval("ID") %>' /><br />
        TITLE:
        <asp:Label ID="TITLELabel" runat="server" Text='<%# Eval("TITLE") %>' /><br />
        <asp:Button ID="DeleteButton" runat="server" CommandName="Delete" Text="删除" /><br />
        <asp:Button ID="EditButton" runat="server" CommandName="Edit" Text="编辑" /><br />
    </td>
</ItemTemplate>
```

　　ListView 控件的事件和 FormView 控件的事件基本相同,同样可以为 ListView 控件执行更新、删除或添加等事件编写相应的代码。当执行更新前、更新时都可以触发相应的事件,示例代码如下:

```
protected void ListView1_ItemUpdated(object sender, ListViewUpdatedEventArgs e)
{
    Label1.Text = "更新已经发生";                              //触发更新事件
}
```

　　当运行后,则会触发 ItemUpdated 事件,运行结果如图 10-54 所示。

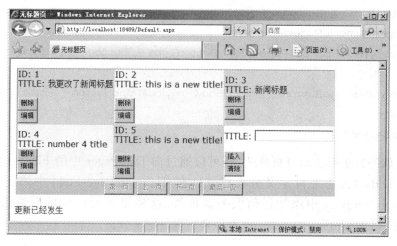

图 10-54　ItemUpdated 事件

ListView 控件不仅能够支持 FormView 控件的事件,而 ListView 控件具有更多的布局手段。ListView 控件能为开发人员在开发中提供极大的遍历,当如果需要进行相应的数据操作,又需要快捷的显示数据和添加数据时,ListView 控件是极佳的选择。

DataPager 控件通过实现 IPageableItemContainer 接口实现了控件的分页。在 ASP. NET 3.5 中,ListView 控件适合可以使用 DataPager 控件进行分页操作。要在 ListView 中使用 DataPager 控件只需要在 LayoutTemplate 模板中加入 DataPager 控件。DataPager 控件包括两种样式,一种是"上一页/下一页"样式,第二种是"数字"样式,如图 10-55 和图 10-56 所示。

图 10-55　文本样式　　　　　图 10-56　数字样式

当使用"上一页/下一页"样式时,DataPager 控件的 HTML 实现代码如下:

```
<asp:DataPager ID="DataPager1" runat="server">
    <Fields>
        <asp:NextPreviousPagerField ButtonType="Button" ShowFirstPageButton="
True"
        ShowLastPageButton="True" />
    </Fields>
</asp:DataPager>
```

当使用"数字"样式时,DataPager 控件的 HTML 实现代码如下:

```
<asp:DataPager ID="DataPager1" runat="server">
    <Fields>
        <asp:NextPreviousPagerField ButtonType="Button" ShowFirstPageButton="
True"
```

ShowNextPageButton="False" ShowPreviousPageButton="False" />
&lt;asp:NumericPagerField /&gt;
&lt;asp:NextPreviousPagerField ButtonType="Button" ShowLastPageButton="
True"
ShowNextPageButton="False" ShowPreviousPageButton="False" />
&lt;/Fields&gt;
&lt;/asp:DataPager&gt;

　　除了默认的方法来显示分页样式,还可以通过向 DataPager 中的 Fields 中添加 TemplatePagerField 的方法来自定义分页样式。在 TemplatePagerField 中添加 PagerTemplate,在 PagerTemplate 中添加任何服务器控件,这些服务器控件可以通过实现 TemplatePagerField 的 OnPagerCommand 事件来实现自定义分页。

# 第 11 章 ▶ 数 据 操 作

## 11.1 LINQ 查询

LINQ 可以对多种数据源和对象进行查询,如数据库、数据集、XML 文档甚至是数组,这在传统的查询语句中是很难实现的。如果有一个集合类型的值需要进行查询,则必须使用 Where 等方法进行遍历,而使用 LINQ 可以仿真 SQL 语句的形式进行查询,极大地降低了难度。

### 11.1.1 准备数据源

既然 LINQ 可以查询多种数据源和对象,这些对象可能是数组,可能是数据集,也可能是数据库,那么在使用 LINQ 进行数据查询时首先需要准备数据源。

**1. 数组**

数组中的数据可以被 LINQ 查询语句查询,这样就省去了复杂的数组遍历。数组数据源示例代码如下:

```
string[] str = { "学习","学习 LINQ","好好学习","生活很美好" };
int[] inter = { 1, 2, 3, 4, 5, 6, 7, 8, 9 };
```

数组可以看成是一个集合,虽然数组没有集合的一些特性,但是从另一个角度上来说可以看成是一个集合。在传统的开发过程中,如果要筛选其中包含"学习"字段的某个字符串,则需要遍历整个数组。

**2. SQL Server**

在数据库操作中,同样可以使用 LINQ 进行数据库查询。LINQ 以其优雅的语法和面向对象的思想能够方便地进行数据库操作,为了使用 LINQ 进行 SQL Server 数据库查询,可以创建两个表,这两个表的结构如下所示。Student(学生表):

➢ S_ID:学生 ID。

➢ S_NAME:学生姓名。

➢ S_CLASS:学生班级。

➢ C_ID:所在班级的 ID。

上述结构描述了一个学生表,可以使用 SQL 语句创建学生表,示例代码如下:

```
USE [student]
GO
SET ANSI_NULLS ON
```

```
GO
SET QUOTED_IDENTIFIER ON
GO
    CREATE TABLE [dbo].[Student](
    [S_ID] [int] IDENTITY(1,1) NOT NULL,
    [S_NAME] [nvarchar](50) COLLATE Chinese_PRC_CI_AS NULL,
    [S_CLASS] [nvarchar](50) COLLATE Chinese_PRC_CI_AS NULL,
    [C_ID] [int] NULL,
CONSTRAINT [PK_Student] PRIMARY KEY CLUSTERED
(
    [S_ID] ASC
) WITH (PAD_INDEX  = OFF, STATISTICS_NORECOMPUTE  = OFF, IGNORE_
DUP_KEY = OFF,
    ALLOW_ROW_LOCKS  = ON, ALLOW_PAGE_LOCKS  = ON) ON [PRIMARY]
) ON [PRIMARY]
```

为了更加详细地描述一个学生所有的基本信息,就需要创建另一个表对该学生所在的班级进行描述,班级表结构如下所示。Class(班级表):

➢ C_ID:班级 ID。

➢ C_GREAD:班级所在的年级。

➢ C_INFOR:班级专业。

上述代码描述了一个班级的基本信息,同样可以使用 SQL 语句创建班级表,示例代码如下:

```
USE [student]
GO
SET ANSI_NULLS ON
GO
SET QUOTED_IDENTIFIER ON
GO
CREATE TABLE [dbo].[Class](
    [C_ID] [int] IDENTITY(1,1) NOT NULL,
    [C_GREAD] [nvarchar](50) COLLATE Chinese_PRC_CI_AS NULL,
    [C_INFOR] [nvarchar](50) COLLATE Chinese_PRC_CI_AS NULL,
CONSTRAINT [PK_Class] PRIMARY KEY CLUSTERED
(
    [C_ID] ASC
) WITH (PAD_INDEX  = OFF, STATISTICS_NORECOMPUTE  = OFF, IGNORE_
DUP_KEY = OFF,
    ALLOW_ROW_LOCKS  = ON, ALLOW_PAGE_LOCKS  = ON) ON [PRIMARY]
) ON [PRIMARY]
```

上述代码在 Student 数据库中创建了一个班级表,开发人员能够向数据库中添加相应的信息以准备数据源。

**3. 数据集**

LINQ 能够通过查询数据集进行数据的访问和整合；通过访问数据集，LINQ 能够返回一个集合变量；通过遍历集合变量可以进行其中数据的访问和筛选。在第 9 章中讲到了数据集的概念，开发人员能够将数据库中的内容填充到数据集中，也可以自行创建数据集。

数据集是一个存在于内存的对象，该对象能够模拟数据库的一些基本功能，可以模拟小型的数据库系统，开发人员能够使用数据集对象在内存中创建表，以及模拟表与表之间的关系。在数据集的数据检索过程中，往往需要大量的 if、else 等判断语句才能检索相应的数据。

使用 LINQ 进行数据集中数据的整理和检索可以减少代码量并优化检索操作。数据集可以是开发人员自己创建的数据集也可以是现有数据库填充的数据集，这里使用上述 SQL Server 创建的数据库中的数据进行数据集的填充。

## 11.1.2 使用 LINQ

在传统对象查询中，往往需要很多的 if、else 语句进行数组或对象的遍历，例如在数组中寻找相应的字段，实现起来往往比较复杂，而使用 LINQ 就简化了对象的查询。由于前面已经准备好了数据源，那么就能够分别使用 LINQ 语句进行数据源查询。

**1. 数组**

创建一个数组作为数据源，数组示例代码如下：

```
int[] inter = { 1, 2, 3, 4, 5, 6, 7, 8, 9 };
```

上述代码是一个数组数据源，如果开发人员需要从其中的元素中搜索大于 5 的数字，传统的方法应该遍历整个数组并判断该数字是否大于 5，如果大于 5 则输出，否则不输出，示例代码如下：

```
using System;
using System.Collections.Generic;
using System.Linq;                                    //使用必要的命名空间
using System.Text;
namespace _11_1
{
    class Program
    {
        static void Main(string[] args)
        {
            string[] str = { "学习", "学习 LINQ", "好好学习", "生活很美好" };
                                                      //定义数组
            int[] inter = { 1, 2, 3, 4, 5, 6, 7, 8, 9 };
            for (int i = 0; i < inter.Length; i++)    //遍历数组
            {
                if (inter[i] > 5)
                                                      //判断数组元素的值是否大于 5
```

```
        {
            Console.WriteLine(inter[i].ToString());              //输出对象
        }
    }
    Console.ReadKey();
    }
}
```

上述代码非常简单,将数组从头开始遍历,遍历中将数组中的值与 5 相比较,如果大于 5 就会输出该值,如果小于 5 就不会输出该值。虽然上述代码实现了功能的要求,但是这样编写的代码繁冗复杂,也不具有扩展性。如果使用 LINQ 查询语句进行查询就非常简单,示例代码如下:

```
class Program
{
    static void Main(string[] args)
    {
        string[] str = { "学习", "学习 LINQ", "好好学习", "生活很美好" };
                                                                 //定义数组
        int[] inter = { 1, 2, 3, 4, 5, 6, 7, 8, 9 };             //定义数组
        var st = from s in inter where s > 5  select s;          //执行 LINQ 查询语句
        foreach (var t in st)                                    //遍历集合元素
        {
            Console.WriteLine(t.ToString());                     //输出数组
        }
        Console.ReadKey();
    }
}
```

使用 LINQ 进行查询之后会返回一个 IEnumerable 的集合。在上一章讲过,IEnumerable 是. NET 框架中最基本的集合访问器,可以使用 foreach 语句遍历集合元素。使用 LINQ 查询数组更加容易被阅读,LINQ 查询语句的结构和 SQL 语法十分类似,LINQ 不仅能够查询数组,还可以通过. NET 提供的编程语言进行筛选。例如,str 数组变量,如果要查询其中包含"学习"的字符串,对于传统的编程方法是非常冗余和繁琐的。由于 LINQ 是. NET 编程语言中的一部分,开发人员就能通过编程语言进行筛选,LINQ 查询语句示例代码如下:

```
var st = from s in str where s.Contains("学习")  select s;
```

### 2. 使用 SQL Server

在传统的数据库开发中,如果需要筛选某个数据库中的数据,可以通过 SQL 语句进行筛选。在 ADO. NET 中,首先需要从数据库中查询数据,查询后就必须将数据填充到数据集中,然后在数据集中进行数据遍历,示例代码如下:

```
try
{
    SqlConnection
```

```
con = new SqlConnection("server='(local)';database='student';uid='sa';pwd='
sa'");                                                          //创建连接
con.Open();                                                     //打开连接
string strsql = "select * from student, class where student.c_id=class.c_id";
                                                               //SQL 语句
SqlDataAdapter da = new SqlDataAdapter(strsql, con);            //创建适配器
DataSet ds = new DataSet();                                     //创建数据集
int j = da.Fill(ds, "mytable");                                //填充数据集
for (int i = 0; i < j; i++)                                     //遍历集合
{
    Console.WriteLine(ds.Tables["mytable"].Rows[i]["S_NAME"].ToString());
                                                               //输出对象
}
}
catch
{
    Console.WriteLine("数据库连接错误");                        //抛出异常
}
```

上述代码进行数据库的访问和查询。在上述代码中，首先需要创建一个连接对象进行数据库连接，然后再打开连接，打开连接之后就要编写 Select 语句进行数据库查询并填充到 DataSet 数据集中，并在 DataSet 数据集中遍历相应的表和列进行数据筛选。如果要查询 C_ID 为 1 的学生的所有姓名，有三个办法，这三个办法分别是：

➤ 修改 SQL 语句。

➤ 在循环内进行判断。

➤ 使用 LINQ 进行查询。

修改 SQL 语句是最方便的方法，直接在 Select 语句中添加查询条件 WHERE C-ID=1 就能够实现，但是这个方法扩展性非常的低，如果有其他需求则就需要修改 SQL 语句，也有可能造成其余代码填充数据集后数据集内容不同步。

在循环内进行判断也是一种方法，但是这种方法当循环增加时会造成额外的性能消耗，并且当需要扩展时，还需要修改循环代码。最方便的就是使用 LINQ 进行查询，在 Visual Studio 2008 中提供了 LINQ to SQL 类文件用于将现有的数据抽象成对象，这样就符合了面向对象的原则，同时也能够减少代码，提升扩展性。创建一个 LINQ to SQL 类文件，直接将服务资源管理器中的相应表拖放到 LINQ to SQL 类文件可视化窗口中即可，如图 11-1 所示。

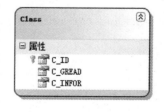
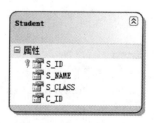

创建了 LINQ to SQL 类文件

图 11-1　创建 LINQ to SQL 文件

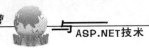

后,就可以直接使用 LINQ to SQL 类文件提供的类进行查询,示例代码如下:

```
linqtosqlDataContext lq = new linqtosqlDataContext();
var mylq = from l in lq.Student from cl in lq.Class where l.C_ID == cl.C_ID select l;
                                                            //执行查询
foreach (var result in mylq)                                //遍历集合
{
    Console.WriteLine(result.S_NAME.ToString());            //输出对象
}
```

上述代码只用了很短的代码就能够实现数据库中数据的查询和遍历,并且从可读性上来说也很容易理解,因为 LINQ 查询语句的语法基本与 SQL 语法相同,只要有一定的 SQL 语句基础就能够非常容易地编写 LINQ 查询语句。

### 3. 数据集

LINQ 同样对数据集支持查询和筛选操作。其实数据集也是集合的表现形式,数据集除了能够填充数据库中的内容以外,开发人员还能够通过对数据集的操作向数据集中添加数据和修改数据。前面的章节中已经讲到,数据集可以看作是内存中的数据库。数据集能够模拟基本的数据库,包括表、关系等。这里就将 SQL Server 中的数据填充到数据集即可,示例代码如下:

```
try
{
    SqlConnection
    con = new SqlConnection("server='(local)';database='student';uid='sa';pwd='
sa'");                                                      //创建连接
    con.Open();                                             //打开连接
    string strsql = "select * from student,class where student.c_id=class.c_id";
                                                            //执行 SQL
    SqlDataAdapter da = new SqlDataAdapter(strsql, con);    //创建适配器
    DataSet ds = new DataSet();                             //创建数据集
    da.Fill(ds, "mytable");                                 //填充数据集
    DataTable tables = ds.Tables["mytable"];                //创建表
    var dslq = from d in tables.AsEnumerable() select d;    //执行 LINQ 语句
    foreach (var res in dslq)
    {
        Console.WriteLine(res.Field<string>("S_NAME").ToString());
                                                            //输出对象
    }
}
catch
{
    Console.WriteLine("数据库连接错误");
}
```

上述代码使用 LINQ 针对数据集中的数据进行筛选和整理,同样能够以一种面向对象

的思想进行数据集中数据的筛选。在使用 LINQ 进行数据集操作时,LINQ 不能直接从数据集对象中查询,因为数据集对象不支持 LINQ 查询,所以需要使用 AsEnumerable 方法返回一个泛型的对象以支持 LINQ 的查询操作,示例代码如下:

```
var dslq = from d in tables.AsEnumerable() select d;        //使用 AsEnumerable
```

上述代码使用 AsEnumerable 方法就可以让数据集中的表对象能够支持 LINQ 查询。

### 11.1.3 执行 LINQ 查询

从上一节可以看出 LINQ 在编程过程中极大地方便了开发人员对于业务逻辑的处理代码的编写,在传统的编程方法中复杂、冗余、难以实现的方法在 LINQ 中都能很好地解决。LINQ 不仅能够像 SQL 语句一样编写查询表达式,LINQ 最大的优点也包括 LINQ 作为编程语言的一部分,可以使用编程语言提供的特性进行 LINQ 条件语句的编写,这就弥补了 SQL 语句中的一些不足。在前面的章节中将一些复杂的查询和判断的代码简化成 LINQ 应用后,就能够执行应用程序判断 LINQ 是否查询和筛选出了所需要的值。

**1. 数组**

在数组数据源中,开发人员希望能够筛选出大于 5 的元素。开发人员将传统的代码修改成 LINQ 代码并通过 LINQ 查询语句进行筛选,示例代码如下:

```
var st = from s in inter where s > 5  select s;        //执行 LINQ 查询
```

上述代码将查询在 inter 数组中的所有元素并返回其中元素的值大于 5 的元素的集合,运行后如图11-2所示。

LINQ 执行了条件语句并返回了元素的值大于 5 的元素。LINQ 语句能够方便地扩展,当有不同的需求时,可以修改条件语句进行逻辑判断,例如可以筛选一个平方数为偶数的数组元素,直接修改条件即可,LINQ 查询语句如下:

```
var st = from s in inter where (s * s)%2==0  select s;        //执行 LINQ 查询
```

上述代码通过条件 $(s * s)\%2==0$ 将数组元素进行筛选,选择平方数为偶数的数组元素的集合,运行后如图 11-3 所示。

图 11-2 遍历数组

图 11-3 更改筛选条件

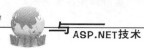
### 2. 使用 SQL Server

在 LINQ to SQL 类文件中，LINQ to SQL 类文件已经将数据库的模型封装成一个对象，开发人员能够通过面向对象的思想访问和整合数据库。LINQ to SQL 也对 SQL 做了补充，使用 LINQ to SQL 类文件能够执行更强大的筛选，LINQ 查询语句代码如下：

```
var mylq = from l in lq.Student from cl in lq.Class where l.C_ID== cl.C_ID select l;
                                                                //执行 LINQ 查询
```

上述代码从 Student 表和 Class 表中筛选了 C_ID 相等的学生信息，这很容易在 SQL 语句中实现。LINQ 作为编程语言的一部分，可以使用更多的编程方法实现不同的筛选需求，例如筛选名称中包含"郭"字的学生的名称在传统的 SQL 语句中就很难通过一条语句实现，而在 LINQ 中就能够实现，示例代码如下：

```
var mylq = from l in lq.Student from cl in lq.Class where l.C_ID== cl.C_ID where
l.S_NAME.Contains("郭") select l;                              //执行 LINQ 条件查询
```

上述代码使用了 Contains 方法判断一个字符串中是否包含某个字符或字符串，这样不仅方便阅读，也简化了查询操作，运行后如图 11-4 和图 11-5 所示。

图 11-4　简单查询　　　　　　　　　　图 11-5　条件查询

LINQ 返回了符合条件的元素的集合，并实现了筛选操作。LINQ 不仅作为编程语言的一部分，简化了开发人员的开发操作，从另一方面讲，LINQ 也补充了在 SQL 中难以通过几条语句实现的功能的实现。从上面的 LINQ 查询代码可以看出，就算是不同的对象、不同的数据源，其 LINQ 基本的查询语法都非常相似，并且 LINQ 还能够支持编程语言具有的特性从而弥补 SQL 语句的不足。在数据集的查询中，其查询语句也可以直接使用而无需大面积修改代码，这样代码就具有了更高的维护性和可读性。

## 11.2　LINQ 查询语法概述

从上面的章节中可以看出，LINQ 查询语句能够将复杂的查询应用简化成一个简单的查询语句，不仅如此，LINQ 还支持编程语言本有的特性进行高效的数据访问和筛选。虽然 LINQ 在写法上和 SQL 语句十分相似，但是 LINQ 语句在其查询语法上和 SQL 语句还是有出入的，SQL 查询语句如下：

```
select * from student,class where student.c_id=class.c_id        //SQL 查询语句
```

上述代码是 SQL 查询语句,对于 LINQ 而言,其查询语句格式如下:

```
var mylq = from l in lq.Student from cl in lq.Class where l.C_ID == cl.C_ID select l;
                                                                 //LINQ 查询语句
```

上述代码作为 LINQ 查询语句实现了同 SQL 查询语句一样的效果,但是 LINQ 查询语句在格式上与 SQL 语句不同,LINQ 的基本格式如下:

```
var <变量> = from <项目> in <数据源> where <表达式> orderby <表达式>
```

LINQ 语句不仅能够支持对数据源的查询和筛选,同 SQL 语句一样,还支持 ORDER BY 等排序,以及投影等操作,示例查询语句如下:

```
var st = from s in inter where s == 3 select s;                   //LINQ 查询
var st = from s in inter where (s * s) % 2 == 0 orderby s descending select s;
                                                                 //LINQ 条件查询
```

从结构上来看,LINQ 查询语句同 SQL 查询语句中比较大的区别就在于 SQL 查询语句中的 select 关键字在语句的前面,而在 LINQ 查询语句中 select 关键字在语句的后面,在其他地方没有太大的区别,对于熟悉 SQL 查询语句的人来说非常容易上手。

# 11.3　LINQ 基本子句

既然 LINQ 查询语句同 SQL 查询语句一样,能够执行条件、排序等操作,这些操作就需要使用 where、order by 等关键字,这些关键字在 LINQ 中是基本子句。同 SQL 查询语句中的 where、order by 操作一样,都为元素进行整合和筛选。

## 11.3.1　from 查询子句

from 子句是 LINQ 查询语句中最基本也是最关键的子句关键字,与 SQL 查询语句不同的是,from 关键字必须在 LINQ 查询语句的开始。

**1. from 查询子句基础**

后面跟随着项目名称和数据源,示例代码如下:

```
var linqstr = from lq in str select lq;                          //form 子句
```

from 语句指定项目名称和数据源,并且指定需要查询的内容,其中项目名称作为数据源的一部分而存在,用于表示和描述数据源中的每个元素,而数据源可以是数组、集合、数据库甚至是 XML。值得一提的是,from 子句的数据源的类型必须为 IEnumerable、IEnumerable<T>类型或者是 IEnumerable、IEnumerable<T>的派生类,否则 from 不能够支持 LINQ 查询语句。

在.NET Framework 中泛型编程中,List(可通过索引的强类型列表)也能够支持 LINQ 查询语句的 from 关键字,因为 List 实现了 IEnumerable、IEnumerable<T>类型,在 LINQ 中可以对 List 类进行查询,示例代码如下:

```
static void Main(string[] args)
{
    List<string> MyList = new List<string>();              //创建一个列表项
    MyList.Add("guojing");                                 //添加一项
    MyList.Add("wujunmin");                                //添加一项
    MyList.Add("muqing");                                  //添加一项
    var linqstr = from l in MyList select l;               //LINQ 查询
    foreach (var element in linqstr)                       //遍历集合
    {
        Console.WriteLine(element.ToString());             //输出对象
    }
    Console.ReadKey();
}
```

上述代码创建了一个列表项并向列表中添加若干项进行 LINQ 查询。由于 List<T> 实现了 IEnumerable、IEnumerable<T>，所以 List<T>列表项可以支持 LINQ 查询语句的 from 关键字，如图 11-6 所示。

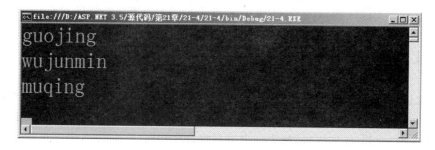

图 11-6　from 子句

顾名思义，from 语句可以被理解为"来自"，而 in 可以被理解为"在哪个数据源中"，这样 from 语句就很好理解了，如 from l in MyList select l 语句可以翻译成"找到来自 MyList 数据源中的集合 l"，这样就能够更加方便地理解 from 语句。

**2. from 查询子句嵌套查询**

在 SQL 语句中，为了实现某一功能，往往需要包含多个条件，以及包含多个 SQL 子句嵌套。在 LINQ 查询语句中，并没有 and 关键字为复合查询提供功能。如果需要进行复杂的复合查询，可以在 from 子句中嵌套另一个 from 子句即可，示例代码如下：

```
var linqstr = from lq in strfrom m in str2 select lq;     //使用嵌套查询
```

上述代码就使用了一个嵌套查询进行 LINQ 查询。在有多个数据源或者包括多个表的数据需要查询时，可以使用 LINQfrom 子句嵌套查询，数据源示例代码如下：

```
List<string> MyList = new List<string>();                 //创建一个数据源
MyList.Add("guojing");                                    //添加一项
MyList.Add("wujunmin");                                   //添加一项
```

```
    MyList.Add("muqing");                                          //添加一项
    MyList.Add("yuwen");                                           //添加一项
    List<string> MyList2 = new List<string>();                     //创建另一个数据源
    MyList2.Add("guojing'sphone");                                 //添加一项
    MyList2.Add("wujunmin'sphone ");                               //添加一项
    MyList2.Add("muqing'sphone ");                                 //添加一项
    MyList2.Add("lupan'sphone ");                                  //添加一项
```

上述代码创建了两个数据源,其中一个数据源存放了联系人姓名的拼音名称,另一个则存放了联系人的电话信息。为了方便地查询在数据源中"联系人"和"联系人电话"都存在并且匹配的数据,就需要使用 from 子句嵌套查询,示例代码如下:

```
var linqstr = from l in MyList from m in MyList2 where m.Contains(l) select l;
                                                               //from 子句嵌套查询
foreach (var element in linqstr)                               //遍历集合元素
{
    Console.WriteLine(element.ToString());                     //输出对象
}
Console.ReadKey();
```

上述代码使用了 LINQ 语句进行嵌套查询,嵌套查询在 LINQ 中会被经常使用到,因为开发人员常常遇到需要面对多个表多个条件,以及不同数据源或数据源对象的情况,使用 LINQ 查询语句的嵌套查询可以方便地在不同的表和数据源对象之间建立关系。

### 11.3.2　where 条件子句

在 SQL 查询语句中可以使用 where 子句进行数据的筛选,在 LINQ 中同样包括 where 子句进行数据源中数据的筛选。where 子句指定了筛选的条件,这也就是说在 where 子句中的代码段必须返回布尔值才能够进行数据源的筛选,示例代码如下:

```
var linqstr = from l in MyList where l.Length > 5 select l;          //编写 where 子句
```

LINQ 查询语句可以包含一个或多个 where 子句,而 where 子句可以包含一个或多个布尔值变量,为了查询数据源中姓名的长度在 6 之上的姓名,可以使用 where 子句进行查询,示例代码如下:

```
static void Main(string[] args)
{
    List<string> MyList = new List<string>();                     //创建 List 对象
    MyList.Add("guojing");                                        //添加一项
    MyList.Add("wujunmin");                                       //添加一项
    MyList.Add("muqing");                                         //添加一项
    MyList.Add("yuwen");                                          //添加一项
    var linqstr = from l in MyList where l.Length > 6 select l;   //执行 where 查询
    foreach (var element in linqstr)                             //遍历集合
```

```
    {
        Console.WriteLine(element.ToString());              //输出对象
    }
    Console.ReadKey();
}
```

上述代码添加了数据源之后,通过 where 子句在数据源中进行条件查询,LINQ 查询语句会遍历数据源中的数据并进行判断,如果返回值为 true,则会在 linqstr 集合中添加该元素,运行后如图 11-7 所示。

图 11-7　where 子句查询

当需要多个 where 子句进行复合条件查询时,可以使用"&&"进行 where 子句的整合,示例代码如下:

```
static void Main(string[] args)
{
    List<string> MyList = new List<string>();              //创建 List 对象
    MyList.Add("guojing");                                  //添加一项
    MyList.Add("wujunmin");                                 //添加一项
    MyList.Add("muqing");                                   //添加一项
    MyList.Add("guomoruo");                                 //添加一项
    MyList.Add("lupan");                                    //添加一项
    MyList.Add("guof");                                     //添加一项
    var linqstr = from l in MyList where (l.Length > 6 && l.Contains("guo"))||l ==
"lupan" select l;                                           //复合查询
    foreach (var element in linqstr)                        //遍历集合
    {
        Console.WriteLine(element.ToString());              //输出对象
    }
    Console.ReadKey();
}
```

上述代码进行了多条件的复合查询,查询姓名长度大于 6 并且姓名中包含 guo 的姓或者姓名是"lupan"的人,运行后如图 11-8 所示。

复合 where 子句查询通常用于同一个数据源中的数据查询,当需要在同一个数据源中

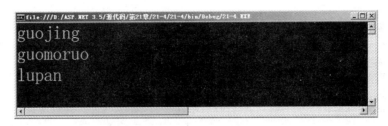

图 11-8　复合 where 子句查询

进行筛选查询时,可以使用 where 子句进行单个或多个 where 子句条件查询,where 子句能够对数据源中的数据进行筛选并将复合条件的元素返回到集合中。

### 11.3.3　select 选择子句

select 子句同 from 子句一样,是 LINQ 查询语句中必不可少的关键字,select 子句在 LINQ 查询语句中是必须的,示例代码如下:

```
var linqstr = from lq in str select lq;                    //编写选择子句
```

上述代码中包括三个变量,这三个变量分别为 linqstr、lq、str。其中 str 是数据源,linqstr 是数据源中满足查询条件的集合,而 lq 也是一个集合,这个集合来自数据源。在 LINQ 查询语句中必须包含 select 子句,若不包含 select 子句则系统会抛出异常(除特殊情况外)。select 语句指定了返回到集合变量中的元素是来自哪个数据源的,示例代码如下:

```
static void Main(string[] args)
{
    List<string> MyList = new List<string>();              //创建 List
    MyList.Add("guojing");                                 //添加一项
    MyList.Add("wujunmin");                                //添加一项
    MyList.Add("guomoruo");                                //添加一项
    List<string> MyList2 = new List<string>();             //创建 List
    MyList2.Add("guojing's phone");                        //添加一项
    MyList2.Add("wujunmin's phone ");                      //添加一项
    MyList2.Add("lupan's phone ");                         //添加一项
    var linqstr = from l in MyList from m in MyList2 where m.Contains(l) select l;
                                                           //select l 变量
    foreach (var element in linqstr)                       //遍历集合
    {
        Console.WriteLine(element.ToString());             //输出集合内容
    }
    Console.ReadKey();                                     //等待用户按键
}
```

上述代码从两个数据源中筛选数据,并通过 select 返回集合元素,运行后如图 11-9 所示。

图 11-9　select 子句

如果将 select 子句后面的项目名称更改，则结果可能不同，更改 LINQ 查询子句代码如下：

```
var linqstr = from l in MyList from m in MyList2 where m.Contains(l) select m;
                                                        //使用 select
```

上述 LINQ 查询子句并没有 select l 变量中的集合元素，而是选择了 m 集合元素，则返回的应该是 MyList2 数据源中的集合元素，运行后如图 11-10 所示。

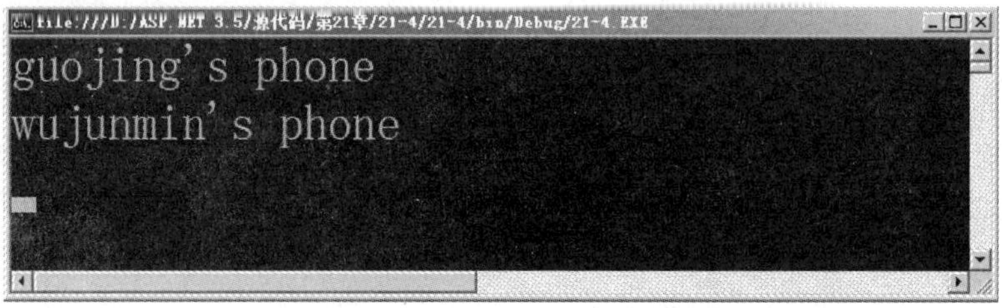

图 11-10　select 子句

对于不同的 select 对象返回的结果也不尽相同，当开发人员需要进行复合查询时，可以通过 select 语句返回不同的复合查询对象，这在多数据源和多数据对象查询中是非常有帮助的。

### 11.3.4　group 分组子句

在 LINQ 查询语句中，group 子句对 from 语句执行查询的结果进行分组，并返回元素类型为 IGrouping<TKey,TElement>的对象序列。group 子句支持将数据源中的数据进行分组。但进行分组前，数据源必须支持分组操作才可使用 group 语句进行分组处理，示例代码如下：

```
public class Person
{
    public int age;                                     //分组条件
    public string name;                                 //创建姓名字段
    public Person(int age,string name)                  //构造函数
    {
        this.age = age;                                 //构造属性值 age
```

```
        this.name = name;                          //构造属性值 name
    }
}
```

上述代码设计了一个类用于描述联系人的姓名和年级，并且按照年级进行分组，这样数据源就能够支持分组操作。

这里同样可以通过 List 列表以支持 LINQ 查询，示例代码如下：

```
static void Main(string[] args)
{
    List<Person> PersonList = new List<Person>();
    PersonList.Add(new Person(11,"limusha"));      //通过构造函数构造新对象
    PersonList.Add(new Person(21, "guojing"));     //通过构造函数构造新对象
    PersonList.Add(new Person(22, "wujunmin"));    //通过构造函数构造新对象
    PersonList.Add(new Person(22, "lupan"));       //通过构造函数构造新对象
    PersonList.Add(new Person(23, "yuwen"));       //通过构造函数构造新对象
    var gl = from p in PersonList group p by p.age;  //使用 group 子句进行分组
    foreach (var element in gl)                    //遍历集合
    {
        foreach (Person p in element)              //遍历集合
        {
            Console.WriteLine(p.name.ToString());  //输出对象
        }
    }
    Console.ReadKey();
}
```

上述代码使用了 group 子句进行数据分组，实现了分组的功能，运行后如图 11-11 所示。

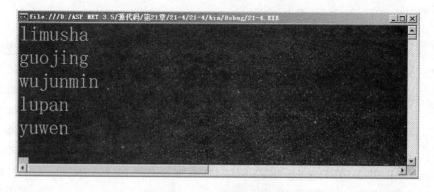

图 11-11　group 子句

正如图 11-11 所示，group 子句将数据源中的数据进行分组，在遍历数据元素时，并不像前面的章节那样直接对元素进行遍历，因为 group 子句返回的是元素类型为 IGrouping <TKey,TElement>的对象序列，必须在循环中嵌套一个对象的循环才能够查询相应的数

据元素。

在使用 group 子句时,LINQ 查询子句的末尾并没有 select 子句,因为 group 子句会返回一个对象序列,通过循环遍历才能够在对象序列中寻找到相应的对象的元素,如果使用 group 子句进行分组操作,可以不使用 select 子句。

### 11.3.5  orderby 排序子句

在 SQL 查询语句中,常常需要对现有的数据元素进行排序,例如注册用户的时间,以及新闻列表的排序,这样能够方便用户在应用程序使用过程中快速获取需要的信息。在 LINQ 查询语句中同样支持排序操作以提取用户需要的信息。在 LINQ 语句中,orderby 是一个词组而不是分开的,orderby 能够支持对象的排序,例如,按照用户的年龄进行排序时就可以使用 orderby 关键字,示例代码如下:

```
public class Person                                      //创建对象
{
    public int age;                                      //创建字段
    public string name;                                  //创建字段
    public Person(int age,string name)                   //构造函数
    {
        this.age = age;                                  //赋值字段
        this.name = name;
    }
}
```

上述代码同样设计了一个 Person 类,并通过 age、name 字段描述类对象。使用 LINQ,同样要使用 List 类作为对象的容器并进行其中元素的查询,示例代码如下:

```
class Program
{
    static void Main(string[] args)
    {
        List<Person> PersonList = new List<Person>();        //创建对象列表
        PersonList.Add(new Person(21,"limusha"));            //年龄为 21
        PersonList.Add(new Person(23, "guojing"));           //年龄为 23
        PersonList.Add(new Person(22, "wujunmin"));          //年龄为 22
        PersonList.Add(new Person(25, "lupan"));             //年龄为 25
        PersonList.Add(new Person(24, "yuwen"));             //年龄为 24
        var gl = from p in PersonList orderby p.age select p;  //执行排序操作
        foreach (var element in gl)                          //遍历集合
        {
            Console.WriteLine(element.name.ToString());      //输出对象
        }
        Console.ReadKey();
```

```
        }
    }
```

上述代码并没有按照顺序对 List 容器添加对象,其中数据的显示并不是按照顺序来显示的。使用 orderby 关键字能够指定集合中的元素的排序规则,上述代码按照年龄的大小进行排序,运行后如图 11-12 所示。

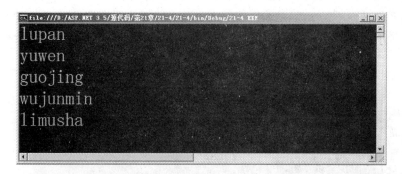

图 11-12  orderby 子句

orderby 子句同样能够实现倒序排列,倒序排列在应用程序开发过程中应用得非常广泛,例如新闻等。用户关心的都是当天的新闻而不是很久以前发布的某个新闻,如果管理员发布了一个新的新闻,显示在最上方的应该是最新的新闻。在 orderby 子句中可以使用 descending 关键字进行倒序排列,示例代码如下:

```
var gl = from p in PersonList orderby p.age descending select p;        //orderby 语句
```

上述代码将用户的信息按照其年龄的大小倒序排列,运行如图 11-13 所示。

图 11-13  orderby 子句倒序

orderby 子句同样能够进行多个条件排序,如果需要使用 orderby 子句进行多个条件排序,只需要将这些条件用“,”号分割即可,示例代码如下:

```
var gl = from p in PersonList orderby p.age descending,p.name select p;
                                                                //orderby 语句
```

## 11.3.6  into 连接子句

into 子句通常和 group 子句一起使用,通常情况下,LINQ 查询语句中无需 into 子句,

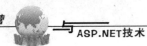

但是如果需要对分组中的元素进行操作,则需要使用 into 子句。into 语句能够创建临时标识符用于保存查询的集合,示例代码如下:

```
static void Main(string[] args)
{
    List<Person> PersonList = new List<Person>();        //创建对象列表
    PersonList.Add(new Person(21, "limusha"));           //通过构造函数构造新对象
    PersonList.Add(new Person(21, "guojing"));           //通过构造函数构造新对象
    PersonList.Add(new Person(22, "wujunmin"));          //通过构造函数构造新对象
    PersonList.Add(new Person(22, "lupan"));             //通过构造函数构造新对象
    PersonList.Add(new Person(23, "yuwen"));             //通过构造函数构造新对象
    var gl = from p in PersonList group p by p.age into x select x;
                                                         //使用 into 子句创建标识
    foreach (var element in gl)                          //遍历集合
    {
        foreach (Person p in element)                    //遍历集合
        {
            Console.WriteLine(p.name.ToString());        //输出对象
        }
    }
    Console.ReadKey();
}
```

上述代码通过使用 into 子句创建标识,从 LINQ 查询语句中可以看出,查询后返回的是一个集合变量 x 而不是 p,但是编译能够通过并且能够执行查询,这说明 LINQ 查询语句将查询的结果填充到了临时标识符对象 x 中并返回查询集合给 gl 集合变量,运行结果如图 11-14 所示。

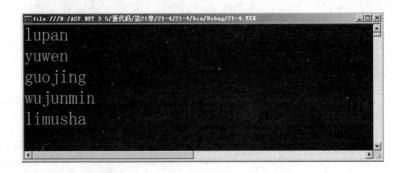

图 11-14 into 子句

### 11.3.7 join 连接子句

在数据库的结构中,通常表与表之间有着不同的联系,这些联系决定了表与表之间的依赖关系。在 LINQ 中同样也可以使用 join 子句对有关系的数据源或数据对象进行查询,

但首先这两个数据源必须要有一定的联系，示例代码如下：

```
public class Person                                    //描述"人"对象
{
    public int age;                                    //描述"年龄"字段
    public string name;                                //描述"姓名"字段
    public string cid;                                 //描述"车 ID"字段
    public Person(int age,string name,int cid)         //构造函数
    {
        this.age = age;                                //初始化
        this.name = name;                              //初始化
        this.cid = cid;
    }
}
public class CarInformaion                             //描述"车"对象
{
    public int cid;                                    //描述"车 ID"字段
    public string type;                                //描述"车类型"字段
    public CarInformaion(int cid,string type)          //初始化构造函数
    {
        this.cid = cid;                                //初始化
        this.type = type;                              //初始化
    }
}
```

上述代码创建了两个类，这两个类分别用来描述"人"这个对象和"车"这个对象，CarInformation 对象可以用来描述车的编号以及车的类型，而 Person 类可以用来描述人购买了哪个牌子的车，这就确定了这两个类之间的依赖关系。而在对象描述中，如果将 CarInformation 类的属性和字段放置到 Person 类的属性中，会导致类设计臃肿，同时也没有很好地描述该对象。对象创建完毕就可以使用 List 类创建对象，示例代码如下：

```
List<Person> PersonList = new List<Person>();          //创建 List 类
PersonList.Add(new Person(21, "limusha",1));           //购买车 ID 为 1 的人
PersonList.Add(new Person(21, "guojing",2));           //购买车 ID 为 2 的人
PersonList.Add(new Person(22, "wujunmin",3));          //购买车 ID 为 3 的人
List<CarInformaion> CarList = new List<CarInformaion>();
CarList.Add(1,"宝马");                                  //车 ID 为 1 的基本信息
CarList.Add(2,"奇瑞");
```

上述代码分别使用了 List 类进行对象的初始化，使用 join 子句就能够进行不同数据源中数据关联的操作和外连接，示例代码如下：

```
static void Main(string[] args)
```

```
{
    List<Person> PersonList = new List<Person>();              //创建 List 类
    PersonList.Add(new Person(21, "limusha",1));               //购买车 ID 为 1 的人
    PersonList.Add(new Person(21, "guojing",2));               //购买车 ID 为 2 的人
    PersonList.Add(new Person(22, "wujunmin",3));              //购买车 ID 为 3 的人
    List<CarInformaion> CarList = new List<CarInformaion>();
                                                               //创建 List 类
    CarList.Add(new CarInformaion(1,"宝马"));                  //车 ID 为 1 的车
    CarList.Add(new CarInformaion(2,"奇瑞"));                  //车 ID 为 2 的车
    var gl = from p in PersonList join car in CarList on p.cid equals car.cid select p;
                                                               //使用 join 子句
    foreach (var element in gl)                                //遍历集合
    {
        Console.WriteLine(element.name.ToString());            //输出对象
    }
    Console.ReadKey();
}
```

上述代码使用 join 子句进行不同数据源之间关系的创建,其用法同 SQL 查询语句中的
INNER JOIN 查询语句相似,运行后如图 11-15 所示。

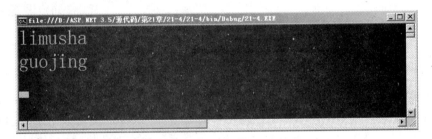

图 11-15　join 查询子句

## 11.3.8　let 临时表达式子句

在 LINQ 查询语句中,let 关键字可以看作是在表达式中创建了一个临时的变量用于保
存表达式的结果,但是 let 子句指定的范围变量的值只能通过初始化操作进行赋值,一旦初
始化之后就无法再次进行更改操作。示例代码如下:

```
static void Main(string[] args)
{
    List<Person> PersonList = new List<Person>();              //创建 List 类
    PersonList.Add(new Person(21, "limusha",1));               //购买车 ID 为 1 的人
    PersonList.Add(new Person(21, "guojing",2));               //购买车 ID 为 2 的人
    PersonList.Add(new Person(22, "wujunmin",3));              //购买车 ID 为 3 的人
```

```
List<CarInformaion> CarList = new List<CarInformaion>();
                                                     //创建 List 类
CarList.Add(new CarInformaion(1,"宝马"));            //车 ID 为 1 的车
CarList.Add(new CarInformaion(2,"奇瑞"));            //车 ID 为 2 的车
var gl = from p in PersonList let car = from c in CarList select c.cid select p;
                                                     //使用 let 语句
foreach (var element in gl)                          //遍历集合
{
    Console.WriteLine(element.name.ToString());      //输出对象
}
Console.ReadKey();
}
```

let 就相当于是一个中转变量,用于临时存储表达式的值,在 LINQ 查询语句中,其中的某些过程的值可以通过 let 进行保存。而简单的说,let 就是临时变量,如 x＝1＋1、y＝x＋2 这样,其中 x 就相当于是一个 let 变量,上述代码运行后如图 11-16 所示。

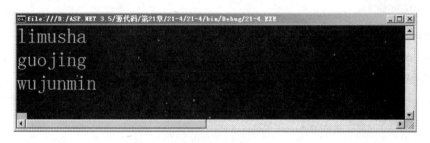

图 11-16　let 子句

# 11.4　LINQ 查询操作

前面介绍了 LINQ 的一些基本的语法,以及 LINQ 常用的查询子句进行数据的访问和整合,甚至建立数据源对象和数据源对象之间的关联,使用 LINQ 查询子句能够实现不同的功能,包括投影、排序和聚合等,本节开始介绍 LINQ 的查询操作。

## 11.4.1　LINQ 查询概述

LINQ 不仅提供了强大的查询表达式为开发人员对数据源进行查询和筛选操作提供遍历,LINQ 还提供了大量的查询操作,这些操作通过实现 IEnumerable<T>或 IQueryable<T>提供的接口实现了投影、排序、聚合等操作。通过使用 LINQ 提供的查询方法,能够快速地实现投影、排序等操作。

由于 LINQ 查询操作实现了 IEnumerable<T>或 IQueryable<T>接口,所以 LINQ 查询操作能够通过接口中特定的方法进行查询和筛选,可以直接使用数据源对象变量的方法进行操作。在 LINQ 查询操作的方法中,需要大量使用 Lambda 表达式实现委托,这就从另一个方面说明了 Lambda 表达式的重要性。示例代码如下:

```
int[] inter = { 1, 2, 3, 4, 5, 6, 7, 8, 9, 10, 11, 12, 13, 14, 15 };          //创建数组
var lint = inter.Select(i = > i);                                              //使用 Lambda
```

上述代码使用了 Select 方法进行投影操作,在投影操作的参数中使用 Lambda 表达式表示了如何实现数据筛选。LINQ 查询操作不仅包括 Select 投影操作,还包括排序、聚合等操作。LINQ 常用操作如下:

> Count:计算集合中元素的数量,或者计算满足条件的集合的元素的数量。
> GroupBy:实现对集合中的元素进行分组的操作。
> Max:获取集合中元素的最大值。
> Min:获取集合中元素的最小值。
> Select:执行投影操作。
> SelectMany:执行投影操作,可以为多个数据源进行投影操作。
> Where:执行筛选操作。

LINQ 不只提供上述这些常用的查询操作方法,还提供更多的查询方法,由于本书篇幅有限,只讲解一些常用的查询方法。

### 11.4.2 投影操作

投影操作和 SQL 查询语句中的 Select 基本类似,投影操作能够指定数据源并选择相应的数据源,在 LINQ 中常用的投影操作包括 Select 和 SelectMany。

**1. Select 选择子句**

Select 操作能够将集合中的元素投影到新的集合中去,并能够指定元素的类型和表现形式,示例代码如下:

```
static void Main(string[] args)
{
    int[] inter = { 1, 2, 3, 4, 5, 6, 7, 8, 9, 10, 11, 12, 13, 14, 15 };          //创建数组
    var lint = inter.Select(i = > i);                                            //Select 操作
    foreach (var m in lint)                                                      //遍历集合
    {
        Console.WriteLine(m.ToString());                                         //输出对象
    }
    Console.ReadKey();
}
```

上述代码将数据源进行了投影操作,使用 Select 进行投影操作非常简单,其作用同 SQL 语句中的 Select 语句十分相似,上述代码将集合中的元素进行投影并将符合条件的元素投影到新的集合 lint 中去。

**2. SelectMany 多重选择子句**

SelectMany 和 Select 的用法基本相同,但是 SelectMany 与 Select 相比可以选择多个序列进行投影,示例代码如下:

```
static void Main(string[] args)
```

```
{
    int[] inter = { 1, 2, 3, 4, 5, 6, 7, 8, 9, 10, 11, 12, 13, 14, 15 };
                                                        //创建数组
    int[] inter2 = { 21, 22, 23, 24, 25, 26};           //创建数组
    List<int[]> list = new List<int[]>();               //创建 List
    list.Add(inter);                                    //添加对象
    list.Add(inter2);                                   //添加对象
    var lint = list.SelectMany(i => i);                 //SelectMany 操作
    foreach (var m in lint)                             //遍历集合
    {
        Console.WriteLine(m.ToString());                //输出对象
    }
    Console.ReadKey();
}
```

上述代码通过 SelectMany 方法将不同的数据源投影到一个新的集合中,运行结果如图 11-17 所示。

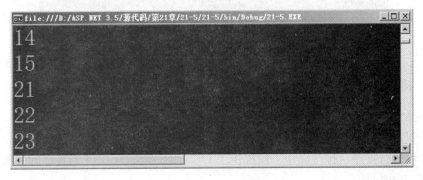

图 11-17　SelectMany 投影操作

### 11.4.3　筛选操作

筛选操作使用的是 where 方法,其使用方法同 LINQ 查询语句中的 where 子句使用方法基本相同,筛选操作用于筛选符合特定逻辑规范的集合的元素,示例代码如下:

```
public static void WhereQuery()
{
    int[] inter = { 1, 2, 3, 4, 5, 6, 7, 8, 9, 10, 11, 12, 13, 14, 15 };    //创建数组
    var lint = inter.where(i => i > 5);
                                                        //使用 where 进行筛选操作
    foreach (var m in lint)                             //遍历集合
    {
        Console.WriteLine(m.ToString());                //输出对象
    }
```

```
        Console.ReadKey();
    }
```

上述代码通过 where 方法和 Lambda 表达式实现了对数据源中数据的筛选操作,其中 Lambda 表达式筛选了现有集合中所有值大于 5 的元素并填充到新的集合中,使用 LINQ 查询语句的子查询语句同样能够实现这样的功能,示例代码如下:

```
var lint = from i in inter where i > 5 select i;          //执行筛选操作
```

上述代码同样实现了 LINQ 中的筛选操作 where,但是使用筛选操作的代码更加简洁,上述代码运行后如图 11-18 所示。

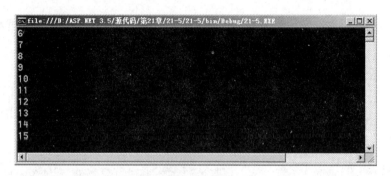

图 11-18　筛选操作

### 11.4.4　排序操作

排序操作最常使用的是 OrderBy 方法,其使用方法同 LINQ 查询子句中的 orderby 子句基本类似,使用 OrderBy 方法能够对集合中的元素进行排序,同样 OrderBy 方法能够针对多个参数进行排序。排序操作不仅提供了 OrderBy 方法,还提供了其他的方法进行高级排序,这些方法包括:

> OrderBy 方法:根据关键字对集合中的元素按升序排列。
> OrderByDescending 方法:根据关键字对集合中的元素按倒序排列。
> ThenBy 方法:根据次要关键字对序列中的元素按升序排列。
> ThenByDescending 方法:根据次要关键字对序列中的元素按倒序排列。
> Reverse 方法:根据序列中元素的顺序进行反转。

使用 LINQ 提供的排序操作能够方便地进行排序,示例代码如下:

```
public static void OrderByQuery()
{
    int[] inter = { 1, 2, 3, 4, 5, 6, 7, 8, 9, 10, 11, 12, 13, 14, 15 };    //创建数组
    var lint = inter.OrderByDescending(i => i);                             //使用倒序方法
    foreach (var m in lint)                                                 //遍历集合
    {
        Console.WriteLine(m.ToString());                                    //输出对象
    }
```

```
Console.ReadKey();
}
```

上述代码使用了 OrderByDescending 方法将数据源中的数据进行倒排,除此之外,还可以使用 Reverse 将集合内的元素进行反转,示例代码如下:

```
public static void OrderByQuery()
{
    int[] inter = { 1, 2, 3, 4, 5, 6, 7, 8, 9, 10, 11, 12, 13, 14, 15 };    //创建数组
    var lint = inter.Reverse();                                             //反转集合
    foreach (var m in lint)                                                 //遍历集合
    {
        Console.WriteLine(m.ToString());                                   //输出对象
    }
    Console.ReadKey();
}
```

上述代码使用了 Reverse 元素将集合内的元素进行反转,运行结果如图 11-19 所示。

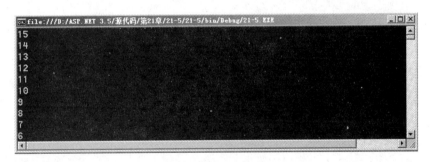

图 11-19    排序操作

## 11.4.5    聚合操作

在 SQL 中,往往需要统计一些基本信息,例如今天有多少人留言,今天有多少人访问过网站,这些都可以通过 SQL 语句进行查询。在 SQL 查询语句中,支持一些能够进行基本运算的函数,这些函数包括 Max、Min 等。在 LINQ 中,同样包括这些函数,用来获取集合中的最大值和最小值等一些常用的统计信息,在 LINQ 中,这种操作被称为聚合操作。聚合操作常用的方法有:

> Count 方法:获取集合中元素的数量,或者获取满足条件的元素数量。

> Sum 方法:获取集合中元素的总和。

> Max 方法:获取集合中元素的最大值。

> Min 方法:获取集合中元素的最小值。

> Average 方法:获取集合中元素的平均值。

> Aggregate 方法:对集合中的元素进行自定义的聚合计算。

> LongCount 方法:获取集合中元素的数量,或者计算序列满足一定条件的元素的数

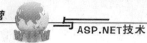

量。一般计算大型集合中的元素的数量。

**1. Max、Min、Count、Average 内置方法**

通过 LINQ 提供的聚合操作的方法能够快速地获取统计信息,如要找到数据源中数据的最大值,可以使用 Max 方法,示例代码如下:

```
public static void CountQuery()
{
    int[] inter = { 20, 1, 2, 3, 4, 5, 6, 7, 8, 9, 10, 11, 12, 13, 14, 15 }; //创建数组
    var MaxIint = inter.Max();                                              //获取最大值
    var MinIint = inter.Min();                                              //获取最小值
    Console.WriteLine("最大值是" + MaxIint.ToString());                     //输出最大值
    Console.WriteLine("最小值是" + MinIint.ToString());                     //输出最小值
    Console.ReadKey();
}
```

上述代码在获取最大值和最小值时并没有使用 Lambda 表达式,因为数据源中并没有复杂的对象,所以可以默认不使用 Lambda 表达式就能够返回相应的值,如果要编写 Lambda 表达式,可以编写相应代码如下:

```
    var MaxIint = inter.Max(i => i);                                        //获取最大值
    var MinIint = inter.Min(i => i);                                        //获取最小值
```

聚合操作还能够获取平均值和获取集合中元素的数量,示例代码如下:

```
public static void CountQuery2()
{
    int[] inter = { 20, 1, 2, 3, 4, 5, 6, 7, 8, 9, 10, 11, 12, 13, 14, 15 };
                                                                            //创建数组
    var CountIint = inter.Count(i => i > 5);                                //获取元素数量
    var ArrIint = inter.Average(i => i);                                    //获取平均值
    Console.WriteLine("复合条件的集合有" + CountIint.ToString() + "项");
                                                                            //输出项数
    Console.WriteLine("平均值为" + ArrIint.ToString());                     //输出平均值
    Console.ReadKey();
}
```

上述代码通过 Count 方法获得符合相应条件的元素的数量,并通过 Average 方法获取平均值,运行后如图 11-20 所示。

在编写查询操作时,可以通过编写条件来规范查询范围,例如,上述代码使用 Count 的条件就编写了 i=>i>5 的 Lambda 表达式,该表达式会返回符合该条件的集合再进行方法运算。

**2. Aggregate 聚合方法**

Aggregate 方法能够对集合中的元素进行自定义的聚合计算,开发人员能够使用 Aggregate 方法实现类似 Sum、Count 等聚合计算,示例代码如下:

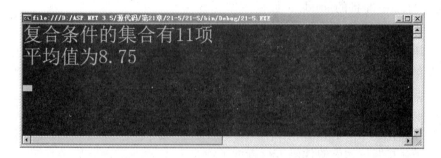

图 11-20　Count 和 Average 方法

```
public static void AggregateQuery()
{
    int[] inter = { 1, 2, 3, 4, 5, 6, 7, 8, 9, 10, 11, 12, 13, 14, 15 };
                                                    //创建数组
    var aq = inter.Aggregate((x,y) => x + y);       //使用 Aggregate 方法
    Console.WriteLine(aq.ToString());               //实现 Sum 方法
    Console.ReadKey();
}
```

　　上述代码通过编写 Lambda 表达式实现了数据源中所有数据的加法,也就是实现了 Sum 聚合方法,运行后如图 11-21 所示。

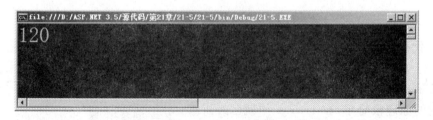

图 11-21　自定义聚合操作

　　LINQ 不仅仅包括这些查询操作方法,LINQ 还包括集合操作,删除集合中重复的元素,也能够计算集合与集合之间的并集差集等。LINQ 查询操作不仅提供了最基本的投影、筛选、聚合等操作,还能够极大的简化集合的开发,实现集合和集合中元素的操作。

# 11.5　使用 LINQ 查询和操作数据库

　　讲解了关于 LINQ 的基本知识,就需要使用 LINQ 进行数据库操作,LINQ 能够支持多个数据库并为每种数据库提供了便捷的访问和筛选方案,本书主要使用 SQL Server 2005 作为数据源进行 LINQ 查询和操作数据示例数据库。

## 11.5.1　简单查询

　　LINQ 提供了快速查询数据库的方法,这种方法非常简单,在前面的章节中已经讲到,这里使用11.1.1中准备的 student 数据库作为数据源,其表结构和数据都已经创建完毕,只需要进行简单查询即可。首先创建一个 LINQ to SQL 文件,名称为 MyLinq. dbml,并将需要查询的表拖动到视图中,这里需要拖动 Class 表和 Student 表作为数据源,如图 11-22 所示。

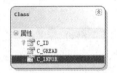

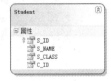

图 11-22　数据库关系图

创建了文件并拖动了相应的数据库关系图后,就可以保存并编写相应的代码进行查询了,示例代码如下:

```
protected void Page_Load(object sender, EventArgs e)
{
    MyLinqDataContext dc = new MyLinqDataContext();        //创建对象
    var StudentList = from d in dc.Student orderby d.S_ID descending select d;
                                                          //执行查询
    foreach (var stu in StudentList)                      //遍历元素
    {
        Response.Write("学生姓名为" + stu.S_NAME.ToString() +"<br/>");
                                                          //输出 HTML 字串
    }
}
```

上述代码直接使用 LINQ to SQL 文件提供的类进行数据查询和筛选,运行后如图 11-23 所示。

查询的原理很简单,在 11.1.1 中就已经讲解了如何创建 LINQ 的 Web 应用,但是那个时候并没有涉及 LINQ 查询子句,现在回过头再看就会发现其实使用 LINQ 进行数据库访问也并不困难,这里不再作过多解释。

图 11-23　简单查询

### 11.5.2　建立连接

上一节中讲解了使用 LINQ 快速地建立数据库之间的连接。在 LINQ to SQL 中,.NET Framework 同样像 ADO.NET 一样为 LINQ 提供了 LINQ 数据库连接类和枚举用于自定义数据连接。建立与 SQL 数据库的连接,就需要使用 DataContext 类,示例代码如下:

```
DataContext db = new DataContext("Data Source=(local);
Initial Catalog=student;Persist Security Info=True;User ID=sa;Password=sa");
                                                          //建立连接
```

上述代码通过 DataContext 类进行数据连接。当数据库连接后，就可以获取数据库相应的表显示数据，示例代码如下：

```
protected void Page_Load(object sender, EventArgs e)
{
    DataContext db = new DataContext("Data Source=(local);
    Initial Catalog=student;Persist Security Info=True;User ID=sa;Password=
sa");                                              //建立连接
    try
    {
        Table<Student> stu = db.GetTable<Student>();       //获取相应表的数据
        var StudentList = from d in stu orderby d.S_ID descending select d;
                                                           //执行 LINQ 查询
        foreach (var stud in StudentList)                  //遍历集合
        {
            Response.Write("学生姓名为" + stud.S_NAME.ToString() + "<br/>");
                                                           //输出对象
        }
    }
    catch
    {
        Response.Write("数据库连接失败");                    //抛出异常
    }
}
```

上述代码使用 DataContext 类进行了数据库连接的建立，建立连接后可以使用 Table 类获取数据库中的表并填充数据到表里面，这样就无需像 ADO. NET 一样首先建立连接、然后再填充数据集这样进行繁冗的数据操作。开发人员可以直接使用 LINQ 查询语句对数据进行筛选。

### 11.5.3　插入数据

创建了 DataContext 类对象之后，就能够使用 DataContext 的方法进行数据插入、更新和删除操作。相比 ADO. NET，使用 DataContext 对象进行数据库操作更加方便和简单。使用 LINQ to SQL 类进行数据插入的操作步骤如下：

> ➢ 创建一个包含要提交的列数据的新对象。
> ➢ 将这个新对象添加到与数据库中的目标表关联的 LINQ to SQL Table 集合。
> ➢ 将更改提交到数据库。

上面三个步骤就能够实现数据的插入操作，对数据库的连接可以使用 LINQ to SQL 类文件或者自己创建连接字串。示例代码如下：

```
public void InsertSQL()
{
```

```
Student stu = new Student { S_NAME = "xixi", C_ID = 1, S_CLASS = "0502" };
                                                        //创建一个数据对象
MyLinqDataContext dc = new MyLinqDataContext();         //创建一个数据连接
dc.Student.InsertOnSubmit(stu);                         //执行插入数据操作
dc.SubmitChanges();                                     //执行更新操作
}
```

上述代码使用了前面创建的 LINQ to SQL 类文件 MyLinq.dbml,使用该类文件快速地创建一个连接。在 LINQ 中,LINQ 模型将关系型数据库模型转换成一种面向对象的编程模型,开发人员可以创建一个数据对象并为数据对象中的字段赋值,再通过 LINQ to SQL 类执行 InsertOnsubmit 方法进行数据插入就可以完成数据插入,运行后如图 11-24 所示。

图 11-24　插入数据

使用 LINQ 进行数据插入比 ADO.NET 操作数据库使用的代码更少,而其思想更贴近面向对象的概念。

### 11.5.4　修改数据

LINQ 对数据库的修改也是非常简便的,执行数据库中数据的更新的基本步骤如下:

➤ 查询数据库中要更新的行。

➤ 对得到的 LINQ to SQL 对象中的成员值进行所需的更改。

➤ 将更改提交到数据库。

上面三个步骤就能够实现数据的修改更新,示例代码如下:

```
public void UpdateSQL()
{
    MyLinqDataContext dc = new MyLinqDataContext();
    var element = from d in dc.Student where d.S_ID == 4 select d;   //查询
    foreach (var e in element)                                       //遍历集合
    {
        e.S_NAME = "xixi2";                                          //修改值
        e.S_CLASS = "0501";                                          //修改值
    }
    dc.SubmitChanges();                                              //更新
}
```

在修改数据库中一条数据之前,必须要查询出这个数据。查询可以使用 LINQ 查询语句和 where 子句进行筛选查询,也可以使用 where 方法进行筛选查询。筛选查询出数据之后,就能够修改相应的值并使用 SunmitChanges()方法进行数据更新,运行后如图 11-25 所示。

图 11-25　更新 xixi 为 xixi2

### 11.5.5　删除数据

使用 LINQ 能够快速地删除行,删除行的基本步骤如下:

➤ 在数据库的外键约束中设置 ON DELETE CASCADE 规则。

➤ 使用自己的代码首先删除阻止删除父对象的子对象。

只需要上面两个步骤就能够实现数据的删除,示例代码如下:

```
public void DeleteSQL()
{
    MyLinqDataContext dc = new MyLinqDataContext();         //连接数据源
    var del = from d in dc.Student where d.S_ID == 4 select d;   //查询要删除的行
    foreach (var e in del)                                  //遍历集合
    {
        dc.Student.DeleteOnSubmit(e);                       //执行删除操作
    }
}
```

上述代码使用 LINQ 执行了数据库删除操作,运行后如图 11-26 所示。

在进行数据中表的删除过程时,有些情况需要判断数据库中表与表之间是否包含约束关系,如果包含了子项,首先必须删除子项否则不能删除父项。例如,在删除 Class 表时,在 Student 表中有很多项都包含 Class 表的元素,例如 C_ID 等于 1 的元素,当要删除 Class 表中 C_ID 为 1 的元素时,就需要先删除 Student 表中包含 C_ID 为 1 的元素,以保持数据库约束,示例代码如下:

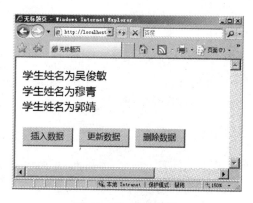

图 11-26　删除数据

```
public void DeleteSQL()
{
    MyLinqDataContext dc = new MyLinqDataContext();
    var delf = from d in dc.Class where d.C_ID == 1 select d;    //查询父表
    var del = from d in dc.Student from f in dc.Class where d.S_ID ==
    4 && f.C_ID == 1&&d.S_ID == f.C_ID select d;                 //进行约束查询
    foreach (var e in del)                                       //删除子表
    {
        dc.Student.DeleteOnSubmit(e);                            //删除对象
        dc.SubmitChanges();                                      //更新删除
    }
    foreach (var f in delf)                                      //删除父表
    {
        dc.Class.DeleteOnSubmit(f);                              //删除对象
```

```
        dc.SubmitChanges();                                    //更新删除
    }
}
```

当数据库包含外键,以及其他约束条件时,在执行删除操作时必须小心进行,否则会破坏数据库约束,也有可能抛出异常。

# 第 12 章 ▶ 模 块 设 计

## 12.1　注册模块设计

注册模块在网站开发中是一个必不可少的模块,注册模块让用户能够在网站上注册自己的信息,以便在以后的访问中可以直接登录,网站也可以通过注册模块保存用户信息,让用户能够在网站上随时查阅自己的信息和聚合内容。

### 12.1.1　数据表的创建

创建表可以通过 SQL Server Management Studio 视图进行创建也可以通过 SQL Server Management Studio 查询使用 SQL 语句进行创建,本书两者都介绍。这个模块的数据库设计比较简单,为了保存用户信息,可以创建一个 Register 表并为数据库分析中的基本信息创建字段,如图 12-1 所示。

正如图 12-1 中所示,表为用户的基本信息创建了字段,这些字段的意义如下:

图 12-1　数据库表结构

➢ id:用于标识用户的 ID 号,并为自动增长的主键。

➢ username:用于标识用户名。

➢ password:用于标识用户密码。

➢ sex:用于标识用户性别。

➢ picture:用于标识用户头像。

➢ IM:用于标识用户的 IM 信息,包括 QQ/MSN 等。

➢ information:用于标识用户的个性签名。

➢ others:用于标识用户的备注信息。

➢ ifisuser:用于标识用户是否为合法用户。

创建数据表的 SQL 查询语句代码如下:

```
USE [Register]
GO
SET ANSI_NULLS ON
GO
SET QUOTED_IDENTIFIER ON
```

```
GO
CREATE TABLE [dbo].[Register](                                    //创建数据库
    [id] [int] IDENTITY(1,1) NOT NULL,
    [username] [nvarchar](50) COLLATE Chinese_PRC_CI_AS NULL,
    [password] [nvarchar](50) COLLATE Chinese_PRC_CI_AS NULL,
    [sex] [int] NULL,
    [picture] [nvarchar](max) COLLATE Chinese_PRC_CI_AS NULL,
    [IM] [nvarchar](50) COLLATE Chinese_PRC_CI_AS NULL,
    [information] [nvarchar](max) COLLATE Chinese_PRC_CI_AS NULL,
    [others] [nvarchar](max) COLLATE Chinese_PRC_CI_AS NULL,
    [ifisuser] [int] NULL,
CONSTRAINT [PK_Register] PRIMARY KEY CLUSTERED
(
    [id] ASC
)WITH (PAD_INDEX  = OFF, STATISTICS_NORECOMPUTE  = OFF, IGNORE_DUP_KEY =
OFF, ALLOW_ROW_LOCKS  = ON, ALLOW_PAGE_LOCKS  = ON) ON [PRIMARY]
) ON [PRIMARY]
```

上述代码创建了一个数据库并将 ID 设为自动增长的主键,在用户注册时,可以不向该字段进行数据操作。

## 12.1.2　界面设计

良好的界面设计是吸引用户的基本,在注册页面将页面设计得丰富多彩,可以吸引用户的注册和登录,并提高回头率。在进行页面设计时,可以使用 CSS 也可以使用表格进行页面布局,相比之下 CSS 具有更高的灵活性。

在进行页面布局前,只需要创建一个基本页面以满足应用程序的需求即可。注册模块需要一些基本的控件,这些控件包括 TextBox 控件、Label 控件和按钮控件。

上述代码创建了一个头部信息层、一个注册信息层和一个底部信息层,这三个层分别负责头部图片的显示、注册信息的样式控制和底部版权说明,在没有 CSS 控制时,其效果如图 12-2 所示。

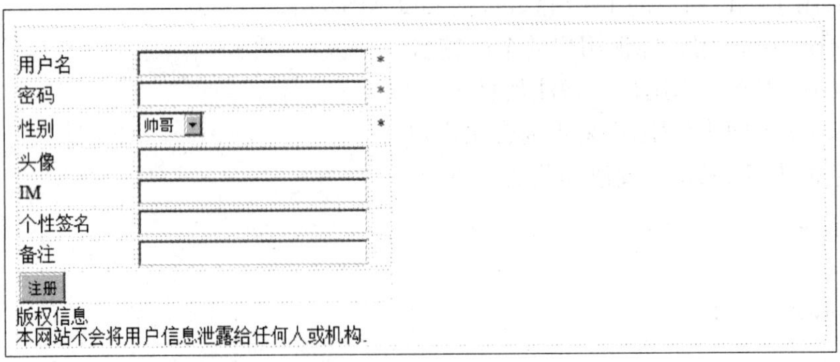

图 12-2　基本样式

在基本样式中,注册信息层使用表格进行排版,使用表格能够快速地进行页面的布局控制,表格同样可以使用 CSS 进行样式控制。

　　使用 CSS 进行网页布局能够极大地加强网页布局的灵活度,同样在网页布局中也提高了代码的复用性并将 HTML 页面代码与 CSS 代码相分离,CSS 页面代码如下:

```
body                                                    //设置页面样式
{
    font-size:12px;
    font-family:Geneva, Arial, Helvetica, sans-serif;
    margin:0px 0px 0px 0px;
}
.top                                                    //设置头部样式
{
    background:white url(top.png) no-repeat top center;
    height:200px;
    margin:0px auto;
    width:800px;
}
.register                                               //设置注册样式
{
    margin:0px auto;
    width:800px;
}
.end                                                    //设置底部样式
{
    background:#f9fbfd;
    margin:0px auto;
    width:800px;
    text-align:center;
    padding:10px 10px 10px 10px;
}
```

　　在 CSS 页面文件样式编写完毕后,就需要在相应的页面进行引用,示例代码如下:

```
<link href="css.css" rel="stylesheet" type="text/css" />
```

　　在使用了 CSS 文件后,页面样式如图 12-3 所示。

　　上述页面在 CSS 的样式控制下显得非常友好,用户在进行注册时,会感觉到应用程序是在用心制作的情况下上线的,提高了用户的回头率。

## 12.1.3 代码实现

　　在完成基本的控件布局和 CSS 样式布局之后,页面就能够呈现在客户端浏览器中。但

图 12-3　CSS 样式控制后的页面

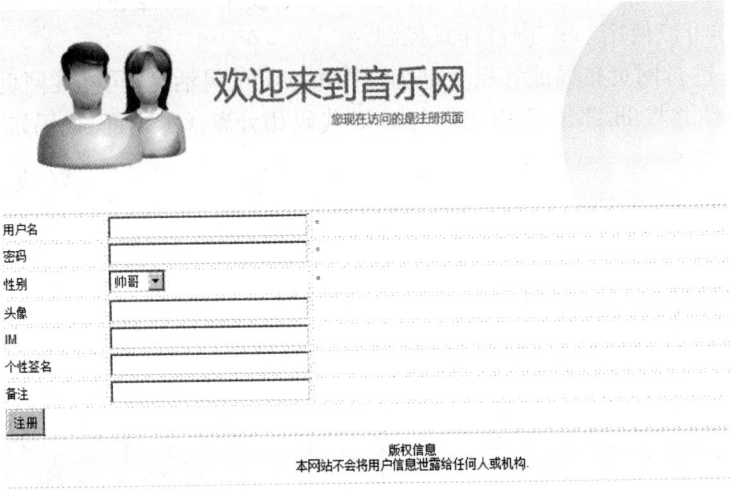

是如果用户想要在页面中执行逻辑操作,就需要进行代码实现完成应用程序所需要执行的页面逻辑,以保证用户注册功能能够良好地运行。

在用户进行注册操作时,需要对用户进行用户验证控制,例如用户没有输入密码的情况下单击了注册控件,数据是不应该被插入到数据库中的。如果没有对数据进行验证则会插入很多空数据,影响数据库功能。

上述代码使用了 RequiredFieldValidator 控件,进行了基本的验证,如果用户输入的用户名和密码以及性别为空,则会提示用户名和密码以及性别为空,请重新输入,如图 12-4 所示。

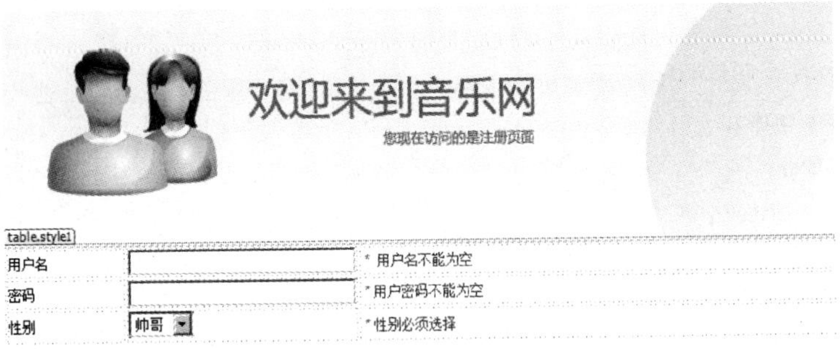

图 12-4　验证控制

进行验证控制后,就能够防止非法用户或用户疏忽所造成的空数据库问题,也方便了数据维护的进行。

在进行数据操作之前,并不能只凭用户输入的信息是否为空就能够判断用户是否是合法用户,在 Web 应用中包括很多的不良信息,例如,黄色淫秽名称或者是特殊的字符串,都有可能对网站造成危害。

在用户单击按钮控件时会执行数据插入操作,在数据插入之前就需要对信息进行过滤,示例代码如下:

```
protected void Button1_Click(object sender, EventArgs e)
{
    if (Check(TextBox1.Text) || Check(TextBox2.Text) || Check(TextBox4.Text) ||
    Check(TextBox5.Text) || Check(TextBox6.Text) || Check(TextBox7.Text))
                                                            //判断
    {
        Label8.Text = "用户信息中不能够包含特殊字符如<,>,',//,\\等,请审核";
                                                            //输出信息
    }
    else
    {
        //注册代码
    }
}
```

上述代码使用了 Check 函数对文本框控件进行了用户资料的判断,Check 函数的实现如下:

```
protected bool Check(string text)                           //判断实现
{
    if (text.Contains("<") || text.Contains(">") || text.Contains("'") ||
        text.Contains("//") || text.Contains("\\"))        //检查字串
    {
        return true;                                       //返回真
    }
    else
    {
        return false;                                      //返回假
    }
}
```

Check 函数定义了基本的判断方式,如果文本框信息中包含"<","<",">","'","/","\"等字符串时,该方法将会返回 true,否则会返回 false。这也就是说,如果字符串中包含了这些字符,则会返回 true。在 Button1_Click 函数中就会判断包含非法字符,并进行提示,否则会执行注册代码。对关键字的过滤是非常必要的,这样能够保证应用程序的完整性并提高应用程序的健壮性,同时也对数据库中的完整性进行了保护。

当用户单击按钮控件时,如果对用户进行了非空验证和关键字过滤后,就能够进行数据的插入,用户可以使用 ADO. NET 进行数据操作,示例代码如下:

```
protected void Button1_Click(object sender, EventArgs e)
{
    if (Check(TextBox1.Text) || Check(TextBox2.Text) ||Check(TextBox4.Text) ||
        Check(TextBox5.Text) || Check(TextBox6.Text) || Check(TextBox7.Text))
```

```
                                                              //检查字串
    {
        Label8.Text = "用户信息中不能够包含特殊字符如<,>,',//,\\等,请审核";
                                                              //输出信息
    }
    else
    {
        try
        {
            SqlConnection con =
            new SqlConnection("server='(local)';database='Register';uid='sa';pwd
='sa'");                                                      //建立连接
            con.Open();                                        //打开连接
            string strsql =
            "insert into register (username,password,sex,picture,im,information,
others,ifisuser) values ('" + TextBox1.Text + "','" + TextBox2.Text + "','" +
DropDownList1.Text + "','" + TextBox4.Text + "','" + TextBox5.Text + "','" +
TextBox6.Text + "','" + TextBox7.Text + "',0)";
            SqlCommand cmd = new SqlCommand(strsql,con);       //创建执行
            cmd.ExecuteNonQuery();                             //执行 SQL
            Label8.Text = "注册成功,请牢记您的信息";             //提示成功
        }
        catch
        {
            Label8.Text = "出现错误信息,请返回给管理员";         //抛出异常
        }
    }
}
```

上述代码通过 ADO.NET 实现了数据的插入,但是上述代码有一个缺点,如果用户注册了一个用户并且名称为 abc,当这个用户注销并再注册一个用户名称为 abc 时,如果依旧将数据插入到数据库则会出现错误。值得注意的是,这个错误并不是逻辑错误,但是这个错误会造成不同的用户可能登录了同一个用户信息并产生信息错误。为了避免这种情况的发生,在用户注册前首先需要执行判断,示例代码如下:

```
string check = "select * from register where username='" + TextBox1.Text + "'";
SqlDataAdapter da = new SqlDataAdapter(check,con);            //创建适配器
DataSet ds = new DataSet();                                   //创建数据集
da.Fill(ds,"table");                                          //填充数据集
if (da.Fill(ds,"table") > 0)                                  //判断同名
{
```

```
        Label8.Text = "注册失败,有相同用户名";                    //输出信息
}
else
{
        SqlCommand cmd = new SqlCommand(strsql, con);           //创建执行对象
        cmd.ExecuteNonQuery();                                  //执行 SQL
        Label8.Text = "注册成功,请牢记您的信息";                   //输出成功
}
```

在用户注册时,首先从数据库查询出是否已经包含这个用户名的信息,如果包含则不允许用户注册,如果没有,则说明用户是一个新用户,可以进行注册。

管理员页面作为管理页面,其功能非常简单,只需要对数据进行删除和修改即可,无需进行任何的数据操作,使用 ASP. NET 本身的数据源控件和数据绑定控件就能够实现管理员页面的编写和制作。作为数据的呈现,可以使用 GridView 控件进行呈现,同时 GridView 控件还支持编辑和删除功能。

上述代码编写了 GridView 控件的样式并且为 GridView 控件配置了数据源,同时也配置 GridView 控件能够支持编辑和删除等操作,在数据源配置时,需要新建一个连接字串,如图 12-5 所示。

建立连接字串并保存连接字串到 Web. config 文件中,单击【下一步】按钮,可以生成 SQL 语句,在生成 SQL 语句时,为了方便管理,管理员通常都是对最新注册用户进行管理,如图 12-6 所示。

图 12-5　建立连接字串

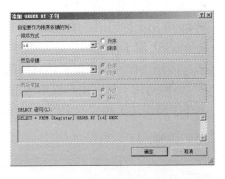

图 12-6　选择排序方式

选择按照 id 的方式进行倒序,能够让管理员快速地管理最新的注册用户,并进行编辑和删除等操作,为了能够让数据源自动支持编辑和删除操作,必须进行数据源高级配置,如图 12-7 所示。

勾选【生成 INSERT、UPDATE 和 DELETE 语句】选项,以支持数据源控件自动进行编辑和删除等操

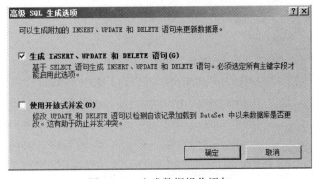

图 12-7　生成数据操作语句

作，单击【确定】按钮并完成，就将数据源控件配置完成。

从上述代码可以看出数据源控件中生成的 SQL 语句，使用数据源控件能够简化开发人员对数据的开发。

# 12.2　登录模块设计

登录模块能够配合注册模块让网站应用能够同用户进行信息交互，当用户在网站进行注册后，就需要登录模块进行用户登录，登录模块虽然看上去比较容易，但是要比注册模块复杂一些，如身份处理，这些复杂的地方需要使用 ASP.NET 内置对象。

## 12.2.1　数据库表的创建

创建表可以通过 SQL Server Management Studio 视图进行创建，也可以通过 SQL Server Management Studio 查询使用 SQL 语句进行创建。登录模块的数据库设计比较简单，这里创建一个 Login 数据库并创建一个表，如图 12-8 所示。

正如图 12-1 中所示，表为用户的基本信息创建了字段，这些字段的意义如下：

| 列名 | 数据类型 | 允许空 |
|---|---|---|
| bh | int | □ |
| username | nvarchar(50) | ☑ |
| password | nvarchar(50) | ☑ |
| email | nvarchar(50) | ☑ |
| msn | nvarchar(50) | ☑ |
| passed | nvarchar(50) | ☑ |
| ask | nvarchar(50) | ☑ |
| answer | nvarchar(50) | ☑ |
|  |  | □ |

图 12-8　数据库表结构

- ➢ id：用于标识用户的 ID 号，并为自动增长的主键。
- ➢ username：用于标识用户名。
- ➢ password：用于标识用户密码。
- ➢ email：用于标识用户 E-mail 信息。
- ➢ msn：用于标识用户的 MSN 等信息。
- ➢ passed：用于标识用户是否通过审核。
- ➢ ask：用于保存用户提示信息的问题。
- ➢ answer：用于保存用户提示信息的答案。

上述字段描述了相应的字段在实际应用中的意义，创建表的 SQL 语句如下：

```
USE [Login]
GO
SET ANSI_NULLS ON
GO
SET QUOTED_IDENTIFIER ON
GO
CREATE TABLE [dbo].[Login](                                    //创建 Login 表
    bh] [int] IDENTITY(1,1) NOT NULL,
    username] [nvarchar](50) COLLATE Chinese_PRC_CI_AS NULL,
    password] [nvarchar](50) COLLATE Chinese_PRC_CI_AS NULL,
    email] [nvarchar](50) COLLATE Chinese_PRC_CI_AS NULL,
    msn] [nvarchar](50) COLLATE Chinese_PRC_CI_AS NULL,
    passed] [nvarchar](50) COLLATE Chinese_PRC_CI_AS NULL,
```

```
ask] [nvarchar](50) COLLATE Chinese_PRC_CI_AS NULL,
answer] [nvarchar](50) COLLATE Chinese_PRC_CI_AS NULL,
CONSTRAINT [PK_Login] PRIMARY KEY CLUSTERED
(
    bh] ASC
)WITH (PAD_INDEX   = OFF, STATISTICS_NORECOMPUTE   = OFF,
IGNORE_DUP_KEY = OFF, ALLOW_ROW_LOCKS   = ON,
ALLOW_PAGE_LOCKS   = ON) ON [PRIMARY]
) ON [PRIMARY]
```

上述代码创建了一个数据库并将 ID 设为自动增长的主键,该数据库用于保存用户的基本信息,本模块通常不会更改数据库的信息,只是对数据库进行调用而已。所以在调用之前必须插入若干新数据,示例代码如下:

```
INSERT
    NTO
    [Login]
    (username,password,email,msn,passed,ask,answer)
    alues
('guojing','113321','soundbbg@live.cn','hellome@hotmail.com',1,"你好吗?","我很好")
```

上述代码在数据库中插入了一条用户名为“guojing”,密码为“123321”的用户信息,并且这个用户的邮箱为“soundbbg@live.cn”,当用户忘记密码时,就会通过这个邮箱发送确认信息。

## 12.2.2 界面设计

登录界面也能够吸引用户眼球,在登录界面也可以进行广告推广,因为一个网站的良好表现能够让用户大量在登录页面停驻,在登录页面进行良好的设计可以使登录页面具有广告效应也能够提高用户体验。由于登录模块可能要考虑到很多的扩展,包括广告位之类的,登录页面也可以单独进行一个页面的制作,这些页面包括基本的 TextBox 和 Label 控件用于呈现基本的页面信息。

上述代码在页面中使用了三个 Label 控件,用于显示用户登录必须的信息,包括指引用户如何填写相应的名称,以及提示是否存在该用户,该页面还包括两个 TextBox 控件用于用户填写相关的信息,并且为了验证用户是否输入正确,在页面中使用了验证控件对用户输入进行控制,示例代码如下:

```
<asp:RequiredFieldValidator ID="RequiredFieldValidator1" runat="server"
    ControlToValidate="TextBox1"
    ErrorMessage="用户名不能为空"></asp:RequiredFieldValidator>
<asp:RequiredFieldValidator ID="RequiredFieldValidator2" runat="server"
    ErrorMessage="密码不能为空"></asp:RequiredFieldValidator>
```

在注册控件已经说明了,验证控件能够验证用户是否输入的是合法的信息,如果用户输入的信息不合法或者输入的信息为空,那么就不应该让操作继续进行,而需要让用户再次进行信息输入。在没有 CSS 样式控制的情况下,使用了表格进行基本的布局,如图 12-9 所示。

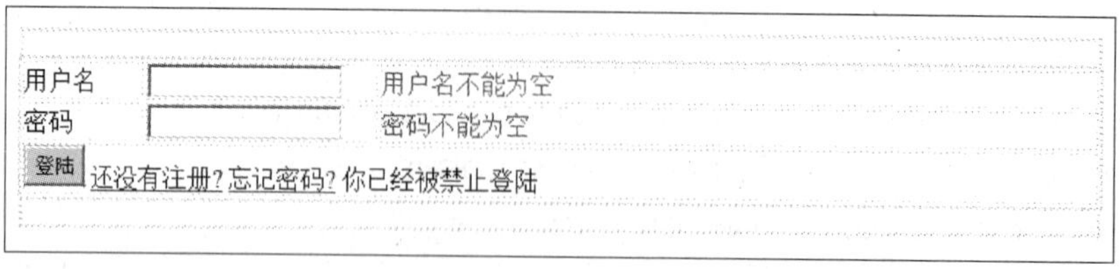

| 用户名 | | 用户名不能为空 |
| 密码 | | 密码不能为空 |
| 登陆 还没有注册? 忘记密码? 你已经被禁止登陆 | | |

图 12-9  基本界面布局

为了更好地为页面进行页面布局,可以使用 CSS 进行页面的样式控制。在登录页面中,可以为页面和控件进行样式控制,CSS 示例代码如下:

```
body                                              //定义全局
{
    font-size:12px;
    font-family:Geneva, Arial, Helvetica, sans-serif;
    margin:0px 0px 0px 0px;
    background:gray;
}
.top                                              //定义头部
{
    background:white;
    margin:0px auto;
    margin-top:50px;
    padding-top:10px;
    padding-bottom:10px;
    padding-left:10px;
    width:490px;
    font-size:18px;
}
.login                                            //定义登录
{
    background:white;
    margin:0px auto;
    width:500px;
}
.end                                              //定义底部
    {
    background:#f9fbfd;
    margin:0px auto;
```

```
    width:480px;
    text-align:center;
    padding:10px 10px 10px 10px;
}
```

上述代码定义了全局页面的字体大小和字体属性,并定义了头部样式、登录主样式和底部样式,定义完成后如图12-10所示。

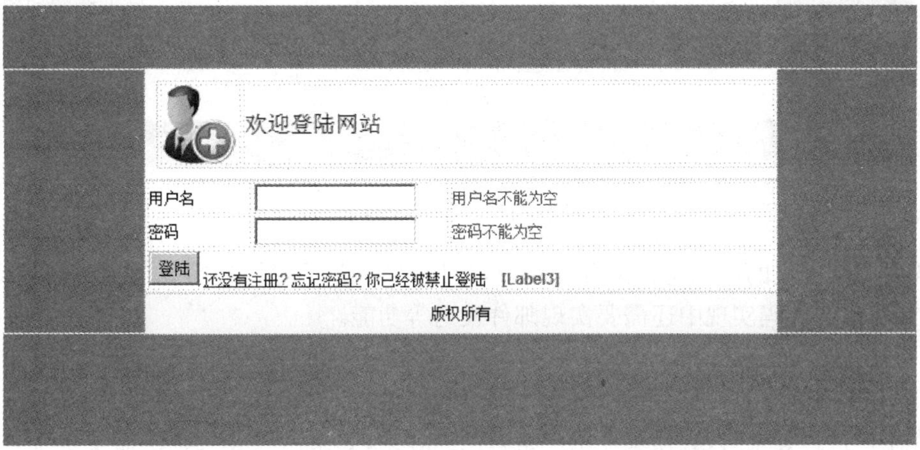

欢迎登陆网站

用户名 _____ 用户名不能为空
密码 _____ 密码不能为空
登陆 还没有注册? 忘记密码? 你已经被禁止登陆 [Label3]
版权所有

图 12-10 CSS样式控制后的页面

上述页面的布局非常鲜明,让用户一下就知道登录窗口在哪里,但是这个布局并不方便扩展,也不方便广告位的布局。这里不详细讲解如何进行广告位布局,只是介绍如何对登录页面进行样式布局。

对于登录控件而言,需要两个提示页面,这两个提示页面包括发送密码页面和错误信息页面。发送密码页面主要是用于发送忘记密码的用户的密码到用户的邮箱中,这样用户就能够获取相应的信息以登录网站;而错误信息页面主要是用于提示用户输入的次数超过限定的次数,禁止用户再次输入。在这两个页面中,需要进行事务处理的页面只有发送密码页面,发送密码页面需要向指定的用户的邮箱发送邮件,而在发送邮件前,必须让用户输入用户名才能够发送。

代码创建了一个发送邮件页面,当用户填写用户名后,系统会在数据库中查找相应的用户名的用户信息,查找完成后会发送相应的信息到用户的邮箱中,如果用户邮箱正确或者用户提示信息正确,那么系统会发送信息到相应邮箱,如果用户邮箱不正确或者用户提示信息不正确,系统则不会将密码信息发送到用户邮箱。页面布局完成后如图12-11所示。

发送密码页面需要进行业务处理,在发送密码时,必须填写用户名和用户提示问题以及答案,才能够保证此用户是一个安全合法的用户。

### 12.2.3 代码实现

在完成基本的CSS页面布局后,就需要进行代码实现,登录模块的代码实现比较复杂,

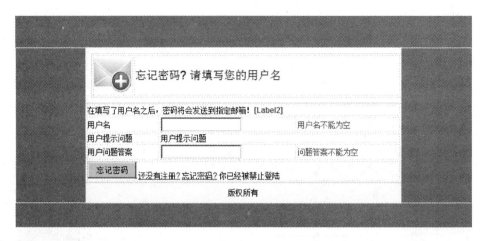

图 12-11　发送密码页面

不仅需要查询相应的用户是否是合法用户,当用户忘记密码后,还需要通过邮件进行密码的索取,所以在代码实现中还需要实现邮件发送等功能。

### 12.2.4　登录代码实现

在用户进行登录时,必须验证用户是否已经登录,如果已经登录则不需要再次登录,如果没有登录,则允许用户进行登录操作,当用户单击【登录】按钮时,首先会验证用户是否填写信息,如果没有填写则提示用户填写,如果已经填写了,则判断用户是否是合法用户。

```
protected void Button1_Click(object sender, EventArgs e)
{
    string str = "server='(local)';database='login';uid='sa';pwd='sa'";
                                                       //连接数据库
    SqlConnection con = new SqlConnection(str);         //创建连接
    con.Open();                                         //打开连接
    string strsql =
    "select * from login where username='" + TextBox1.Text +"' and password='" +
TextBox2.Text+"'";
    SqlDataAdapter da = new SqlDataAdapter(strsql, con);   //创建适配器
    DataSet ds = new DataSet();                            //创建数据集
    int count=da.Fill(ds, "table");                        //填充数据集
    if (count > 0)                                         //登录成功
    {
        Session["name"] = TextBox1.Text;                  //赋予 Session
        Session["password"] = TextBox2.Text;              //赋予 Session
        Session["login"] = "yes";                         //赋予 Session
    }
    else
```

```
    {
        Label3.Text = "登录失败";                              //登录失败
    }
}
```

当需要判断一个用户是否为合法用户时，只需要在数据库中查询出该用户即可，如果查询出该用户，则说明这个用户是存在的；如果查询不出该用户，则说明这个用户是不存在的。查询用户可以使用 ADO.NET 的 DataSet 对象，示例代码如下：

```
"select * from login where username = '" + TextBox1.Text + "' and password = '" + Text-
Box2.Text + "'";
SqlDataAdapter da = new SqlDataAdapter(strsql, con);        //创建适配器
DataSet ds = new DataSet();                                 //创建数据集
int count = da.Fill(ds, "table");                           //填充数据集
```

上述代码使用 DataSet 对象和 SqlDataAdapter 对象进行数据填充，DataSet 对象的 Fill 方法会返回受影响的行数，当执行查询语句时，如果返回受影响的行数大于 0，则说明存在这个用户，如果受影响的行数小于等于 0，则说明不存在该用户。

如果查询出的结果大于"0"，则说明用户是合法用户，可以为用户赋予 ASP.NET 内置对象，以保存用户状态，示例代码如下：

```
Session["name"] = TextBox1.Text;                           //赋予 Session
Session["password"] = TextBox2.Text;                       //赋予 Session
Session["login"] = "yes";                                  //赋予 Session
```

上述代码当用户登录成功时，给每个用户一个 Session 对象，如果在一定时间内不进行操作或者用户关闭了浏览器进程，系统就会注销该用户。为了保证用户无法重复多次进行登录，可以在登录页面添加一个计数器，这里可以使用一个 Label 控件进行计数控制，Label 控件可以设置为不可见，初始值为 0，示例代码如下：

```
<asp:Label ID="Label4" runat="server" Text="0" Visible="False"></asp:Label>
```

在执行登录代码时，首先要判断该控件的值。这里设置登录 4 次后就无法登录了，示例代码如下：

```
if (Convert.ToInt32(Label4.Text) < 4)
{
    //登录操作
    //判断操作如下
    if (count > 0)                                         //判断登录次数
    {
        Session["name"] = TextBox1.Text;                  //赋予 Session
        Session["password"] = TextBox2.Text;              //赋予 Session
        Session["login"] = "yes";                         //赋予 Session
    }
```

```
    else
    {
        Label3.Text = "登录失败";                              //提示登录失败
        int times = Convert.ToInt32(Label4.Text);              //登录次数
        Label4.Text = (times + 1).ToString();                  //登录次数加一
    }
}
else
{
    Label3.Text = "您已经被禁止登录，请稍后再登录";            //静止登录
}
```

上述代码首先会判断计数器中的值是不是小于 4，如果小于 4，则可以进行登录操作，否则就会禁止用户登录。在登录失败时，必须让计数器的值加 1，否则计数器的值永远小于 4。

在用户需要索取自己的密码时，系统对用户进行邮件发送功能的实现和使用，这样就保证了用户信息的机密性，而用户可以在自己的邮箱中获取密码。邮件发送示例代码如下：

```
protected void TextBox1_TextChanged(object sender, EventArgs e)
{
    string str = "server='(local)';database='login';uid='sa';pwd='sa'";
                                                               //创建连接字串
    SqlConnection con = new SqlConnection(str);                //创建连接对象
    con.Open();                                                //打开连接
    string strsql = "select * from login where username='" + TextBox1.Text + "'";
                                                               //编写 SQL 语句
    SqlDataAdapter da = new SqlDataAdapter(strsql, con);       //创建适配器
    DataSet ds = new DataSet();                                //创建数据集
    int count = da.Fill(ds, "table");                          //填充数据集
    if (count > 0)                                             //查找用户
    {
        Label5.Text = ds.Tables["table"].Rows[0]["ask"].ToString();
                                                               //提示用户信息
        Label2.Text = "";                                      //清空错误信息
    }
    else
    {
        Label2.Text = "没有这个用户";                          //提示用户信息
    }
}
```

当用户填写用户名并失去焦点时,系统会在数据库中查询相关的用户信息,如果包括该用户,则会提示这个用户的提问信息;如果没有这个用户,则提示没有这个用户,如图 12-12 所示。

当用户填写完用户名和用户提示问题答案后,系统会判断用户答案是否正确,如果用户的答案是正确的,就会发送邮件到用户邮箱;如果用户答案不正确,则会提示用户再次输入答案,示例代码如下:

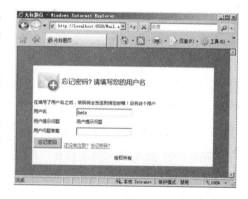

图 12-12 搜索用户信息

```csharp
protected void Button1_Click(object sender,
EventArgs e)
{
    string str = "server='(local)';database='login';uid='sa';pwd='sa'";
                                                //创建连接字串
    SqlConnection con = new SqlConnection(str);  //创建连接对象
    con.Open();                                  //打开连接
    string strsql = "select * from login where username='" + TextBox1.Text + "'";
                                                //配置 SQL 语句
    SqlDataAdapter da = new SqlDataAdapter(strsql, con);  //创建适配器
    DataSet ds = new DataSet();                  //填充数据集
    int count = da.Fill(ds, "table");            //获取数据
    if (count > 0)                               //如果存在用户
    {
        if (TextBox2.Text != ds.Tables["table"].Rows[0]["answer"].ToString())
                                                //对比问题
        {
            Label2.Text = "提示问题答案回答出错,请再次输入答案..";
                                                //出现错误
        }
        else
        {
            SendUserMail(ds.Tables["table"].Rows[0]["email"].ToString(),
                                                //发送邮件
            ds.Tables["table"].Rows[0]["password"].ToString());
                                                //实现邮件发送
        }
    }
    else
```

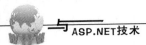

```
    {
        Label5.Text = "没有这个用户";                              //声明没有用户
    }
}
```

上述代码会判断用户回答的问题是否和本身用户在注册时设置的问题相同,如果相同,就执行 SendUserMail 函数。SendUserMail 函数实现代码如下:

```
private bool SendUserMail(string recevie,string password)
{
    try
    {
        System.Net.Mail.SmtpClient client = new System.Net.Mail.SmtpClient();
        client.Host = "SMTP服务器";                              //SMPT 服务器信息
        client.UseDefaultCredentials = false;
        client.EnableSsl = false;
        client.Credentials = new System.Net.NetworkCredential("邮件发送邮箱","
            发送邮箱密码");
        client.DeliveryMethod = System.Net.Mail.SmtpDeliveryMethod.Network;
        System.Net.Mail.MailMessage message =
        new System.Net.Mail.MailMessage("邮件发送邮箱", recevie);
        message.Subject = "获取密码信息";                         //邮件的标题
        message.Body = "您的密码为:" + password;                  //邮件的密码
        message.BodyEncoding = System.Text.Encoding.UTF8;         //邮件的编码形式
        message.IsBodyHtml = true;                                //邮件内容的形式
        try
        {
            client.Send(message);                                 //发送邮件
            return true;                                          //返回真
        }
        catch (Exception ex)                                      //抛出异常
        {
            return false;                                         //返回假
        }
    }
    catch                                                         //不存在邮件服务器
    {
        return false;                                             //返回假
    }
}
```

上述代码实现了邮件的发送功能,这个函数的参数为接受者的地址和密码。在使用这个函数时,SMPT 服务器信息可以编写服务器所需要的邮件服务器 SMPT 服务器,例如,126 邮箱的 SMPT 服务器就是 SMTP.126.COM。编写完成 SMPT 服务器之后,只需要在上述代码中编写发送邮箱地址和发送邮箱密码就能够实现邮箱的发送。

为了方便不同的用户显示不同的内容,可以使用 ASP.NET 提供的内置对象进行编程和判断,例如在登录时,如果登录成功,则系统会为用户配置一个 Session 内置对象。Session 内置对象寄宿在用户浏览器进程内,如果用户浏览器进程关闭或者用户长时间没有操作,则 Session 内置对象就会注销。

在 Session 生命周期内,可以使用 Session 内置对象对不同的用户进行页面编程,这样就能够实现不同的用户显示不同的内容。例如当用户登录后,会跳转到一个个人界面,这个界面可能是通用界面,但是需要不同的用户在当前界面操作。创建一个个人界面,当不同的用户访问该界面时显示的效果也不同,该页面为 logined.aspx。

其中,代码在页面中添加了一个 Label 控件和一个 Image 控件,这两个控件分别对不同的用户呈现不同的效果。例如,当用户 "soundbbg" 登录后,则系统应该提示说 "感谢您 soundbbg 的登录",而如果是用户 "wujunmin" 登录,则系统应该提示 "感谢您 wujunmin 的登录" 而不是原来的提示信息,同时也可以为相应的用户显示不同的用户头像,示例代码如下:

```
protected void Page_Load(object sender, EventArgs e)
{
    if (String.IsNullOrEmpty(Session["name"].ToString()))        //判断 Session
    {
        Response.Redirect("default.aspx");                        //页面跳转
    }
    else
    {
        Label1.Text = Session["name"].ToString();                 //获取 Session
        if (Session["name"].ToString() == "guojing")              //执行编程
        {
            Image1.ImageUrl = "mail.png";                         //获取图像
        }
    }
}
```

上述代码可以使用 Session 对象进行判断和编程,如果 Session 对象为空,则说明用户并没有登录或者用户为非法用户,那么就必须跳转到登录页面进行登录。如果用户是合法用户,并且用户是一些例如 VIP 等用户,就需要对特定的用户进行编程以呈现不同的样式。

在用户登录后,不仅可以使用 Session 对象进行用户信息和权限的判断,也可以使用 Cookie 对象对用户信息和权限进行判断。使用 Session 对象和 Cookie 对象能够非常方便地进行用户信息的获取和存储。网站应用中,使用 Session 对象和 Cookie 对象是最常用的用户信息的获取和存储的方法,开发人员能够根据不同的使用 Session 对象和 Cookie 对象

的值进行相应的编程。

# 12.3 广告模块设计

广告能够为网页带来很多的增色功能效果和盈利,广告模块的设计对网站来说非常重要,一个网站不可能只有一个广告或者网站的广告还需要手动增加和删除。广告模块需要随机地获取系统广告或者能够在相应的位置增加广告来实现更多广告效果。

## 12.3.1 数据库表的创建

创建表可以通过 SQL Server Management Studio 视图进行创建也可以通过 SQL Server Management Studio 查询使用 SQL 语句进行创建。广告模块需要创建多个表进行广告的描述,在创建表之前首先需要创建一个 ad 数据库,数据库创建完成后就能够在数据库中创建表了。这里首先需要创建一个 ads 表,该表用于存储广告模块中的广告信息,如图 12-13 所示。

| 列名 | 数据类型 | 允许空 |
|---|---|---|
| id | int | □ |
| time | datetime | ☑ |
| endtime | datetime | ☑ |
| name | nvarchar(50) | ☑ |
| [content] | nvarchar(MAX) | ☑ |
| infor | nvarchar(MAX) | ☑ |
| picture | nvarchar(500) | ☑ |
| url | nvarchar(500) | ☑ |
| title | nvarchar(500) | ☑ |
| html | nvarchar(MAX) | ☑ |
| type | int | ☑ |
| adid | int | ☑ |
| | | □ |

图 12-13　ads 表结构

正如图 12-13 所示,其中的字段意义如下:

➤ id:表示广告的 ID 号,为自动增长的主键。

➤ time:用于标识广告的开始时间

➤ endtime:用于标识广告的结束时间,当时间到达该时间后,广告将不再被呈现。

➤ name:用于标识广告的名称,这个名称在后台管理中可以进行辨认。

➤ content:作为广告的内容而存在,管理员能够在该字段进行广告内容的编写。

➤ infor:作为广告的备注而存在,管理员和管理员之间能够通过备注阅读该广告是什么广告。

➤ picture:作为图片广告的图片连接。

➤ url:作为外部连接的广告的地址,用户单击广告时能够跳转到相应的连接。

➤ title:作为广告的标题,呈现在页面之中。

➤ html:作为广告呈现的 HTML 代码,可以为 JavaScript 代码,当广告为文字广告时,将呈现 HTML。

➤ type:作为广告的类型而存在,类型没描述在 type 表中。

➤ adid:作为广告的广告 ID 而存在,用于归纳同类广告,一个页面可以呈现一种或多种类型的广告。

上述字段描述了相应的字段在实际应用中的意义,创建表的 SQL 语句如下:

```
USE [ad]
GO
SET ANSI_NULLS ON
GO
SET QUOTED_IDENTIFIER ON
```

```
GO
CREATE TABLE [dbo].[ads](                                    //创建ads表
    [id] [int] IDENTITY(1,1) NOT NULL,
    [time] [datetime] NULL,
    [endtime] [datetime] NULL,
    [name] [nvarchar](50) COLLATE Chinese_PRC_CI_AS NULL,
    [content] [nvarchar](max) COLLATE Chinese_PRC_CI_AS NULL,
    [infor] [nvarchar](max) COLLATE Chinese_PRC_CI_AS NULL,
    [picture] [nvarchar](500) COLLATE Chinese_PRC_CI_AS NULL,
    [url] [nvarchar](500) COLLATE Chinese_PRC_CI_AS NULL,
    [title] [nvarchar](500) COLLATE Chinese_PRC_CI_AS NULL,
    [html] [nvarchar](max) COLLATE Chinese_PRC_CI_AS NULL,
    [type] [int] NULL,
    [adid] [int] NULL,
CONSTRAINT [PK_ads] PRIMARY KEY CLUSTERED
(
[id] ASC
)WITH (PAD_INDEX  = OFF, STATISTICS_NORECOMPUTE  = OFF,
IGNORE_DUP_KEY = OFF, ALLOW_ROW_LOCKS  = ON,
ALLOW_PAGE_LOCKS  = ON) ON [PRIMARY]
) ON [PRIMARY]
```

上述代码创建了一个ads表用于存储广告数据,其中的type字段和adid字段都是其他表的外键,这3个表一起完成整个广告模块的数据描述,type表创建的SQL语句如下:

```
USE [ad]
GO
SET ANSI_NULLS ON
GO
SET QUOTED_IDENTIFIER ON
GO
CREATE TABLE [dbo].[type](                                   //创建type表
    [id] [int] IDENTITY(1,1) NOT NULL,
    [classname] [nvarchar](50) COLLATE Chinese_PRC_CI_AS NULL,
CONSTRAINT [PK_type] PRIMARY KEY CLUSTERED
(
    [id] ASC
)WITH (PAD_INDEX  = OFF, STATISTICS_NORECOMPUTE  = OFF,
IGNORE_DUP_KEY = OFF, ALLOW_ROW_LOCKS  = ON,
ALLOW_PAGE_LOCKS  = ON) ON [PRIMARY]
) ON [PRIMARY]
```

　　type 表用于描述广告的类型,而 adclass 表用于描述广告呈现的类型,这两个表是有区别的。type 主要描述的是广告的类型,包括图片广告、文字广告等,是系统类型,通常情况下是不会更改的。而 adclass 用于描述的是广告呈现时所需要的类型,例如头部广告和底部广告,这些广告通过 adclass 表进行筛选和整合。adclass 表创建的 SQL 语句如下:

```
USE [ad]
GO
SET ANSI_NULLS ON
GO
SET QUOTED_IDENTIFIER ON
GO
CREATE TABLE [dbo].[adclass](                              //创建 adclass 表
    [id] [int] IDENTITY(1,1) NOT NULL,
    [classname] [nchar](10) COLLATE Chinese_PRC_CI_AS NULL,
CONSTRAINT [PK_adclass] PRIMARY KEY CLUSTERED
(
    [id] ASC
)WITH (PAD_INDEX  = OFF, STATISTICS_NORECOMPUTE  = OFF,
IGNORE_DUP_KEY = OFF, ALLOW_ROW_LOCKS  = ON,
ALLOW_PAGE_LOCKS  = ON) ON [PRIMARY]
) ON [PRIMARY]
```

　　上述代码创建了一个 adclass 表,使用该表能够将广告进行分类并呈现到相应的页面中,可以极大程度地避免同种类型的广告的呈现。数据库的设计是非常重要的,也是在软件开发过程中一个非常重要的环节。在广告模块中,必须先规定好,以及规划好广告模块的数据库设计,否则数据库的更改会带来很多的不便,例如,如果将 adclass 表和 type 表整合在 ads 表中,如果要修改一个字段的值,如修改图片类型的广告,有可能需要更改一个或多个数据,这样就非常的不方便,也会导致数据的混乱,所以数据库设计在任何模块甚至是系统的开发过程中都是非常重要的一个环节。

### 12.3.2　界面设计

　　在该页面中,使用了若干控件,这些控件都分别为广告中的数据输入进行准备,这些控件包括 TextBox 文本框控件、日历控件和下拉菜单控件。下拉菜单作为数据绑定控件用于数据绑定,提供给管理人员选择相应的广告分类。

　　在发布广告页面中使用了数据源控件进行数据源的呈现。在页面中,需要对数据源进行配置、筛选和生成才能够在发布页面中进行数据选择。单击【配置数据源】按钮,选择【新建连接】选项,在新建连接窗口中进行数据源配置,如图 12-14 所示。

　　拖放一个数据源控件到页面,用于配置 adclass 数据连接和数据绑定,创建数据连接后,选择【将数据连接保存到 Web.config】选项,在项目里就可以使用该连接进行数据连接和绑定,如图 12-15 所示。

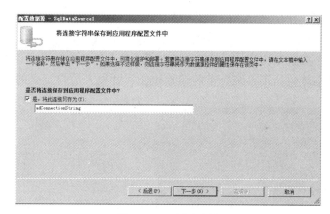

图 12-14 创建新数据连接                                图 12-15 创建连接

创建连接后,就可以自动生成 Select 语句填充数据绑定控件,方便开发,如图 12-16 所示。在完成 Select 语句的配置,就可以在相应的控件中使用数据源呈现的数据,例如在广告类型的下拉菜单中就可以使用数据源控件进行数据显示,如图 12-17 所示。

图 12-16 配置 Select 语句                                图 12-17 选择数据源呈现数据

在选择了数据源之后,就可以为另一个下拉菜单进行数据源配置,配置过程与上面的代码相同。配置完成后,页面增加了数据源控件的代码和数据绑定控件代码。

修改广告界面同发布广告界面相同,但是修改广告界面在加载时必须接受一个传递的参数 id 来查询相应的广告信息,加载完成后就要填充到修改广告页面的控件中。这也就是说,当页面加载时,加载之后的修改广告页面应该先获取广告信息提供给管理人员修改。

修改广告界面基本同添加广告界面相同,因为修改广告界面只需要进行广告的读取和修改即可,而广告中所需修改的字段同广告添加字段基本相同,所以在广告修改中只需要进行字段的显示和更新就能够实现广告修改页面的制作。

管理广告界面可以使用现有的 ASP.NET 数据源控件和 ASP.NET 数据绑定控件实现,ASP.NET 数据源控件和数据绑定控件能够快速地提供数据的更新、删除等功能。由于这里使用的是自定义更新页面,就不能够使用数据源控件本身提供的数据更新功能,对于管理广告界面,只需要进行数据删除操作的支持即可。

上述代码配置了数据源控件的高级模式以支持数据绑定控件中的更新、删除等操作,这里只需要使用删除操作就能够实现广告的管理,更新操作无需使用自带的更新而使用自

定义页面。单击【数据绑定】控件，在菜单中单击【功能模块】按钮，选择【添加新列】选项，在【选择字段类型】选项中选择【HyperLinkFiled】选项并填写 HyperLinkFiled 类型字段中提供的相应的数据列和数据显示策略，如图 12-18 所示。

在数据绑定控件中能够使用【更新】连接进行页面跳转功能的实现，如图 12-19 所示，其中就包括了系统自带的删除操作和开发人员自定义的更新操作。

图 12-18　添加字段

图 12-19　数据绑定控件 GridView

其中数据绑定控件选择了自动套用格式让管理界面看上去更加的友好，管理人员能够在该界面查看相应的广告信息并且删除相应的信息，如果管理人员要修改相应的数据，可以单击【修改】按钮在自定义页面中进行广告的修改。

分类管理界面比较的简单，因为分类管理表中的字段非常的少，所以分类管理界面就能够使用现有的控件，如 GridView 控件进行数据插入、删除和更新，在分类管理界面中，可以直接使用控件进行操作，这样就能够在多个页面进行复杂的管理。

上述代码使用了 ListView 控件并自动套用格式，使管理员在操作的时候更加方便和简单，ListView 控件能够直接进行数据的插入、更新和删除，更加简便地进行了数据管理，如图 12-20 所示。

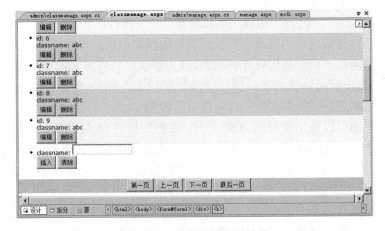

图 12-20　分类管理页面效果

分类管理页面是广告模块中一个比较容易实现的模块,但在功能上却是非常重要的模块,因为广告的分类管理是非常重要的,在自定义控件的开发过程中,可以通过广告的分类管理进行广告的筛选,以及整合,通过广告的分类可以在网站的不同页面进行不同的广告的呈现,以及不同广告的筛选,避免了广告的重复。

### 12.3.3 代码实现

在 postad. aspx 页面中,制作完成页面并双击【控件】按钮,Visual Studio 2008 能够自动生成相应的事件,开发人员可以在该事件中使用 ADO. NET 进行数据操作代码的编写,示例代码如下:

```
protected void Button1_Click(object sender, EventArgs e)
{
    try
    {
        SqlConnection con = new SqlConnection("Data Source = (local);Initial Catalog
= ad;Integrated
                                                Security = True");    //创建连接
        con.Open();                                                    //打开连接
        string strsql = "insert into ads (time, endtime, name, content, infor, picture,
url, title, html, type, adid)
                    values ("' + Convert.ToDateTime(Calendar1.SelectedDate).
ToString() + "','"
                    + Convert.ToDateTime(Calendar2.SelectedDate).ToString()
+ "','" +
                    TextBox1.Text + "','" + TextBox3.Text + "','" + TextBox4.
Text + "','" +
                    TextBox6.Text + "','" + TextBox7.Text + "','" + TextBox2.
Text + "','" +
                    TextBox5.Text + "','" + DropDownList1.Text + "','" + Drop-
DownList2.Text + "')";
        SqlCommand cmd = new SqlCommand(strsql, con);                  //创建执行
        cmd.ExecuteNonQuery();                                         //执行 SQL
        Response.Redirect("manage.aspx");                              //页面跳转
    }
    catch(Exception ee)
    {
        Response.Write(ee.ToString());                                //抛出异常
    }
}
```

广告添加过程非常的容易,正如上述代码所示,直接对数据库中的数据进行插入操作

就能够插入一条新广告,对于自定义控件,可以从数据库中获取广告和筛选广告进行呈现。

广告修改页面是广告模块中的自定义页面,这个页面使用的是控件进行组合开发,当页面被加载时,首先需要通过传递的参数进行查询,查询后填充到控件中,示例代码如下:

```
protected void Page_Load(object sender, EventArgs e)
{
    try
    {
        if (! IsPostBack)                                           //判断加载
        {
            if (Request.QueryString["id"] == "")                   //获取参数
            {
                Response.Redirect("manage.aspx");                  //页面跳转
            }
            SqlConnection con =
            new SqlConnection("Data Source = (local);Initial Catalog = ad;Integrated
Security = True");
            con.Open();                                            //打开连接
            string strsql = "select * from ads where id ='" + Request.QueryString["
id"].ToString() + "'";
            SqlDataAdapter da = new SqlDataAdapter(strsql, con);   //创建适配器
            DataSet ds = new DataSet();                            //创建数据集
            int count = da.Fill(ds, "table");                      //填充数据集
            if (count > 0)                                         //判断数据
            {
                TextBox1.Text = ds.Tables["table"].Rows[0]["name"].ToString();
                                                                   //初始化控件
                TextBox2.Text = ds.Tables["table"].Rows[0]["title"].ToString();
                                                                   //初始化控件
                TextBox3.Text = ds.Tables["table"].Rows[0]["content"].ToString
();
                                                                   //初始化控件
                TextBox4.Text = ds.Tables["table"].Rows[0]["infor"].ToString();
                                                                   //初始化控件
                TextBox5.Text = ds.Tables["table"].Rows[0]["html"].ToString();
                                                                   //初始化控件
                TextBox6.Text = ds.Tables["table"].Rows[0]["picture"].ToString();
                                                                   //初始化控件
                TextBox7.Text = ds.Tables["table"].Rows[0]["url"].ToString();
                                                                   //初始化控件
                Calendar1.SelectedDate = ds.Tables["table"].Rows[0]["time"].ToS-
```

```
tring();                                                      //初始化控件
                Calendar2.SelectedDate = ds.Tables["table"].Rows[0]["endtime"].
ToString();
                DropDownList1.Text = ds.Tables["table"].Rows[0]["type"].ToString
();                                                           //初始化控件
                DropDownList2.Text = ds.Tables["table"].Rows[0]["adid"].ToString
();                                                           //初始化控件
                Label1.Text = ds.Tables["table"].Rows[0]["id"].ToString();
                                                              //初始化控件

            }
            else
            {
                Response.Redirect("manage.aspx");             //页面跳转

            }
        }
    }
    catch
    {
        Response.Redirect("manage.aspx");                     //错误页跳转

    }
}
```

当页面被加载时就会执行上述代码,上述代码仅仅是在数据库中查询相应的数据,并呈现在相应的控件中,这样管理员在加载页面时就能够修改现有的数据内容进行更新。当管理员更新完毕后,单击相应的事件按钮就能够执行数据更新操作,数据更新操作示例代码如下:

```
protected void Button1_Click(object sender, EventArgs e)
{
    SqlConnection con = new SqlConnection("Data Source=(local);
                Initial Catalog=ad;Integrated Security=True");   //创建连接字串
    con.Open();                                                  //打开连接
    string strsql = "update ads set time='" + Calendar1.SelectedDate + "',endtime
='" +
        Calendar2.SelectedDate + "',name='" + TextBox1.Text + "',title='" +
TextBox2.Text +
        "',content='" + TextBox3.Text + "',infor='" + TextBox4.Text + "',html='"
+ TextBox5.Text +
        "',picture='" + TextBox6.Text + "',url='" + TextBox7.Text + "',type='" +
DropDownList1.Text +
        "',adid='" + DropDownList2.Text + "' where id='" + Label1.Text + "'";
```

```
SqlCommand cmd = new SqlCommand(strsql, con);          //更新 SQL
                                                       //创建执行
cmd.ExecuteNonQuery();                                 //执行 SQL 语句
Response.Redirect("manage.aspx");                      //页面跳转
}
```

　　上述代码通过 ADO.NET 进行数据更新,从上面代码可以看出使用 ADO.NET 进行数据更新非常简单,只需要打开数据库连接,在连接过程中使用 SqlCommand 对象执行 ExecuteNonQuery 方法进行数据的插入和删除操作就能够对数据库进行操作。

　　在增加广告、删除广告和广告管理等页面制作完毕后,这也就意味着后台基本制作完毕,管理员可以在后台进行广告的增加和删除以及管理,也可以对广告的类别进行管理。后台制作完毕后就需要在前台呈现广告,前台广告的呈现可以通过制作自定义控件进行呈现。

　　右击现有解决方案管理,在下拉菜单中选择【添加新项】选项,在【添加新项目】窗口中选择【自定义控件】项,这里创建一个名为 Ad 的自定义控件,如图 12-21 所示。

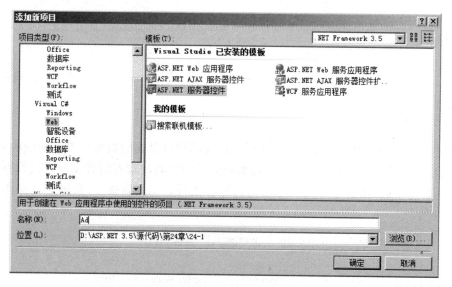

图 12-21　新增自定义控件

　　自定义控件用于筛选广告和呈现广告,筛选过程可以使用自定义控件的属性和方法完成,在编写完成自定义控件之后,就能够通过向页面拖动自定义控件和属性配置进行广告呈现,自定义控件属性编写示例代码如下:

```
[Bindable(true)]                                       //设置允许绑定
[DefaultValue("")]                                     //默认值为空
[Localizable(true)]                                    //允许本地化
public string type                                     //设置广告类型
{ get; set; }
[Bindable(true)]                                       //设置允许绑定
```

```
[DefaultValue("")]                                              //默认值为空
[Localizable(true)]                                             //允许本地化
public string adid
{ get; set; }
[Bindable(true)]
[DefaultValue("Data Source = (local);Initial Catalog = ad;Integrated Security = True")]
                                                                //设置连接字串

[Localizable(true)]
public string SQLConnectionString
{ get; set; }
[Bindable(true)]                                                //设置允许绑定
[DefaultValue("")]                                              //默认值为空
[Localizable(true)]                                             //允许本地化
public bool text                                                //设置是否为文字
{ get; set; }
[Bindable(true)]                                                //设置允许绑定
[DefaultValue("")]                                              //默认值为空
[Localizable(true)]                                             //允许本地化
public string CssStyle                                          //设置 CSS 样式
{ get; set; }
[Bindable(true)]                                                //设置允许绑定
[DefaultValue("")]                                              //默认值为空
[Localizable(true)]                                             //允许本地化
public string TitleCssStyle                                     //设置标题 CSS
{ get; set; }
[Bindable(true)]                                                //设置允许绑定
[DefaultValue("")]                                              //默认值为空
[Localizable(true)]                                             //允许本地化
public string ContentCssStyle                                   //设置内容 CSS
{ get; set; }
[Bindable(true)]                                                //设置允许绑定
[DefaultValue("")]                                              //默认值为空
[Localizable(true)]                                             //允许本地化
public int ShowNumber                                           //设置显示个数
{ get; set; }
```

　　上述代码为自定义控件设置了属性,管理员可以使用此控件并设置属性进行控件的编写和调用相应的广告代码,自定义控件 HTML 页面实现代码如下:

```
protected override void RenderContents(HtmlTextWriter output)
{
```

```
        try
        {
            string constring = "Data Source=(local);Initial Catalog=ad;Integrated Secu-
rity=True";
            if (SQLConnectionString ! = null)                    //获取连接字串
            {
                constring = SQLConnectionString;
            }
            SqlConnection con = new SqlConnection(constring);     //创建连接对象
            con.Open();                                           //打开连接
            string strsql = "select * from ads order by id desc"; //默认 SQL 语句
            if (type ! = null&&adid! = null)                      //筛选 SQL 语句
            {
                strsql = "select * from ads where type='" + type + "' and adid='" +
adid + "' order by id desc";
            }
            else if (type ! = null)                              //筛选 SQL 语句
            {
                strsql = "select * from ads where type='" + type + "' order by id desc";
            }
            else if (adid ! = null)                              //筛选 SQL 语句
            {
                strsql = "select * from ads where adid='" + adid + "' order by id desc";
            }
            SqlDataAdapter da = new SqlDataAdapter(strsql,con);  //创建适配器
            DataSet ds = new DataSet();                          //创建数据集
            int count=da.Fill(ds, "table");                      //填充数据集
            if (count > 0)                                        //判断项数
            {
                if (ShowNumber< count)                           //判断生成条目
                {
                    count = ShowNumber;                          //获取用户设置
                }
                StringBuilder build = new StringBuilder();       //创建 String 对象
                //开发人员可以在这里使用属性中的样式
                build. Append("<div style = \"padding: 10px 10px 10px 10px; border: 1px
dashed #ccc;\">");
                for (int i = 0; i< count; i++)                   //遍历输出
                {
                    build. Append ("< div  style = \" font-size: 14px; border-bottom: 1px
```

```
dashed #ccc;\">
                <a href=\"" + ds.Tables["table"].Rows[i]["url"].ToString() + "\">" +
                ds.Tables["table"].Rows[i]["title"].ToString() + "</a></div>");
                build.Append("<div
                  style=\"font-size:12px;\">" + ds.Tables["table"].Rows[i]["con-
tent"].ToString() +
                  "</div>");                                          //输出 HTML
            }
            build.Append("</div>");                                  //输出 HTML
            Text = build.ToString();                                 //呈现广告内容
        }
        else
        {
            Text = "暂时没有任何投放的广告";                           //提示没广告
        }
        output.Write(Text);                                          //输出 HTML
    }
    catch(Exception ee)
    {
        Text = ee.ToString();                                        //抛出异常
        output.Write(Text);                                          //输出异常信息
    }
}
```

上述代码通过配置不同的属性进行 SQL 语句生成,例如,当用户配置了 type 属性和 adid 属性,SQL 语句就能够生成筛选 type 和 adid 属性的 SQL 语句,当开发人员使用自定义控件时,只需要在页面中拖动相应的控件并配置相应的属性即可。

# 12.4 新闻模块设计

现在的大部分网站都需要使用新闻模块进行网站信息交流,新闻模块是网站之中最传统的交流模块。管理人员能够通过后台进行新闻的发布和修改,用户就能够在前台页面中进行新闻的访问和评论,新闻模块是网站必不可少的模块,如新浪、腾讯、搜狐等大型网站都离不开新闻模块。

## 12.4.1 数据表的创建

创建表可以通过 SQL Server Management Studio 视图进行创建,也可以通过 SQL Server Management Studio 查询使用 SQL 语句进行创建。新闻模块同样需要创建多个表进行模块功能的实现,首先最重要的是 news 表,news 表的字段如下:

➢ id:用于标识新闻,为自动增长的主键。

➢ title：用于表示新闻的标题。

➢ time：用于表示新闻发布的事件。

➢ author：用于表示新闻的作者。

➢ content：用于表示新闻的内容。

➢ weather：用于表示新闻发布的天气。

➢ level：用于表示新闻的等级。

➢ hits：用于表示新闻的阅读次数。

➢ classname：用于表示新闻的分类，为整型字段。

确定好 news 表的各个字段后，就能够创建一个 news 表，news 表结构如图 12-22 所示。

| 列名 | 数据类型 | 允许空 |
| --- | --- | --- |
| id | int | ☐ |
| title | nvarchar(50) | ☑ |
| time | datetime | ☑ |
| author | nvarchar(50) | ☑ |
| [content] | nchar(10) | ☑ |
| weather | nvarchar(50) | ☑ |
| [level] | int | ☑ |
| hits | int | ☑ |
| classname | int | ☑ |
| | | ☐ |

图 12-22　news 表结构

图中的字段描述了相应的字段在实际应用中的意义，创建表的 SQL 语句如下：

```
USE [news]
GO
SET ANSI_NULLS ON
GO
SET QUOTED_IDENTIFIER ON
GO
CREATE TABLE [dbo].[news](                                              //创建 news 表
    [id] [int] IDENTITY(1,1) NOT NULL,
    [title] [nvarchar](50) COLLATE Chinese_PRC_CI_AS NULL,
    [time] [datetime] NULL,
    [author] [nvarchar](50) COLLATE Chinese_PRC_CI_AS NULL,
    [content] [nvarchar](3000) COLLATE Chinese_PRC_CI_AS NULL,
    [weather] [nvarchar](50) COLLATE Chinese_PRC_CI_AS NULL,
    [level] [int] NULL,
    [hits] [int] NULL,
    [classname] [int] NULL,
CONSTRAINT [PK_news] PRIMARY KEY CLUSTERED
(
    [id] ASC
)WITH (PAD_INDEX  = OFF, STATISTICS_NORECOMPUTE  = OFF, IGNORE_
DUP_KEY = OFF,
ALLOW_ROW_LOCKS  = ON, ALLOW_PAGE_LOCKS  = ON) ON [PRIMARY]
) ON [PRIMARY]
```

news 表中的 classname 字段为整型字段，这也就是说 classname 字段为另一个表的外键，另一个表 newsclass 用于描述新闻的分类的信息，newsclass 字段如下：

➢ id：用于标识新闻的分类，为自动增长的主键。

➢ classname：用于显示新闻分类的名称。

上述字段描述了 newsclass 表中需要使用的字段，可以使用 SQL 语句进行表和字段的创建，创建 newsclass 表的 SQL 语句如下：

```
USE [news]
GO
SET ANSI_NULLS ON
GO
SET QUOTED_IDENTIFIER ON
GO
CREATE TABLE [dbo].[newsclass](                              //创建 newsclass 表
    [id] [int] IDENTITY(1,1) NOT NULL,
    [classname] [nvarchar](50) COLLATE Chinese_PRC_CI_AS NULL,
CONSTRAINT [PK_newsclass] PRIMARY KEY CLUSTERED
(
    [id] ASC
)WITH (PAD_INDEX  = OFF, STATISTICS_NORECOMPUTE  = OFF, IGNORE_
DUP_KEY = OFF,
    ALLOW_ROW_LOCKS  = ON, ALLOW_PAGE_LOCKS  = ON) ON [PRIMARY]
) ON [PRIMARY]
```

上述代码创建了 newsclass 表，创建完成后，还需要创建 admin 表，通过上述字段描述可以了解 admin 表只需要保存管理员的用户名和密码即可，则其字段可以描述为如下：

➢ id：用于标识管理员信息，为自动增长的主键。

➢ admin：用于标识管理员用户名。

➢ password：用于标识管理员的密码，通常情况下和管理员用户名一起进行身份验证。

上述字段描述了 admin 表中需要使用的字段，可以使用 SQL 语句进行表和字段的创建，创建 newsclass 表的 SQL 语句如下：

```
USE [news]
GO
SET ANSI_NULLS ON
GO
SET QUOTED_IDENTIFIER ON
GO
CREATE TABLE [dbo].[admin](                              //创建 admin 表
    [id] [int] IDENTITY(1,1) NOT NULL,
    [admin] [nvarchar](50) COLLATE Chinese_PRC_CI_AS NULL,
    [password] [nvarchar](50) COLLATE Chinese_PRC_CI_AS NULL,
CONSTRAINT [PK_admin] PRIMARY KEY CLUSTERED
(
    [id] ASC
```

```
) WITH (PAD_INDEX  = OFF, STATISTICS_NORECOMPUTE  = OFF, IGNORE_
DUP_KEY = OFF,
     ALLOW_ROW_LOCKS  = ON, ALLOW_PAGE_LOCKS  = ON) ON [PRIMARY]
     ) ON [PRIMARY]
```

上述代码创建了 admin 表,用于进行管理员的身份验证,创建完成后的 admin 表和 newsclass 表如图 12-23 和图 12-24 所示。

| | 列名 | 数据类型 | 允许空 |
|---|---|---|---|
| 🔑 | id | int | ☐ |
| | admin | nvarchar(50) | ☑ |
| | password | nvarchar(50) | ☑ |
| ▶ | | | ☐ |

| | 列名 | 数据类型 | 允许空 |
|---|---|---|---|
| 🔑 | id | int | ☐ |
| | classname | nvarchar(50) | ☑ |
| ▶ | | | ☐ |

图 12-23　admin 表结构　　　　　　　　图 12-24　newsclass 表结构

创建完成 admin 表之后就需要插入一个管理员,在 SQL 中可以新建查询并执行 SQL 语句进行管理员表中数据的插入,示例代码如下:

```
INSERT INTO admin (admin,password) VALUES ('guojing','0123456')
```

执行上述代码就能够进行 admin 表的数据插入,插入一个新管理员之后,就能够在后面的登录操作中使用该表的管理员信息。

### 12.4.2　界面设计

新闻模块包括众多的页面,这些页面包括登录页面、后台框架集、新闻发布页面、新闻删除页面等页面,这些页面都需要进行界面设计。在后台的开发过程中,虽然对后台的界面设计并没有苛刻的要求,但同样需要良好的用户体验,登录界面用于进行管理员的身份验证,管理员可以在后台进行登录执行相应的新闻操作,如果管理员为合法用户,则允许进行新闻操作,否则不允许进行新闻操作。

上述代码使用了 TextBox 控件以及验证控件和按钮控件,这些控件用于验证用户输入的是否正确并且判断用户是否为合法管理员,管理员可以通过该页面进行登录操作。如果登录成功,系统会跳转到后台管理框架集中,如果登录不成功,则会提示相应的错误信息。

后台操作中,为了提高页面的友好度,可以使用框架集进行后台开发,框架集是多个网页组成的一个页面,使用框架集能够在不刷新的情况下进行页面跳转,使用 Microsoft Expression Web 2 可以制作框架集。在 Microsoft Expression Web 2 中,单击【文件】选项,在下拉菜单中单击【新建】选项,单击【网站】选项,在弹出窗口中选择框架集,如图 12-25 所示。

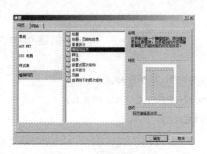

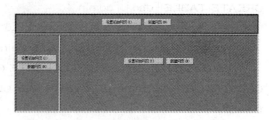

图 12-25　创建框架集　　　　　　図 12-26　设置初始网页或新建网页

框架集可以将多个页面放置在同一个页面上,在 Microsoft Expression Web 2 中可以创建框架集并为框架集中的页面进行指定或新建,如图 12-26 所示。

开发人员可以在框架集中创建网页或选择设置初始网页,这里创建三个网页,头部的网页用于显示后台管理的基本信息,包括这是什么后台管理系统;左侧的边栏用于显示操作,这里使用 TreeView 控件进行显示;中间为主操作区,该操作区用于后台中主要的页面操作。

页面中的代码使用了一个框架集。在该框架集中包括三个页面,这三个页面分别为 top.aspx、left.aspx 和 center.aspx,其中 top.aspx 用于显示相应的信息,主要是用来作为导航或者后台提示,left.aspx 用于显示导航,使用 TreeView 控件能够为该页面制作相应的导航,而 center.aspx 用于呈现相应的操作页面,在这里可以被成为主工作区。

开发人员能够在不同的页面进行布局,控件拖动和事件等操作,当用户访问框架集时,各个页面之间互不影响,可以在框架集之间进行页面跳转。

left.aspx 页面代码使用了 TreeView 控件在 left.aspx 页面中添加了导航信息,但是上述代码并没有配置 TreeView 控件中相应字段的 URL 属性,开发人员可以通过 TreeView 控件的属性进行配置。这里只提供 left.aspx 代码,对于其他页面的代码可以自行布局显示,如图 12-27 所示。

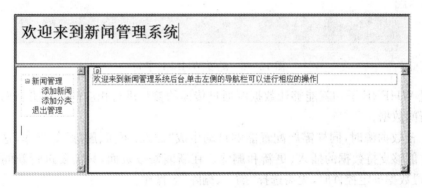

图 12-27 框架集布局

新闻发布页面是新闻系统中最为重要的页面,新闻发布页面主要使用 ADO.NET 进行新闻的发布和提交等操作,管理员能够在该页面进行新闻填写、新闻分类选择,然后管理员就能够进行新闻数据操作。

News_add.aspx 页面代码使用了基本的文本框控件用于文本的输入。在一些用户数据输入时,为了保证用户输入的是完整的、符合规范的以及安全的数据,就需要使用下拉菜单控件进行数据呈现。

News_add.aspx 页面代码声明了多个文本框控件和下拉菜单控件用于文本的输入和呈现,管理员还需要通过数据源控件进行数据绑定并通过按钮控件进行数据提交。按钮控件用于数据提交,而数据绑定控件主要用于绑定下拉菜单方便管理员选择。

新闻发布页面使用了数据源控件进行新闻分类的绑定,这也就说明了在新闻添加之前,必须要选择新闻分类,否则新闻分类没有被填写,系统就会提示错误。在新闻页面设计中,使用 TextBox 控件和验证控件对管理员的操作进行验证和控制,如果管理员没有填写相应的信息,则系统会提示管理员填写,当管理员填写完成后,就可以单击控件进行提交。

新闻修改页面可以使用控件进行编写，新闻修改页面的数据获取同样需要从传递的参数中进行选择和判断，在 ASP.NET 中提供了一些数据绑定控件能够进行相应的数据的查询和更新，这里使用 DetailsView 控件。

上述代码使用 DetailsView 控件进行数据绑定并能够使用 DetailsView 控件自带的更新功能进行数据更新。由于新闻更改页面需要通过获取的参数进行查询和更新，在配置 DetailsView 控件使用的数据源时，Select 查询语句必须配置参数，如图 12-28 所示。

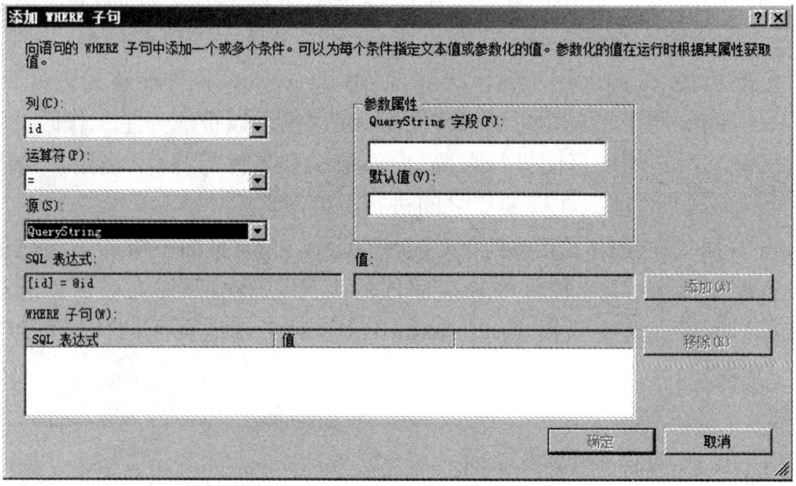

图 12-28　配置 WHERE 子句

配置 WHERE 子句就能够让数据源通过传递的参数进行相应的数据更新而不会涉及其他的新闻数据。

在配置数据源时，同样需要配置能够自动生成"插入、更新、删除"等操作，这样数据绑定控件才能够支持数据的插入、更新和删除。在新闻修改页面，只需要进行新闻的更新即可，在配置数据绑定控件时，无需选择"插入、删除"等操作。

新闻管理页面可以使用 GridView 控件进行编程，这样不仅能够简化开发人员的开发操作，还能够提高开发效率，因为 GridView 控件能够支持数据的更新和删除，使用 GridView 控件能够直接执行数据的更新和删除操作。由于新闻修改页面是一个单独的页面，而且在单独的页面中进行新闻修改能够提高用户体验，所以在新闻管理页面中就不再使用修改功能。

使用 GridView 控件可以进行相应字段的筛选，在管理页面中，并不需要每个字段都显示，如 content 新闻内容字段。如果在管理页面同样要呈现 content 字段的话，那么当 content 字段的数据很多，如是一篇很长的文章，那么页面就会被压缩得很难看，甚至变形。所以在新闻管理页面可以选择显示相应的字段而不显示一些不常用的字段，GridView 控件配置后如图 12-29 所示。

GridView 控件自己能够支持删除操作。在 GridView 控件中，需要添加 HypeLink 列进行页面跳转。当管理人员单击【修改】连接时，就能够跳转到新闻修改页面进行新闻修改，而无需关心新闻修改页面的开发和维护。

新闻分类管理页面用于管理新闻分类，管理员可以在新闻分类管理页面进行新闻分类

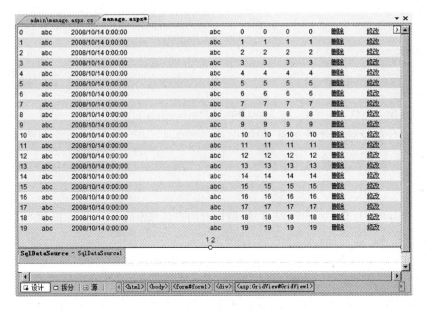

图 12-29  GridView 控件

的添加和删除,在新闻分类的管理和添加页面中,同样可以使用 ASP. NET 3.5 提供的 ListView控件进行分页、添加、修改、删除等操作。

　　ListView 控件能够提供数据的插入、更新和删除等功能,对于简单的数据操作可以使用 ListView 控件进行功能实现,而如果需要复杂的数据操作和页面布局,使用 ListView 控件就不能很好的完成。ListView 控件通常情况下可以使用到数据较少,数据字段较短的情况下,如果对页面布局要求不是很高,也可以使用 ListView 控件。

### 12.4.3  代码实现

　　在管理员操作之前,首先需要进行身份验证,如果管理员是合法的用户,那么系统就能够使管理员进行添加和删除等操作。如果系统验证操作人员不是合法用户,那么就不应该为用户赋予权限,并阻止用户的登录和管理操作。打开登录页面,双击按钮编写相应的登录事件,示例代码如下:

```
protected void Button1_Click(object sender, EventArgs e)
{
    try
    {
        SqlConnection con = new SqlConnection("Data Source = (local);
                    Initial Catalog = news;Integrated Security = True");
                                                        //创建连接
        con.Open();
        string strsql = "select * from admin where admin = '" + TextBox1.Text +
"' and password = '"
                    + TextBox2.Text + "'";                       //创建 SQL
```

```
        SqlDataAdapter da = new SqlDataAdapter(strsql, con);  //创建适配器
        DataSet ds = new DataSet();                           //创建数据集
        int count = da.Fill(ds, "table");                     //填充数据集
        if (count > 0)                                        //如果存在用户
        {
            Session["admin"] = TextBox1.Text;                 //配置一个 Session
            Response.Redirect("default.aspx");                //页面跳转
        }
        else
        {
            Label1.Text = "无法登录,请检查用户名和密码";          //提示无法登录
        }
    }
    catch
    {
        Label1.Text = "无法进行数据连接";                        //抛出异常
    }
}
```

上述代码使用了 ADO. NET 中的数据对象进行数据操作,其操作和登录控件一样,在数据库中查询相应的信息,如果查询的结果大于0则说明该查询在数据库中是有效的,也就是说存在这样一个管理员能够进行登录,而如果查询的结果小于0则说明不存在相应的管理员。

在管理页面的各个页面都需要进行用户身份判断,当管理员登录成功后,系统会配置一个 Session 对象给用户,如果管理员操作超时或者操作者是一个非法用户,那么就没有 Session 对象。在各个页面判断 Session 对象是否存在,就能够判断是否是合法的管理员,示例代码如下:

```
        if (Session["admin"] == null)                        //如果不为管理员
        {
            Response.Redirect("login.aspx");                 //登录跳转
        }
```

如果相应的 Session 对象为空,就说明正在操作的用户不具备管理权限,则应该跳转到 login. aspx 页面重新进行登录操作。

在新闻发布页面,管理员只需要在相应的字段进行新闻内容的填写,包括新闻的标题、内容、作者等就能够进行新闻的发布。对于非静态生成的新闻发布而言,只需要进行数据的插入即可,示例代码如下:

```
protected void Page_Load(object sender, EventArgs e)
{
    if (Session["admin"] == null)                            //如果不为管理员
```

```
    {
        Response.Redirect("login.aspx");                        //登录跳转
    }
    TextBox2.Text = DateTime.Now.ToString();                    //初始化字段
}
protected void Button1_Click(object sender, EventArgs e)
{
    try
    {
        SqlConnection con = new SqlConnection("Data Source=(local);
                    Initial Catalog=news;Integrated Security=True");
                                                                //创建连接
        con.Open();                                             //打开连接
        string strsql = "insert into news (title,time,author,content,weather,level,
hits,classname) values
                    ('" + TextBox1.Text + "','" + TextBox2.Text + "','" + Text-
Box3.Text + "','" +
                    TextBox5.Text + "','" + TextBox4.Text + "','" + DropDownList1.
Text + "','0,'" +
                    DropDownList2.Text + "')";                  //SQL 语句
        SqlCommand cmd = new SqlCommand(strsql, con);           //创建 Command
        cmd.ExecuteNonQuery();                                  //执行 SQL 语句
        Response.Redirect("manage.aspx");                       //页面跳转
    }
    catch(Exception ee)
    {
        Response.Write(ee.ToString());                          //抛出异常
    }
}
```

新闻发布页面只需要执行相应的 SQL 语句进行数据插入即可,如果新闻发布只需要进行动态读取,那么只需要进行静态插入新闻即可,而不需要进行模板解析操作;如果需要生成静态页面,那么就需要进行模板编写再生成纯静态页面。

静态生成听上去非常复杂,但是其实静态生成非常简单。当管理员发布一条新闻,就会在数据库中插入数据,数据插入后就应该解析模板进行静态生成。静态生成的是一个文件,这个文件可以是一个.html 文件或者.shtml 文件。在生成文件之前,可以运行以下代码,示例代码如下:

```
        protected void Page_Load(object sender, EventArgs e)
        {
            if (! IsPostBack)                                   //判断加载
```

```
        {
            string str = "<b> * title * </b>";                    //模板代码
            string database = "新闻标题";                          //数据库字段
            string output = str.Replace(" * title * ", database);  //替换操作
            Response.Write(output);                               //输出字符串
        }
    }
```

上述代码简单地定义了一个模板代码,其中 str 变量被定义为标签,database 变量被定义为新闻标题,当需要生成静态时,可以将模板中代码的关键字进行替换,例如这里的 * title * 替换成为 database 变量中的标签,替换完成后输出替换后的字符串生成即可。在模板代码中,模板代码如下:

```
        string str = "<b> * title * </b>";
```

其中 * title * 是定义的标签,用于替换关键字, * title * 可以替换新闻标题数据进行呈现。在了解了静态生成的原理之后,就能够使用模板解析进行静态生成,示例代码如下:

```
protected void Button1_Click(object sender, EventArgs e)
{
    try
    {
        SqlConnection con = new SqlConnection("Data Source = (local);
                Initial Catalog = news; Integrated Security = True");
                                                                //创建连接
        con.Open();                                             //打开连接
        string strsql = "insert into news (title,time,author,content,weather,level,
hits,classname) values
                ('" + TextBox1.Text + "','" + TextBox2.Text + "','" + Text-
Box3.Text + "','" +
                TextBox5.Text + "','" + TextBox4.Text + "','" + DropDown-
List1.Text + "',0,'" +
                DropDownList2.Text + "')";                      //SQL 语句
        SqlCommand cmd = new SqlCommand(strsql, con);
                                                                //创建执行对象
        cmd.ExecuteNonQuery();                                  //执行 SQL
        StreamReader aw = File.OpenText(Server.MapPath("template.htm"));
                                                                //打开模板
        string template = aw.ReadToEnd();                       //读取模板
        aw.Close();                                             //关闭对象
        template = template.Replace("[新闻标题]", TextBox1.Text); //替换标签
        template = template.Replace("[发布时间]", TextBox2.Text); //替换标签
        template = template.Replace("[新闻作者]", TextBox3.Text); //替换标签
```

```
        template = template.Replace("［新闻天气］", TextBox4.Text);        //替换标签
        template = template.Replace("［新闻内容］", TextBox5.Text);        //替换标签
         StreamWriter sw = File.CreateText(Server.MapPath("../html/" + Date-
Time.Now.Year.ToString()
                            + DateTime.Now.Month.ToString() + DateTime.Now.
Day.ToString()
                            + DateTime.Now.Hour.ToString() + DateTime.Now.Sec-
ond.ToString()
                            + ".htm"));                                 //生成文件
        sw.Write(template);                                     //编写内容
        sw.Close();                                             //关闭对象
        Response.Redirect("manage.aspx");                      //页面跳转
    }
    catch(Exception ee)
    {
        Response.Write(ee.ToString());                         //抛出异常
    }
}
```

上述代码首先使用 ADO.NET 进行数据插入操作,在数据操作成功后,就进行静态生成。静态生成的模板为 template.htm,通过编写 template.htm 文件能够为静态文件编辑相应的模板。在模板读取之后,系统会将一些关键字进行替换,例如,将"［新闻标题］"这个字符串替换为数据库中的新闻标题,当 template.htm 模板中包含"［新闻标题］"字符串时,就能够通过程序将该字符串替换成相应的数据库中的数据。

在使用 File 类之前,需要使用 System.IO 命名空间,以提供对文件的读取操作。当读取模板并替换了关键字符串之后,就能够通过 File 类的 CreateText 进行文件的存储,示例代码如下:

```
         StreamWriter sw = File.CreateText(Server.MapPath("../html/" + Date-
Time.Now.ToString() + ".htm"));
        sw.Write(template);                                     //编写内容
        sw.Close();                                             //关闭对象
```

上述代码生成了一个以时间为文件名的 htm 静态文件,当文件生成后,就会保存在 html 文件夹中。在编写静态标签时,需要注意的就是静态标签应该比较复杂,例如,不能够将 title 作为标签进行替换,因为可能文章中的很多字段都包含 title,而 html 页面本身就包含 title 字符串,如果将 title 进行替换,很有可能会将不应该替换的字符串替换成数据库文件,这样很有可能会造成模板输出错误。

在制作模板时,尽量使用一些符号进行标签规则,如标题可以编写成为｛＄title＄｝或者［＊title＊］等,就不会与现有的字符串中的字符进行冲突,替换了不该替换的字符串。

新闻显示页面的作用在于显示新闻,当用户单击一条新闻时就会跳转到新闻显示页面。例如,在新浪网站上点击一个新闻,打开的页面就是新闻显示页面。新闻显示页面可

以使用 CSS 和 HTML 布局,新闻显示页面的设计能够提高用户体验、吸引用户。

上述代码编写了一个 articles. aspx 文件,当用户访问新闻时,会打开该文件并通过参数获取新闻的值,然后将值填充到 Label 等控件中,如图 12-30 所示。

图 12-30 新闻显示页面

在参数获取和填充的过程可以在 Page_Load 方法中编写相应代码,示例代码如下:

```
protected void Page_Load(object sender, EventArgs e)
{
    if (Request.QueryString["id"] ! = "")
    {
        SqlConnection con = new SqlConnection("Data Source = (local);
                    Initial Catalog = news;Integrated Security = True");   //创建连接
        con. Open();                                                        //打开连接
        string strsql = "select * from news where id = '" + Request. QueryString
["id"] + "'";                                                              //查询数据
        SqlDataAdapter da = new SqlDataAdapter(strsql, con);
        DataSet ds = new DataSet();                                         //填充数据
        int count = da. Fill(ds, "table");
        if (count > 0)
        {
            Label1. Text = ds. Tables["table"]. Rows[0]["title"]. ToString();
                                                                            //填充控件
            Label2. Text = ds. Tables["table"]. Rows[0]["content"]. ToString();
                                                                            //填充控件
            Label3. Text = ds. Tables["table"]. Rows[0]["author"]. ToString();
                                                                            //填充控件
            Label4. Text = ds. Tables["table"]. Rows[0]["time"]. ToString();
                                                                            //填充控件
        }
        else
        {
            Response. Redirect("default.aspx");                             //页面跳转
        }
```

```
}
else
{
    Response.Redirect("default.aspx");
}
}
```

新闻显示页面的 HTML 代码使用了 Label 控件进行页面文字的呈现,当用户打开页面时,会通过传递过来的 id 参数进行数据查询。如果数据查询成功,就会填充到相应的控件中,如上述代码所示,填充后就会显示相应的文本给用户,用户就能够看到新闻。

## 12.5 聊天模块设计

聊天室是用户与用户之间信息沟通的页面,聊天室的界面设计能够加强用户的黏度以便用户的再次回访。提高用户体验能够让用户在聊天应用中感觉到舒适,从而提高网站的口碑让更多的用户参与到在线聊天中。

### 12.5.1 界面设计

用户能够在登陆界面进行登陆和聊天室的选择,在登陆操作和聊天室选择中可以使用 ASP. NET 3.5 AJAX 进行无刷新验证。

其中,代码使用了 TextBox 控件用于用户的昵称编写,用户必须填写昵称进行聊天,昵称是用户的一个标识,当用户进入聊天页面进行聊天时昵称就能够显示相应的用户信息,以便聊天中用户身份的区别。上述代码还使用 RadioButtonList 控件进行聊天室的选择,用户在填写昵称后需要选择相应的聊天室进行聊天。如果用户不选择聊天室同样不能够进行聊天,只有选择了相应的聊天室才能够聊天,例如,用户可以选择"谈天说地"聊天室进行聊天,在该聊天室中的所有用户都是基于"谈天说地"这个话题进行聊天的。上述代码使用了 AJAX 进行无刷新效果实现,其布局如图 12-31 所示。

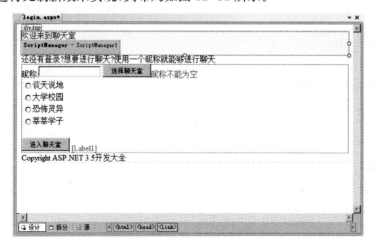

图 12-31 聊天登陆页面基本布局

在页面被初始化时,其中的 RadioButtonList 控件和进入聊天室按钮是不会显示的,当用户填写了昵称并单击选择聊天室才能够显示 RadioButtonList 控件和进入聊天室按钮。如图 12-32 所示,其登陆页面的友好度显然不够,可以使用 CSS 进行样式控制让该页面更加友好和丰富。

友好的登陆界面能够让用户喜欢这个网站并长期进行访问,这样就能够提高网站的访问量和提高用户的黏度。为了让页面的友好度更高可以使用 CSS 进行样式控制,CSS 代码如下:

```
body                                              //控制全局样式
{
    font-size:12px;
    font-family:Geneva, Arial, Helvetica, sans-serif;
    margin:0px 0px 0px 0px;
    background:white url(images/background.gif);
}
.all                                              //控制登陆框样式
{
    margin:50px auto;
    width:520px;
    background:white;
    border:1px solid #ccc;
}
.top                                              //控制头部样式
{
    margin:0px auto;
    width:500px;
    padding:10px 10px 10px 10px;
    background:white url(images/bg.png) repeat-x;
}
.center                                           //控制登陆样式
{
    margin:0px auto;
    width:500px;
    padding:10px 10px 10px 10px;
}
.end                                              //控制底部样式
{
    margin:0px auto;
    width:500px;
    padding:10px 10px 10px 10px;
}
```

上述 CSS 分别为登陆页面进行了样式控制,其中定义了全局样式并定义了页面的字体大小,定义了全局样式后为其他的DIV层定义了样式,包括外对齐、宽度和内对齐等。在CSS文件中使用了图片让页面看上去更加友好,良好的背景图片和导航的图片的应用能够提升网站的设计效果,CSS样式控制后的页面效果如图12-32所示。

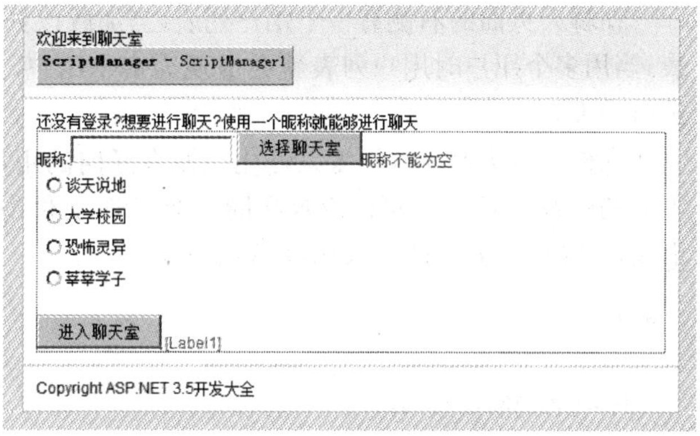

通过CSS进行样式布局后的页面效果明显好很多,当用户访问该页面时会感觉到页面设计的友好度,提高了用户体验,增强了网站对用户的黏度和可信度。

图 12-32　布局后的效果

聊天室主窗口包含一些常用的窗口,这些窗口用于呈现相应的文本,包括用户的聊天发布窗口和用户的对话窗口。在聊天室面板中还包含用户列表,这些列表能够为用户提供私聊服务。

在页面中的上部分代码实现的是群聊窗口,当用户不指定私聊对象时,其发布的聊天信息将会呈现在群聊窗口。如果用户希望与某个用户进行私聊,就需要使用私聊窗口。

聊天窗口中为了防止页面的重复刷新,可以使用AJAX控件实现无刷新功能。为了能够让页面在指定的时间内进行局部刷新,就需要使用Timer控件进行实现,示例代码如下:

```
<asp:Timer ID="Timer1" runat="server" Interval="10000" ontick="Timer1_Tick">
</asp:Timer>
```

上述代码实现了聊天页面中的主窗口,其中主窗口包括群聊窗口、私聊窗口、发言窗口和发言人窗口,当用户单击其中的按钮控件进行聊天时,会根据其中的发言窗口和发言人窗口在群聊窗口和私聊窗中显示相应的数据,如图12-33所示。

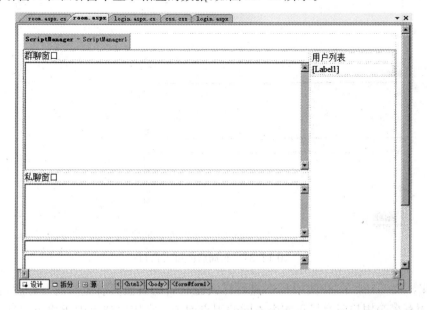

图 12-33　聊天页面窗口

在聊天页面的右侧有一个用户列表，当加载该页面时会初始化页面信息并载入用户列表，当用多个用户时用户列表就会呈现为多个用户，用户可以单击用户列表与相应的用户进行聊天。

同样该聊天室窗口不太人性化也没有任何的用户体验，使用CSS能够提高用户体验，不同的页面的CSS都可以放置在同一个CSS文件中，这些CSS文件能够被单个或多个页面使用，减少了冗余代码，CSS代码如下：

```
.room
{
    margin:10px auto;
    width:800px;
    background:white;
    border:1px solid #ccc;
}
.banner
{
    width: 536px;
    background:white url(images/bg.png) repeat-x;
}
```

由于两个页面使用的是同一个CSS文件所以很多样式控制可以无需再次编写，只需要对该页面中需要使用的样式进行样式编写，聊天室界面需要控制其主聊天窗口的长度和宽度，为了提高用户的友好度，也可以使用图片进行样式控制，如图12-34所示。

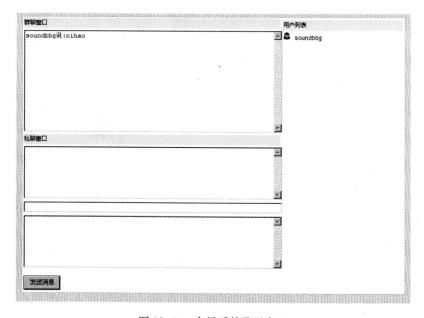

图12-34　布局后的聊天窗口

正如图12-34所示，在使用CSS进行样式控制后的页面具有更高的友好度，在用户列表区域，当有多个用户时会呈现多个不同的用户列表。在用户列表中用户可以选择相应的用户并与用户发送私密消息,当用户发送私密消息时,其消息不会呈现在群聊窗口,而是呈现在私聊窗口。

## 12.5.2 代码实现

当用户进行页面访问时,页面中的一些控件初始化是无法看见的,只有当用户填写了用户名昵称并选择了相应的聊天室才能够进行登陆操作,在用户选择聊天室之前,必须填写用户名。用户填写用户名之后就能够单击【选择聊天室】按钮进入聊天室。示例代码如下:

```
protected void Button1_Click(object sender, EventArgs e)
{
    RadioButtonList1.Visible = true;              //显示控件
    Button2.Visible = true;                       //显示控件
    TextBox1.ReadOnly = true;                     //锁定用户名
}
```

当用户填写了用户名之后并单击【选择聊天室】按钮进入聊天室选择,在选择聊天室时就不能够再修改用户名,因为一旦用户确定了用户名并进行聊天室选择时就无法再修改自己的用户名。在这里其实也可以让用户能够修改用户名,只是这样做会造成网站应用的不安全。当用户进行聊天室选择后就可以进入聊天室,进入聊天室按钮代码实现如下:

```
protected void Button2_Click(object sender, EventArgs e)
{
    if (RadioButtonList1.SelectedIndex == -1)              //判断单选列表
    {
        Label1.Text = "请选择一个聊天室";                    //提示选择
    }
    else
    {
        Session["roomid"] = RadioButtonList1.SelectedItem.Value;
                                                           //赋予 Session 值
        Session["username"] = TextBox1.Text;
        Response.Redirect("room.aspx? id =" + RadioButtonList1.Selecte-
dItem.Value +"");                                          //跳转
    }
}
```

上述代码当用户单击选择聊天室按钮后就能够进行聊天室的选择,用户必须选择一个自己感兴趣的聊天室进行聊天,否则系统会提示"请选择一个聊天室"。如果用户选择了聊天室并进行登陆,系统会为用户赋予两个 Session 值,这两个 Session 值分别为 roomid 和 username,其中 roomid 为聊天室的 ID 号,而 username 用于存储进行聊天的用户名。当聊天页面被载入时,用户的 Session 对象的 roomid 值会与传递的参数进行判断,如果是相应的聊天室就允许用户进行聊天,如果不是相应的聊天室则不允许用户聊天。

多人聊天相对比较简单,用户可以在页面中直接进行信息输入发布聊天信息。多人聊天时,用户发布的信息能够被所有人看见,这也就是说用户的信息能够呈现在多人聊天窗口。当多人聊天时,不同的用户所打开的页面是不相同的,这样就造成可能信息呈现的时间不一致,为了保证信息的一致性,这里使用了 AJAX 的 Time 控件进行刷新。

在聊天页面加载时,首先需要判断用户是否包含 Session 值或者聊天室是否为用户选择的聊天室,否则会跳回登陆页面,不仅如此,当页面被初次加载时还需要进行一些初始化工作,示例代码如下:

```
protected void Page_Load(object sender, EventArgs e)
{
    if (Session["roomid"] = = null || Session["username"] = = null)
                                                            //判断是否登陆
    {
        Response.Redirect("login.aspx");                    //页面跳转
    }
    if (Request.QueryString["id"] ! = Session["roomid"].ToString())
                                                            //判断是否匹配
    {
        Response.Redirect("login.aspx");
    }
    Label1.Text = "";                                       //清空控件的值
    for(int i=0;i<Session.Count/2;i++)                      //添加用户列表
    {
        if (Session[i * 2] = = Session["roomid"])           //配置 Session
        {
            Label1.Text + = "<img src=\"images/p.png\">   "+(Session[i *
2 + 1] + "<br/>");
        }
    }
    if (Application["char"] ! = null)                       //初始化聊天信息
    {
        TextBox3.Text = Application["char"].ToString();     //获取 Application
    }
}
```

上述代码在页面加载时被执行,当用户访问页面时,首先会对用户的身份进行判断,判断用户是否已经登陆,如果用户没有登陆则跳转到登陆页面进行登陆。如果用户已经登陆,还需要判断用户登陆是否所属对应的房间,如果不是对应的房间则会被认为是非法进入房间,需要重新进行登陆操作。当用户身份验证通过后,就需要进行初始化操作清除相应的控件的值并循环添加用户列表项,在添加用户列表时,需要遍历 Session 对象的值进行

列表的初始化,示例代码如下:

```
for(int i=0;i<Session.Count/2;i++)
{
    if (Session[i * 2] == Session["roomid"])                        //判断Session
    {
        Label1.Text += "<img src=\"images/p.png\">  "+(Session[i * 2 +
1] + "<br/>");
    }
}
```

在用户登陆后,会给用户分配两个Session对象,一个用户记录聊天室的ID,另一个用于记录用户名。这也就是说当遍历Session时,会有多个Session对象,即一个用户有2个Session对象,当遍历用户列表时需要筛选这些Session值,去掉聊天室ID的Session的值而呈现用户的Session值。在用户登陆完成后,在用户之前已经有很多人进行聊天了,在用户进入聊天室后,需要加载这些聊天信息,示例代码如下:

```
if (Application["char"] != null)
{
    TextBox3.Text = Application["char"].ToString();                 //加载聊天信息
}
```

上述代码使用了Application对象进行跨页的数值存储,Application对象是页面中的公共对象,就算是不同的用户之间也能够共享Application对象,在页面进行聊天信息发布时,可以将值添加到Application对象中被其他用户读取。当用户单击按钮控件进行消息发布时,需要在页面中的相应位置进行呈现,在多人聊天代码实现中,可以直接将信息内容增加到文本框中,示例代码如下:

```
TextBox3.Text += Session["username"] + "说:" + TextBox2.Text + "\n";
TextBox2.Text = "";                                                //清空窗口
Application["char"] = TextBox3.Text;                               //添加公共对象
```

当用户进行消息发布时,其中多人聊天窗口的信息要增加刚才用户发布的信息,如上述代码所示,其中多人聊天窗口TextBox3的信息增加了"××说:……"的字符串。由于页面使用了AJAX控件进行无刷新的实现,用户基本看不出来页面被刷新。当用户单击按钮控件时就能够进行局部刷新,实现多人聊天。

单个用户进行聊天信息的发布并不能被其他用户阅读,当两个人打开一个页面,其中一个人进行的操作不会呈现给另一个人。在这里不仅要使用Application对象还需要进行页面刷新,这里使用了AJAX控件中的Timer控件实现,当Timer控件执行更新时,页面中的对话框的数据也会进行更新,示例代码如下:

```
protected void Timer1_Tick(object sender, EventArgs e)
{
    TextBox3.Text = Application["char"].ToString();                 //更新数据
```

```
    }
```

当 AJAX 中的 Timer 控件执行刷新操作后,其多人聊天窗口的文本值就会等于 Application 对象的相应值,这样在其他页面中就能够查看现有的数据。

当用户需要进行单人聊天时,其聊天的内容不能够被多人聊天窗口捕获和呈现,单人聊天的信息必须呈现在私人聊天窗口中。在聊天页面中,与多人聊天不同的是,多人聊天时无论信息是怎样发布的其信息都会呈现在多人聊天窗口中,这样也没有谁发送给谁之说。而在单人聊天时,当用户"soundbbg"发送信息给"guojing"时,就需要判断是否有这个用户并且提示用户接收信息。

多人聊天时无需考虑到用户是否需要接受,这就和广播一样,广播台无需关心用户是否在接听广播,广播台只需要负责发送,用户可以选择接收或不接收。而单人聊天时需要判断是否有这个用户,如果有这个用户,不仅在发送者的聊天窗口中需要添加字符串"你给××发送了××信息",同样在接收者中需要添加"××给你发送了××信息"。在显示信息时,需要遍历 Application 对象进行判断,实现代码如下:

```
TextBox3.Text += "你对" + TextBox4.Text + "说:" + TextBox2.Text + "\n";
                                                    //输出聊天记录
TextBox1.Text += "你对" + TextBox4.Text + "说:" + TextBox2.Text + "\n";
                                                    //输出聊天记录
Application[Session["username"].ToString()] = TextBox1.Text;
                                                    //增加 Application 对象
for (int i = 0; i < Application.Count; i++)         //遍历 Application 对象
{
    if (Application[TextBox4.Text] != null)         //判断 Application
    {
        Application[TextBox4.Text] += TextBox4.Text + "对你" + TextBox4.Text
+ "说:"
        + TextBox2.Text + "\n";                     //增加相应聊天记录
    }
}
TextBox2.Text = "";                                 //清空窗口
```

上述代码在用户发送相应的信息后,系统会遍历 Application 对象查找是否有这个用户,如果没有这个用户则不在相应的用户信息框中呈现信息,如果存在这个用户,则在该用户的 Application 对象中添加字符串"××对你说××信息"。

但是上述代码有一定的缺陷,就是当用户和用户之间发送私密信息时,同样还是会将信息发送到群聊文本框中,这就需要进行判断。如果没有填写相应的用户名,则说明这个信息是一个群发信息,进行广播,在群聊文本框中就会显示该信息,如果填写了用户名,则说明这个信息是一个私聊信息,就不会进行广播,示例代码如下:

```
protected void Button1_Click(object sender, EventArgs e)
{
```

```
if (String.IsNullOrEmpty(TextBox4.Text))                //判断是是否群发
{
    TextBox3.Text += Session["username"] + "说:" + TextBox2.Text + "\n";
                                                        //群发窗口添加记录
    TextBox2.Text = "";                                 //清空窗口
    Application["char"] = TextBox3.Text;                //更新 Application 对象
}
else
{
    //TextBox3.Text += "你对" + TextBox4.Text + "说:" + TextBox2.Text +
"\n";
    TextBox1.Text += "你对" + TextBox4.Text + "说:" + TextBox2.Text +
"\n";
    Application[Session["username"].ToString()] = TextBox1.Text;
                                                        //获取 Application 对象
    for (int i = 0; i < Application.Count; i++)         //遍历 Application 对象
    {
        if (Application[TextBox4.Text] != null)         //查找 Application 对象
        {
            Application[TextBox4.Text] += TextBox4.Text + "对你" +
                TextBox4.Text + "说:" + TextBox2.Text + "\n";
                                                        //修改相应用户记录
        }
    }
    TextBox2.Text = "";                                 //清空窗口
}
}
```

上述代码在发送信息前,首先会判断是否是群发,如果是群发则不进行其他的任何操作,直接进行文本框中的数据的呈现,并将相应的值添加到公共对象 Application["char"]中去。如果用户进行的是私聊,那么就需要遍历 Application 对象进行信息的发布,发布信息的同时不仅要修改发布者的 Application 对象,同样需要修改接收者的 Application 对象,当AJAX 的 Timer 控件进行刷新时,用户就能够看到发送者的信息。

单人聊天实现的过程比多人聊天的过程更加复杂,在多人聊天时只需要将数据添加到公用对象中,而无需考虑发送者和接受者,当进行单人聊天时,不仅需要修改发送者的 Application 对象,还需要遍历 Application 对象进行接受者的 Application 对象的修改。

当用户希望保存聊天记录时,可以单击相应的文本框旁边的保存记录进行聊天记录保存。聊天记录可以保存为 txt 文本文档到用户的目录中,当用户希望查阅聊天记录时,可以打开相应的文件进行查阅,示例代码如下:

```
protected void LinkButton1_Click(object sender, EventArgs e)
```

```
{
    if (! Directory.Exists("C:\\chat\\group"))                              //保存群聊记录
    {
        Directory.CreateDirectory("C:\\chat\\group");                       //创建路径
        //开始通过编写文本保存路径创建文件
        StreamWriter sw = File.CreateText("C:\\chat\\group\\" + DateTime.Now.
Year +
                                    DateTime.Now.Month + DateTime.Now.Day
+
                                    DateTime.Now.Hour + DateTime.Now.
Second + ".txt");
        sw.Write(TextBox3.Text);                                            //编写文本
        sw.Close();                                                         //关闭对象
    }
    else
    {
        StreamWriter sw = File.CreateText("C:\\chat\\group\\" + DateTime.Now.
Year +
                                    DateTime.Now.Month + DateTime.Now.Day
+
                                    DateTime.Now.Hour + DateTime.Now.
Second + ".txt");
        sw.Write(TextBox3.Text);                                            //编写文本
        sw.Close();                                                         //关闭对象
    }
    LinkButton1.Text = "已经保存";                                          //提示保存信息
}
```

上述代码首先在用户的计算机的 C 盘中进行文件夹判断,如果存在这个目录,就直接进行 txt 文件的创建,如果不存在则首先创建相应的目录然后再进行文件的存储。用户私聊记录同样可以保存在用户计算机中,其代码实现基本相同,示例代码如下:

```
protected void LinkButton2_Click(object sender, EventArgs e)
{
    if (! Directory.Exists("C:\\chat\\pri"))                                //保存私聊记录
    {
        Directory.CreateDirectory("C:\\chat\\pri");                         //创建文件
        StreamWriter sw = File.CreateText("C:\\chat\\pri\\" + DateTime.Now.
Year +
                                    DateTime.Now.Month + DateTime.Now.
Day +
```

```
                                          DateTime.Now.Hour + DateTime.Now.
Second + ".txt");
        sw.Write(TextBox2.Text);                        //编写内容
        sw.Close();                                      //关闭对象
    }
    else
    {
        StreamWriter sw = File.CreateText("C:\\chat\\pri\\" + DateTime.Now.
Year +
                                          DateTime.Now.Month + DateTime.Now.
Day +
                                          DateTime.Now.Hour + DateTime.Now.
Second + ".txt");
        sw.Write(TextBox2.Text);                        //编写内容
        sw.Close();                                      //关闭对象
    }
    LinkButton1.Text = "已经保存";
}
```

上述代码将用户的私聊记录进行保存,同样会判断目录的存在性,如果不存在目录则会创建相应的目录进行文件保存。

# 参考文献

［1］［美］Jacque Barker，Grand Palmer. Beginning C♯ Objects［M］.韩磊，戴飞，译.北京：电子工业出版社，2006.

［2］齐治昌，谭庆平，宁洪.软件工程［M］.2版.北京：高等教育出版社，2004.

［3］陈志泊，李冬梅，王春玲.数据库原理及应用教程［M］.北京：人民邮电出版社，2002.

［4］［美］Paul Nielsen. Microsoft SQL Server 2000 宝典［M］.刘瑞，译.北京：中国铁道出版社，2004.

［5］卢潇，孙璐，刘娟.软件工程［M］.北京：清华大学出版社，2005.

［6］马俊.C♯网络应用编程基础［M］.北京：人民邮电出版社，2006.

［7］刘强.软件工程［M］.北京：清华大学出版社，2007.

［8］张跃廷，王小科，许文武.ASP.NET 数据库系统开发案例精选［M］.北京：人民邮电出版社，2007.

［9］邝孔武，王晓敏.信息系统分析与设计［M］.3版.北京：清华大学出版社，2006.

［10］刘彦舫，褚建立.电子商务概论［M］.北京：电子工业出版社，2007.

［11］［美］Fritz Onion. ASP.NET 基础教程——C♯案例版［M］.施诺，译.北京：清华大学出版社，2003.

［12］邱李华，李晓黎，张玉花，等.SQL Server 2000 数据库应用教程［M］.北京：人民邮电出版社，2007.

［13］中国互联网络信息中心（CNNIC）.第 18 次中国互联网络发展状况统计报告［R］.http//www.cnnic.net.cn/.

［14］黄巧玲，陈宏溪，谢维波.基于 ASP 的电子商务网站的设计与实现［J］.福建电脑，2006（6）：42.

［15］毛伊敏，魏先林.基于.NET 技术的网上购物管理系统的设计与实现［J］.特区经济，2006（12）：26.

［16］伍燕青.浅谈我国网上购物的发展现状［J］.华南金融电脑，2007（03）：46.

［17］俞立平，李建忠，何玉华.电子商务概论［M］.北京：清华大学出版社，2012.

［18］黄若.我看电商［M］：北京：电子工业出版社，2013.

［19］埃弗雷姆·特班，戴维·金，朱迪·麦凯，等.电子商务管理视角［M］.5版.严建援，译.

北京:机械工业出版社,2010.

[20] 加里·P·施奈德. 电子商务[M]. 第7版. 成栋译. 北京:机械工业出版社,2008.

[21] 詹姆斯·迈天. 生存之路——计算机技术引发的全新经营革命[M]. 李东贤等译. 北京:清华大学出版社,1997.

[22] 秦言. 关注知识经济——知识经济时代生存与发展[M]. 天津:天津人民出版社,1998.

[23] 胡强,陈桦. 行业电子商务探析[J]. 计算机世界,1999(36):18.

[24] 李琪. 电子商务定义研究[J]. 计算机世界,1999(2):22.

[25] 丁彩虹. 电子商务对我国金融电子化的新要求[J]. 国际电子报,1998(29):18.

[26] 张周. 审视电子商务[J]. 计算机世界,1998(30):32.

[27] 邢炜. 中国电子商务的现状与发展[J]. 计算机世界,1998(50):28.

[28] 赖傅军. 基于企业的集成方案[J]. 中国计算机用户,1997(5)(中):22.

[29] 张其标. 电子商务与上海发展[J]. 计算机世界,1998(8):36.

[30] 曾艳涛. 等待国际认证——缺少认证中心阻碍了电子商务发展[J]. 计算机世界,1998(6):30.

[31] 商务通信的安全和规则[J]. 计算机世界,1998(22):16.

[32] 冯沛然. 信息化是中小企业发展的必由之路[J]. 计算机世界,1998(26):20.

[33] 汪泓,汪明艳. 电子商务——理论与实践[M]. 北京:清华大学出版社,2010.

[34] 樊世清. 电子商务[M]. 北京:清华大学出版社,2012.

[35] 陈兵. 网络安全[M]. 北京:国防工业出版社,2012.

[36] 房大伟. ASP. NET 开发实战 1200 例[M]. 北京:清华大学出版社,2011.

[37] 张正礼. ASP. NET 4.0 网站开发与项目实战[M]. 北京:清华大学出版社,2012.

[38] [美]Scott Millett. ASP. NET 设计模式[M]. 杨明军,译. 北京:清华大学出版社,2011.